尚锦手工入门工具书

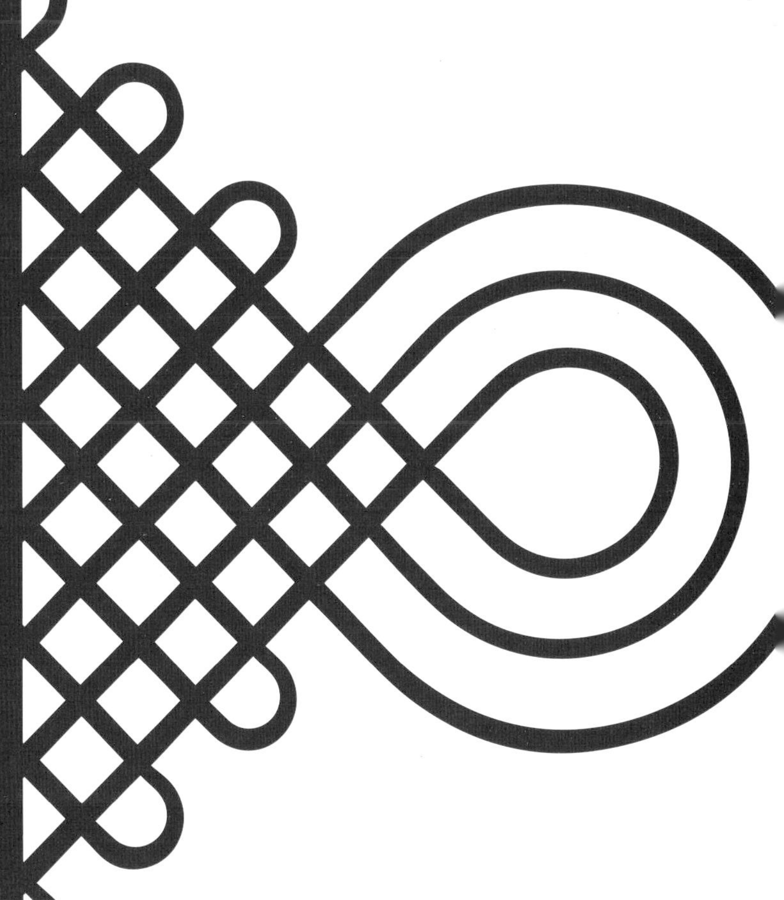

中国结技法视频大全解

尚锦手工 编著

中国纺织出版社

图书在版编目（CIP）数据

中国结技法视频大全解 / 尚锦手工编著. -- 北京：中国纺织出版社，2018.2

（尚锦手工入门工具书）

ISBN 978-7-5180-4255-5

Ⅰ.①中… Ⅱ.①尚… Ⅲ.①结绳－手工艺品－制作－中国－图集Ⅳ.①TS935.5-64

中国版本图书馆 CIP 数据核字（2017）第 265108 号

责任编辑：阮慧宁　　责任印制：储志伟
责任设计：培捷文化

中国纺织出版社出版发行
地址：北京市朝阳区百子湾东里 A407 号楼　邮政编码：100124
销售电话：010—67004422　传真：010—87155801
http: //www.c-textilep.com
E-mail: faxing@c-textilep.com
官方微博 http://weibo.com/2119887771
北京市雅迪彩色印刷有限公司印刷　各地新华书店经销
2018 年 2 月第 1 版第 1 次印刷
开本：889 × 1194　1/16　印张：12.5
字数：180 千字　定价：68.00 元

前言

中国结，象征着中华民族古老的历史文化与情致，渗透着中华民族特有的文化精髓，有着丰富的文化底蕴，是真、善、美和谐的统一体，是人们对亲情、友情、爱情的完美传达。中国结是一种古老的中国民间艺术形式，也是现代人喜爱的装饰品，代表着热情浓烈的美好祝愿，深受人们的喜爱。

中国结渊源久远，始于上古，兴于唐宋，盛于明清。史载："上古结绳而治，后世圣人易之以书契。"唐代的铜镜图案中，绘有口含绳结的飞鸟，寓意永结秦晋之好。经过几千年时间，绳结早已不是记事的工具，它从实用绳结技艺演变成为今天精致的艺术品。

中国结从头到尾都是用一根线绳，通过绾、结、穿、缠、绕、编、抽等多种工艺技巧编结而成，每一个基本结根据结子的形状、用途或者原始的出处和意义而命名。例如"双钱结"的形状像两个中国古铜钱半叠的式样；"纽扣结"是因其功能而命名；"万字结"不但其结体的线条走向像佛门的标志"卍"，而且在早期观音腰间的飘带上常出现此结；又如"盘长结"的基本形状就如佛教八宝之一的盘长，盘长表示佛法回环贯彻，是万物的本源，正涵盖盘长结的性能，经常是许多变化结的主结。把不同的结饰互相结合在一起，或用其他具有吉祥图案的饰物搭配组合，就形成了造型独特、

Chinese

绚丽多彩、寓意深刻、内涵丰富的中国传统吉祥装饰物品。例如“吉祥结”代表吉祥如意，大吉大利；“如意结”代表事事顺心，万事如意；“盘长结”代表回环延绵，长命百岁，相依相随，永不分开；“团锦结”代表团圆美满，花团锦簇，锦上添花，前程似锦；“磬结”代表吉庆祥瑞，普天同庆等。“结”与“吉”谐音，福、禄、寿、喜、财、安、康等无一不属于吉的范畴，所以“结”这种具有生命力的民间技艺也就自然作为中国文化的精髓，兴盛长远，流传至今。

中国结的编制，大致分为基本结、变化结及组合结三大类，其编结技术，除需熟练各种基本结的编结技巧外，均具共通的编结原理，并可归纳为基本技法与组合技法。基本技法乃是以单线条、双线条或多线条来编结，运用线头并行或线头分离的变化，做出多彩多姿的结或结组；而组合技法是利用线头延展、耳翼延展及耳翼勾连的方法，灵活地将各种结组合起来，完成一组组变化万千的结饰。

吉祥漂亮的中国结，既是人们祈福未来平安富贵的吉祥物，同时也体现着人们不同的个性与审美观念，近年来更是成为时尚潮流的重要元素。造型丰富的各种大型壁挂、室内挂件、汽车挂件及中国结项链、手链、耳坠、头饰、发夹等诸如此类的服饰配件，正发挥着作为典雅饰品的独特价值。

k n o t

CONTENTS
目录

CHAPTER 1 中国结基础知识

CHAPTER 2 基本结法

CHAPTER 3

中国结作品赏析

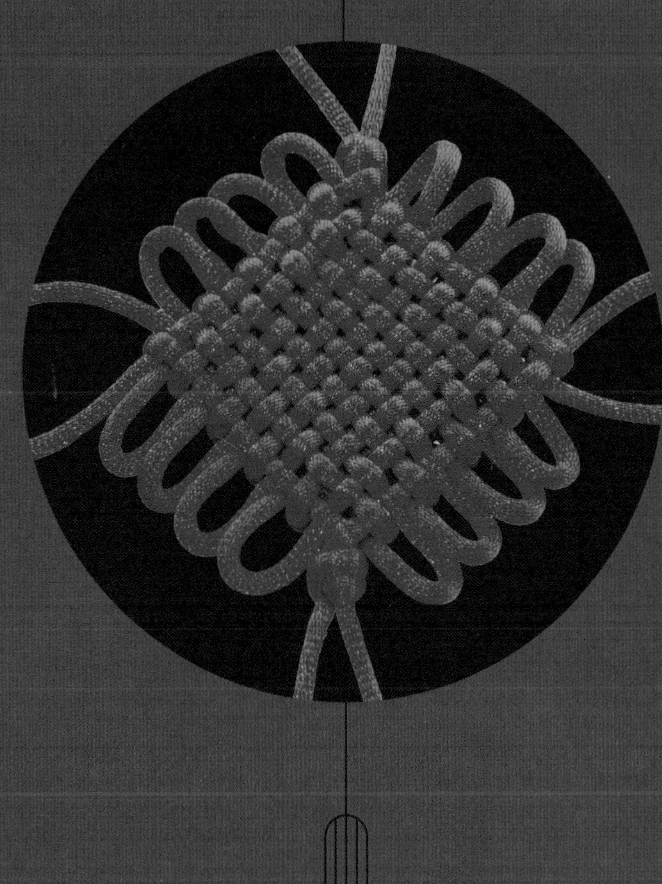

CHAPTER

1

中国结基础知识

中国结通常是用一根绳线编制而成的，每一个基本结又根据其形、意命名。常用的基本结有十几种，如双钱结、纽扣结、琵琶结、团锦结、十字结、吉祥结、万字结、盘长结、藻井结、平结、双联结、酢浆草结。此外还有许许多多的变化结法以及借鉴户外运动打结法等新型绳结。

一、中国结的一般编制过程

中国结的形式多为上下一致、左右对称、正反相同、首尾可以互相衔接的完整造型。中国结的编制，要经过“编”“抽”“修”的过程。某一个结的“编”法是固定的，但是“抽”可以决定结体的松紧、耳翼的长短、线条的流畅与工整，充分表现出编者的艺术技巧和修养。“修”则是为结子做最后的修饰。

编

根据结式和配饰，选定质地与色彩适宜的绳线以后，就可以开始编了。初学者不易把握每种结需要多长的线，可以截取一段较长的线来编。如果需要配个饰物作坠子，开始编时就要先把饰物穿在线的正中央，然后依照图解的步骤，按部就班地去编。

线路较为复杂的结式，常令初学者眼花缭乱，可以借助珠针，逐步把线固定在硬纸板或泡沫板上慢慢编。编时一面要注意线路走向，辨清线与线的关系，一面要留意线的纹路是否平整，尽量不要扭折。线与线之间的空间不妨留得宽一点，线路穿越会比较容易。

编到最后线条太密时，可以借用粗钩针或镊子帮助线头穿插，钩针不可太尖锐，以免把线钩伤，产生起毛或出絮的现象，影响整个结的美观。

编的步骤完成之后，要将结子抽紧定形，这是整个编结过程中最重要也最困难的步骤。抽时不可操之过急，先认清要抽的那几根线，然后同时均匀施力，慢慢抽紧，并且随时注意编线有没有发生扭折的现象。

先把结的主体抽紧之后，再开始调整它的耳翼长短，自结的起端开始把多余的线向线头的方向依次推移集中。在此操作中，绝对不能让结的主体松散，而且若遇线段扭折，要一边抽，一边用拇指与食指转动线段，或者借用镊子施力，使之平展过来。往往由于抽的方法不同，可得到不同形状的结。这项技术的好坏，也会直接影响到结的外观美丑。所以在抽的时候，一定要有耐心，并随时留意整个结形是否齐整、美观，每个耳翼的长短、形状是否拉至恰到好处。

结形调整得完全满意之后，为了使之保持尽善尽美的状态，有些容易松散之处或垂挂饰物的着力处，最好选择与结子同色的细线，很隐蔽地缝上几针，结子就不会变形了。通常结子的上下两头是吃力之处，得用针线固定。缝时针脚要注意藏好，不要露出痕迹。

结式固定之后，可以在适当的地方缝镶上颜色相配的珠子，以增华美。珠孔够大的珠子，可以在编的时候就穿在线上编进结中。最后可以再打一个简单的小结，或穿上大珠子等饰物来收束整个结子。

线头的处理方法很多，可以打个简单的小结，可以把线头藏在结子里面，也可以使用金银细线把线头缠绕起来，这样线头就不会起毛了。

“修”就是一个精益求精、力求完美的过程。

二、编结使用线材

编制中国结，最主要的材料当然是线，线的种类很多，包括丝、棉、麻、尼龙、混纺等，都可用来编结，究竟采用哪一种线，得看要编哪一种结，以及结要做何用途而定。一般来讲，最好选购中国结专用的线。中国结专用线应考虑它的号码（直径大小）、色泽、质地、柔韧度等性能，不同的线绳适合于不同用途的中国结。一般直径4mm以上适合编结大中型中国结，直径3mm以下适合编结中小型中国结或挂件。

三、编结工具及配件

编制中国结主要靠的是一双巧手，让红的、绿的、黄的线在双手中盘绕，就能编出各式优美的结形。当然使用一些简便的工具会让编结更加方便和快捷。如在编结时，可以随时在纸板或泡沫板上用珠针固定线路。一根线要从其他的线下穿过时，可以利用镊子或钩针来辅助穿插。在编较复杂的结时，可以利用中国结专用钉板。结饰编好后，为固定结形，可用针线在关键处稍微钉几针。另外，为了修剪多余的线，一把小巧的剪刀是必须的。除此之外还可能用到打火机、尖嘴钳、软尺等。

除了用线以外，一件完整实用的结饰往往还包括镶嵌在结中的圆珠、管珠，做坠子用的各种玉石、金银、陶瓷、珐琅等饰物，这些都需要根据自己的喜好来选择。

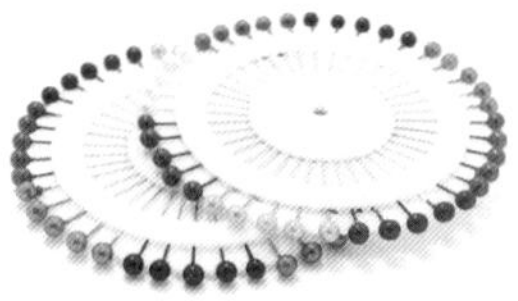

珠针

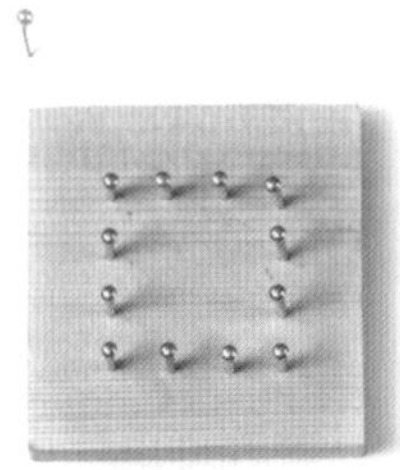

钉板

剪刀

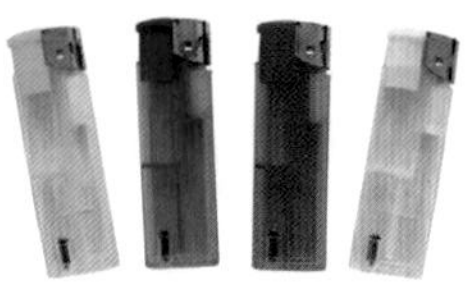

打火机

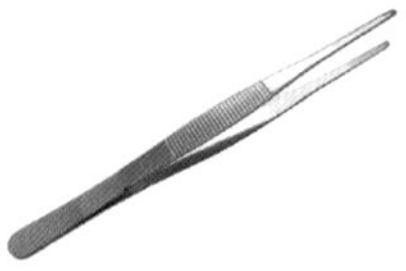

镊子

钩针

珠子等配件

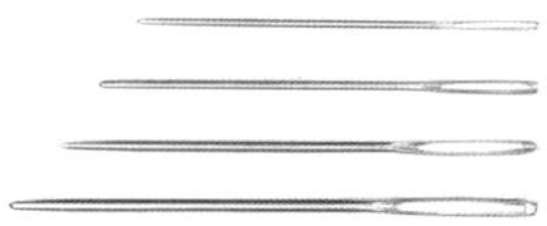

缝毛衣针

- **镊子** 用于编结时的穿、压、挑、拉。
- **珠针** 用于在泡沫板上固定线路。
- **打火机** 用来烧线头。
- **剪刀** 用于修绳剪线。
- **钉板** 编中国结的专用工具。
- **胶棒** 用来粘连接头，固定形状。
- **针线** 用来缝制暗线，固定结形或镶嵌配件。
- **配件** 除结饰主体外皆属配件，如玉石、银饰、木雕、瓷珠、木牌等。

四、用线量的估算

编制某一个中国结或者是一条手链、一个挂饰具体需要多长的线绳是比较难准确估算的，虽然可以根据某一个结体线绳来回穿梭的轨迹根据公式大致计算出来，但结体的抽紧程度、用线的粗细以及耳翼的大小都影响用线量，所以编结者应该在实践中逐步累积自己的经验，日积月累，才能够比较准确地估算用线量。另外，影响用线长度的还包括编结者的熟练程度，生手与初学者可能需要更长的线才好正确编成结。不过即使是高手，也不必过分苛求减少用线长度，因为那不但增加失误率，也会降低编结效率。

以下是以韩国丝5号线（直径是2.5mm）为例，将常用中国结的大致用线量标示如下，仅供参考：

- 双钱结　20cm
- 酢浆草结　30cm
- 团锦结　50cm
- 吉祥结　40cm
- 藻井结　40cm
- 纽扣结　20cm
- 琵琶结　60cm
- 二回盘长结　120cm
- 三回盘长结　180cm
- 磬结　300cm

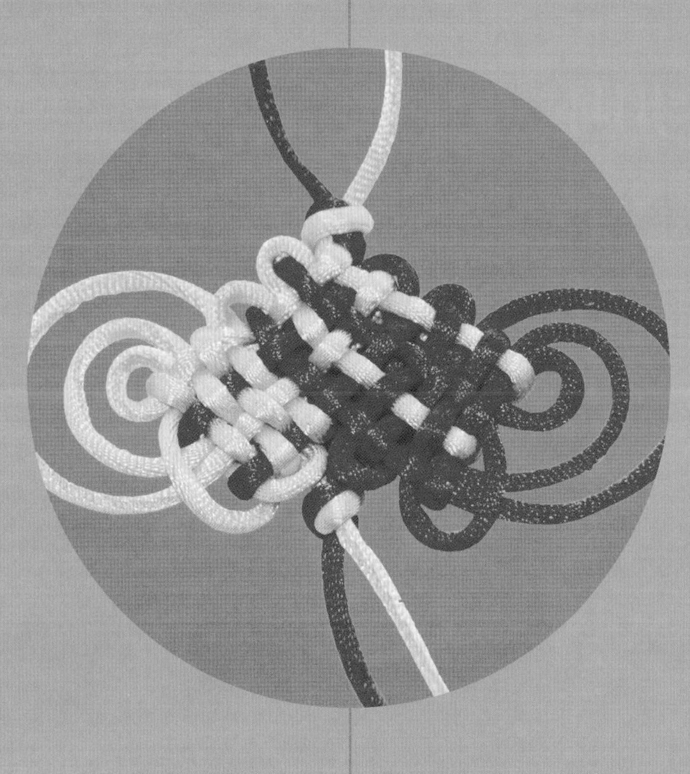

CHAPTER

2

基本结法

01

扣环

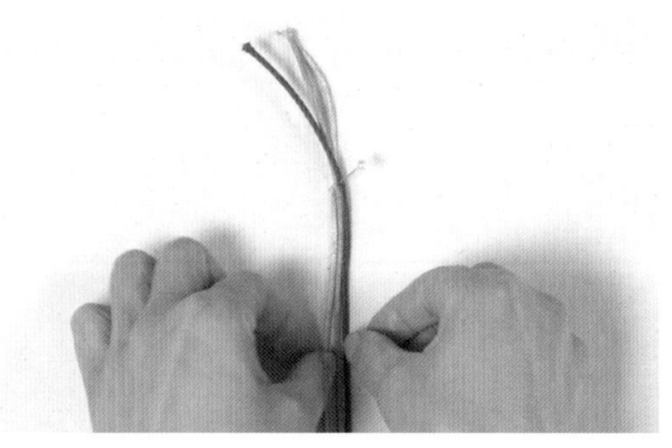

1 首先，准备3根线，用珠针将线固定。

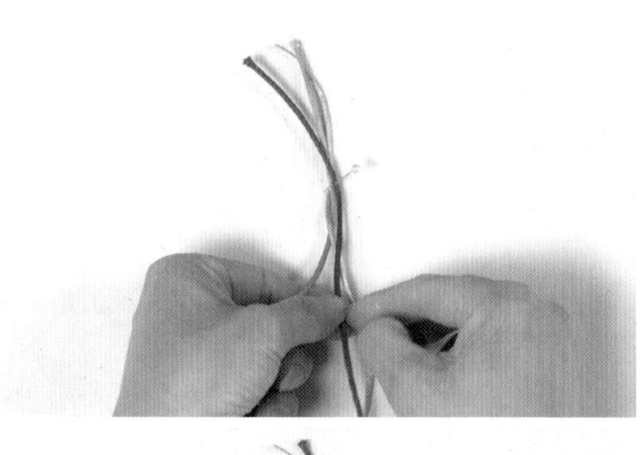

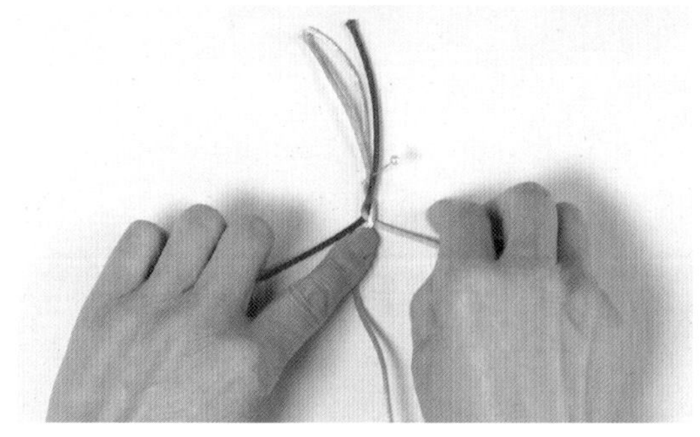

2-4 用这3根线编一段三股辫。

5 三股辫完成。

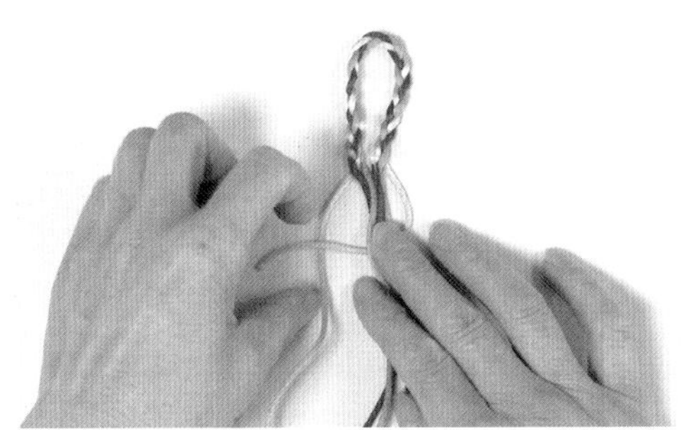

6 将三股辫弯成圈状，固定。

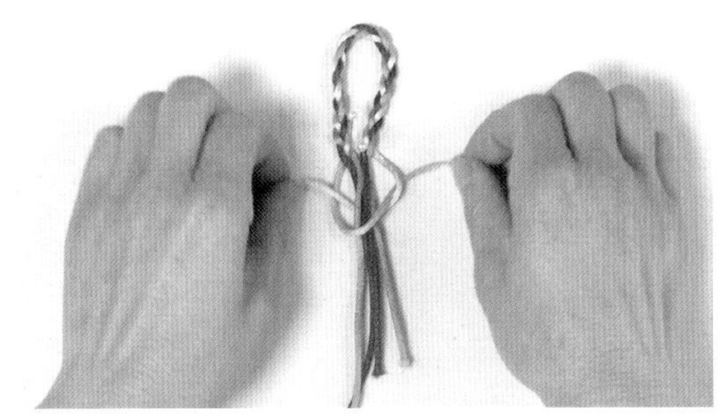

7 两侧各取一根线，右线穿过中心线的下面，压在左线上，然后左线从上面穿入右线留出的孔中。

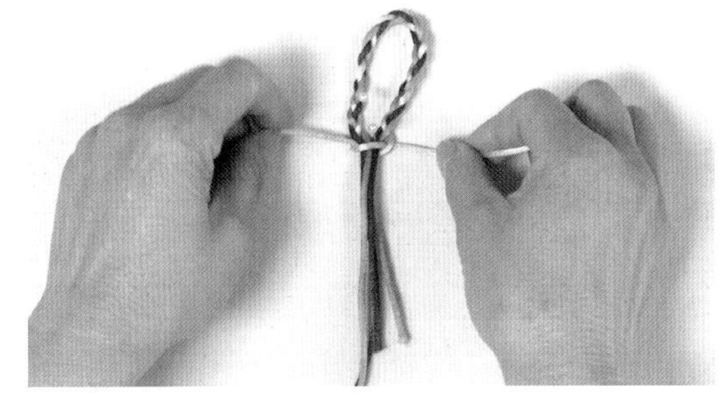

8 均匀用力将2根线拉紧，1个结完成。

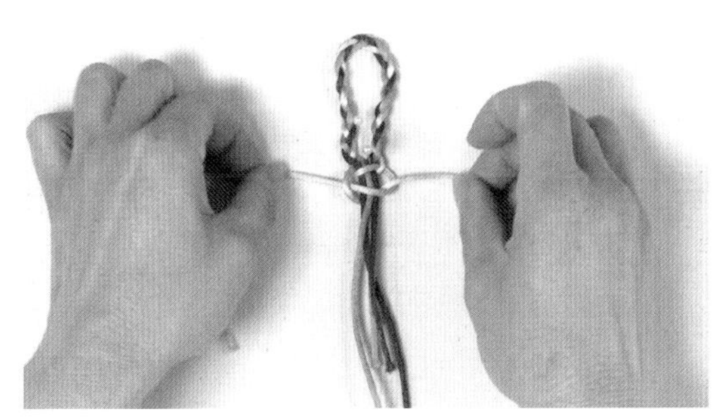

9 相反方向再打1个结。

10 完成扣环。

02

线圈

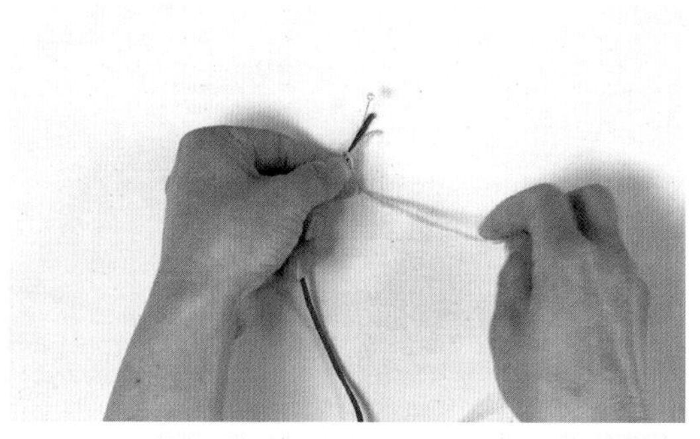

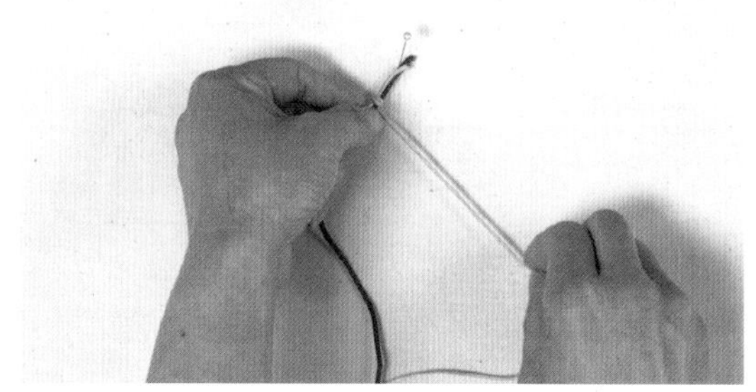

2-3 用黄线的长边缠绕红线。

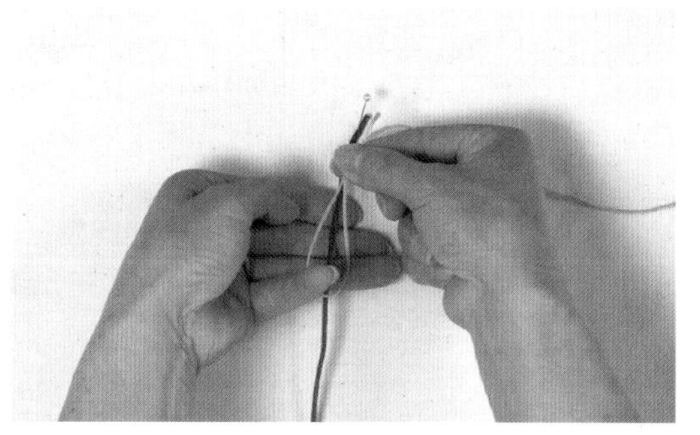

1 首先将1根红线固定，取另1根黄线端部对折，折成一长一短两端，将对折的部分放在红线上。

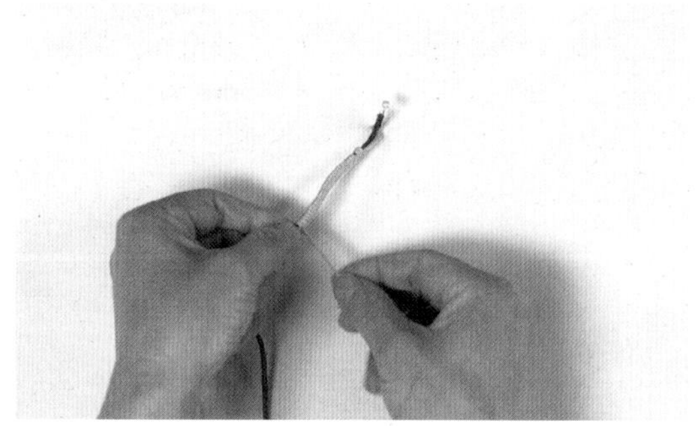

4 缠绕数圈到合适的长度。

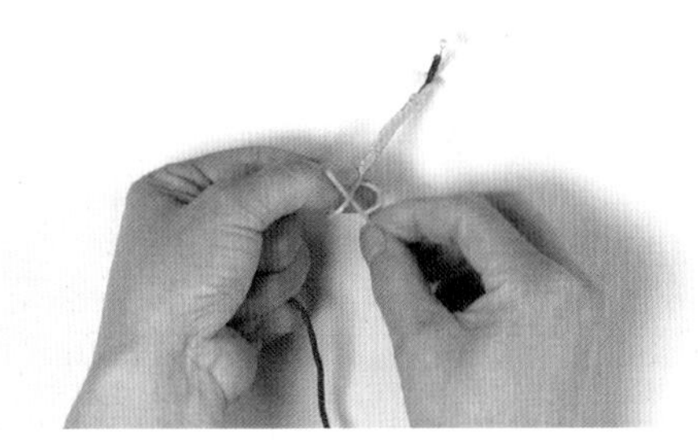

5 将线端穿过黄线留出的线圈。

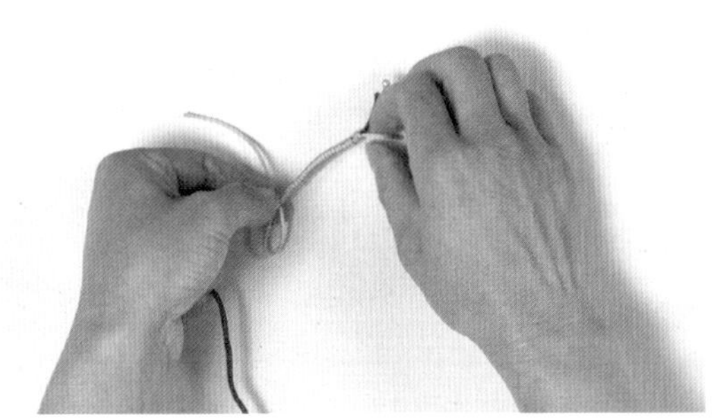

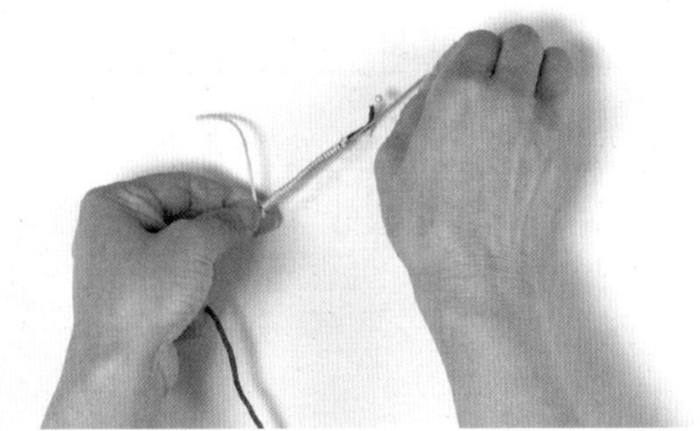

6-7 将黄线的另一端向上抽紧。

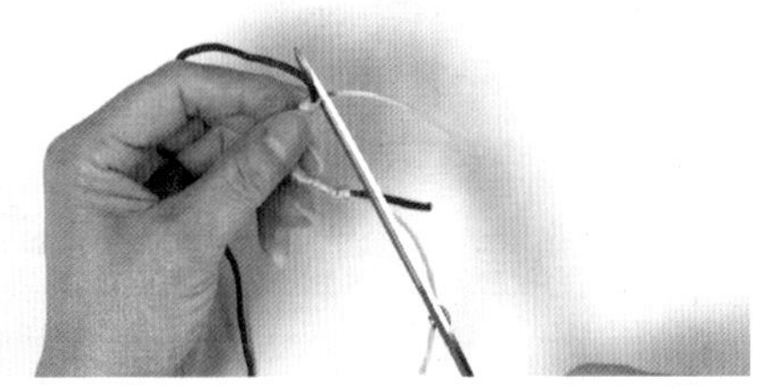

8 取下大头针，剪掉多余线头。

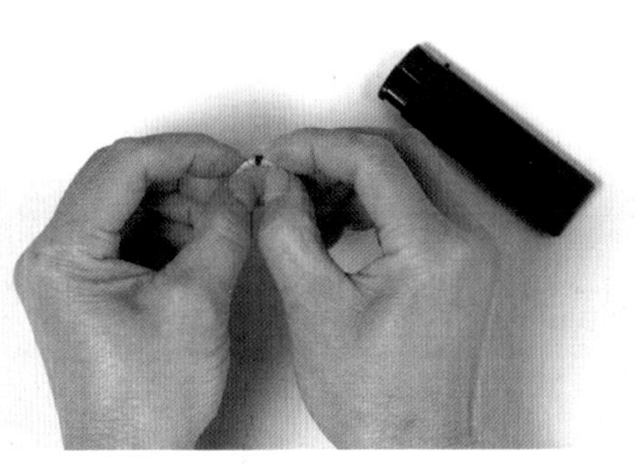

9 最后将两端用打火机略烧熔后对接起来即可。

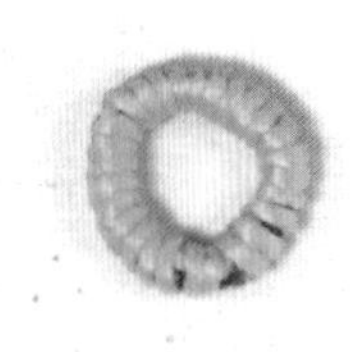

10 完成线圈。

03

绕线

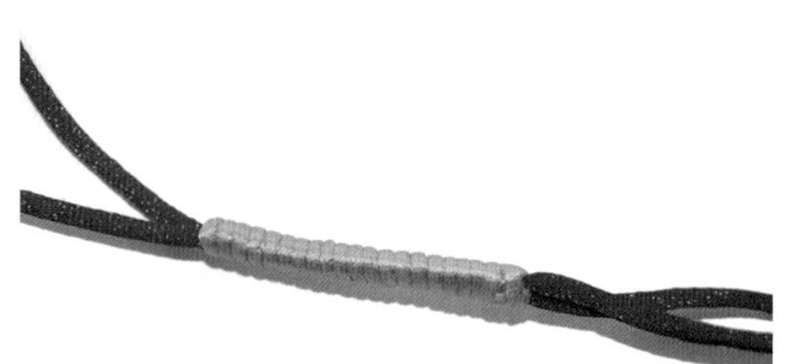

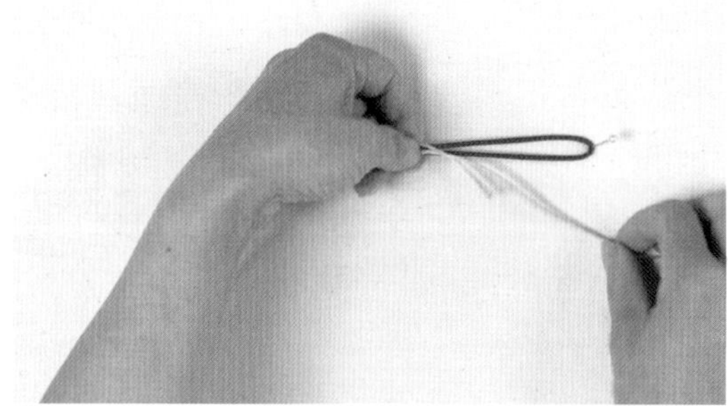

2 沿反方向放在红线的上方。

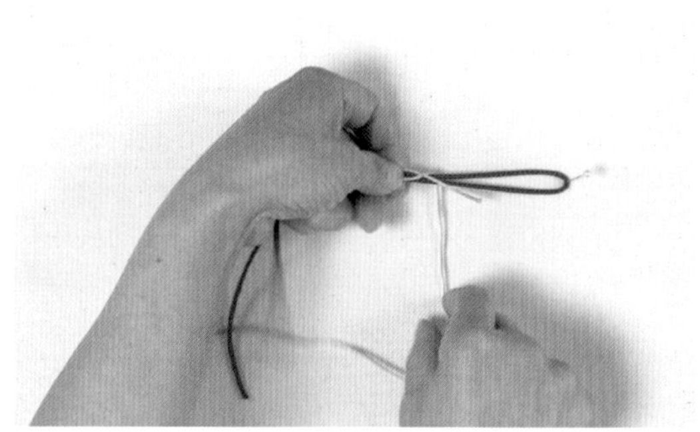

3 用黄线围绕红线反复绕圈。

1 首先，以1根或数根对折的红线作为中心线固定，取另1根黄线端部对折。

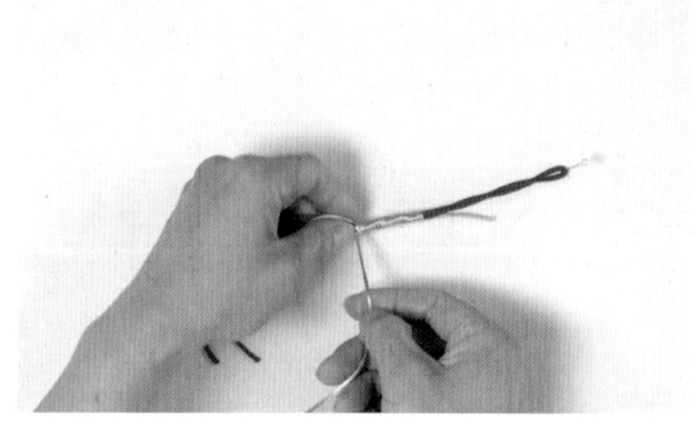

4 绕一段线。

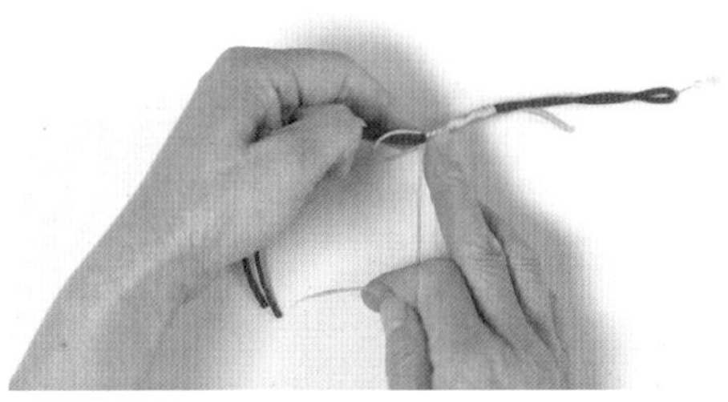

5 将线尾穿过黄线留出的小圈。

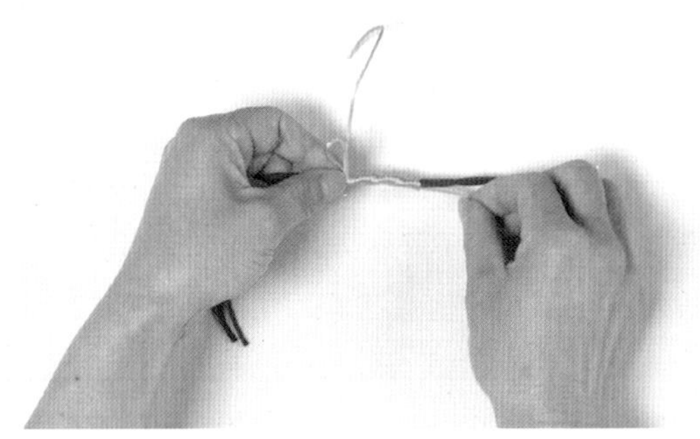

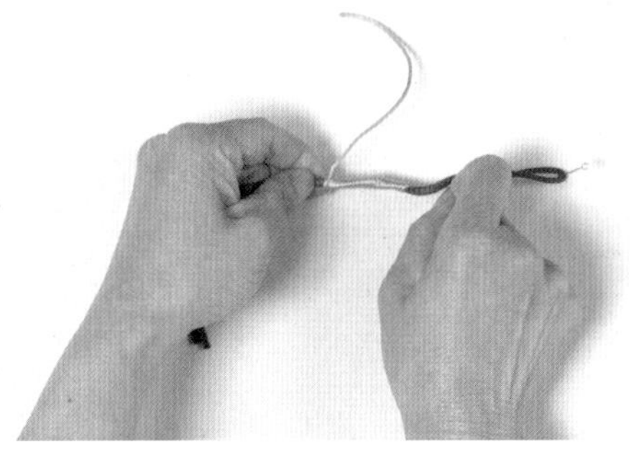

6-7 拉动黄线的另一端，取下大头针，将黄线两端均匀抽紧。

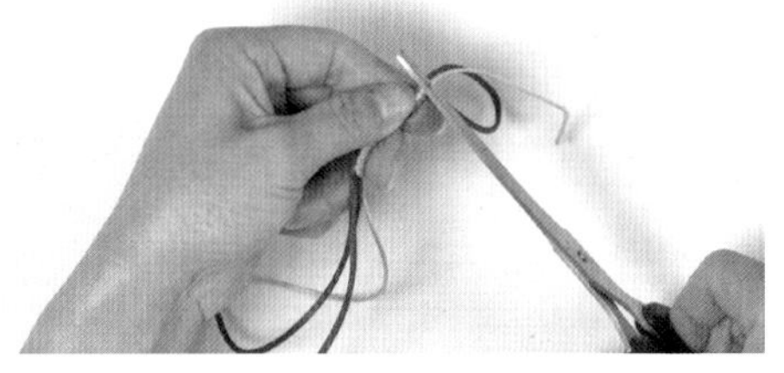

8 最后剪掉黄线两端多余的线头。

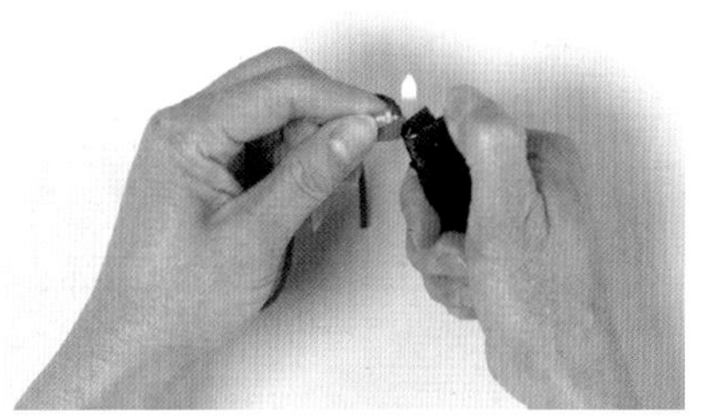

9 用打火机将线头略烧熔后按压数秒即可。

10 完成绕线。

04

平结

平结——如意平安

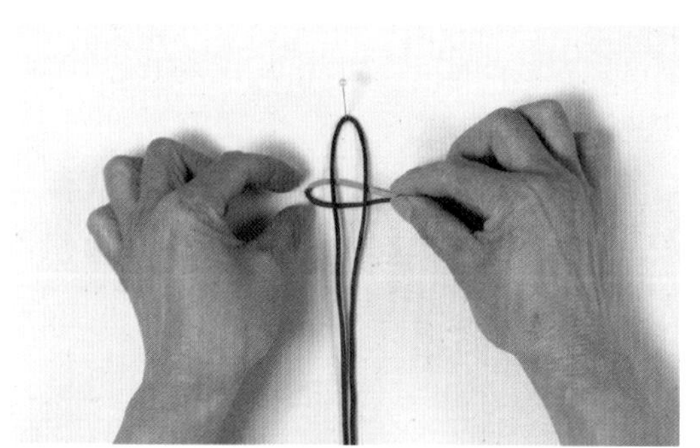

1 首先，将2根线分别对折后呈十字交叉叠放，褐色线为垂线。

2 用黄线挑红线，压垂线，穿过左圈。

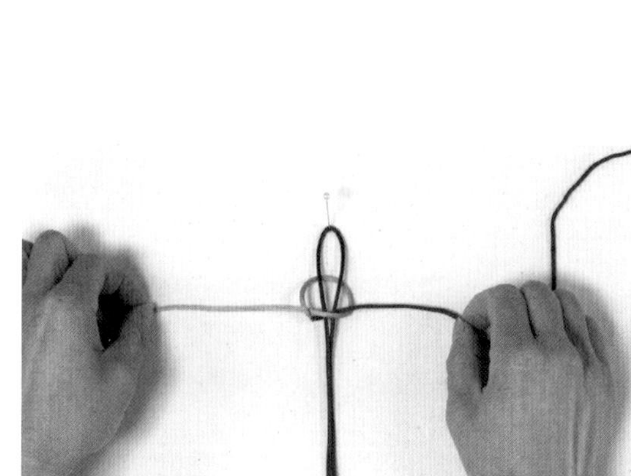

3 把2根线拉紧。

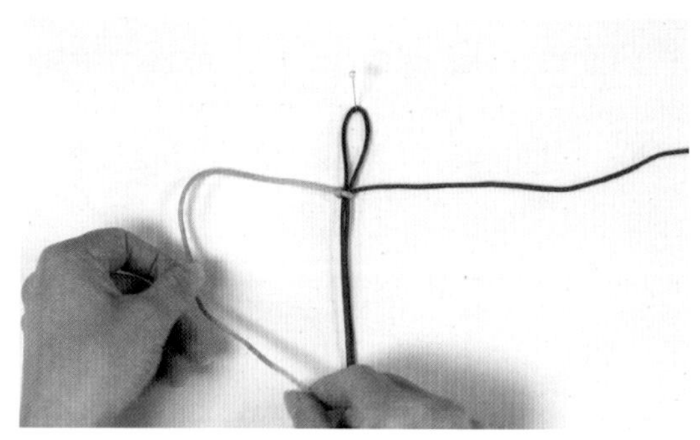

4 黄线向右挑褐色垂线。

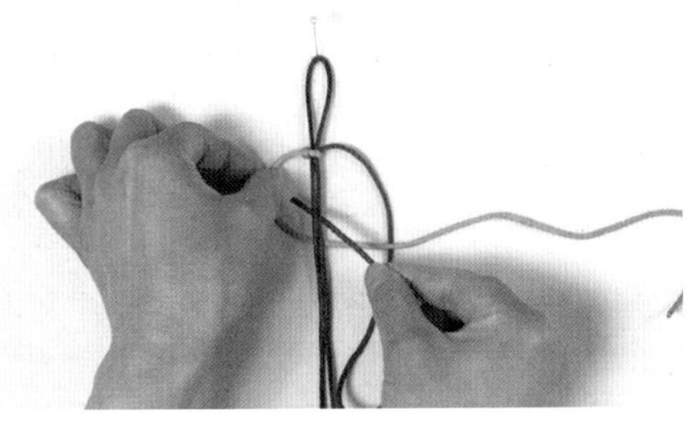

5 红线挑黄线，压垂线，穿过左圈。

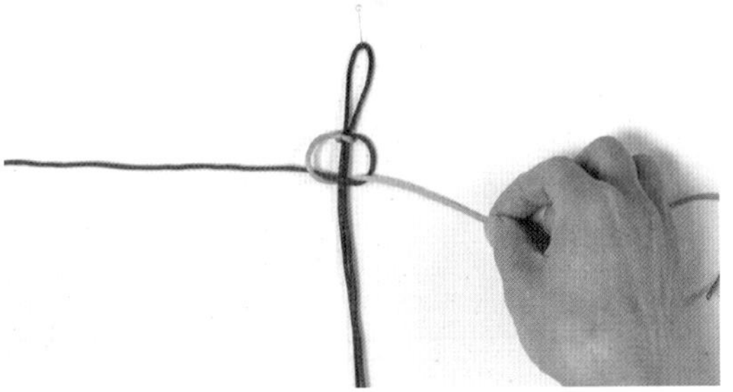

6 左右2根线拉紧。

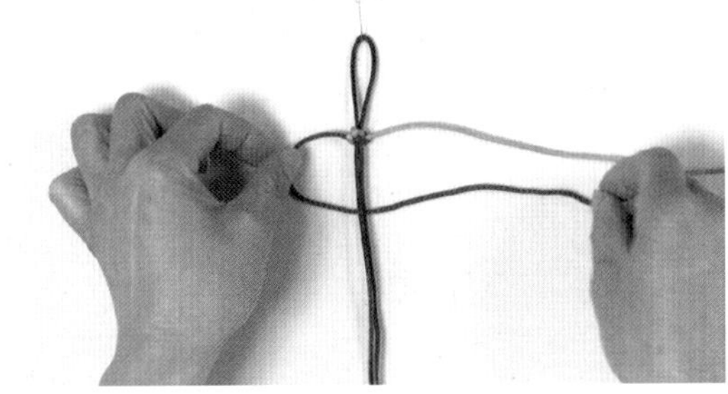

7 红线向右挑褐色垂线。

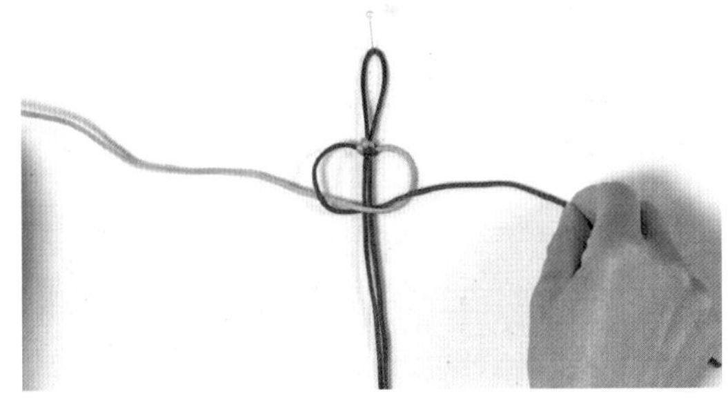

8 黄线挑红线，压垂线，穿过左圈。

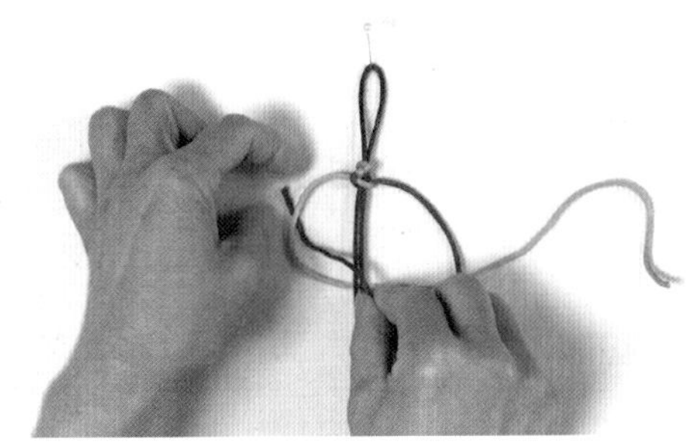

9 重复上述步骤，一直在左侧做圈编结。

10 结体自然形成螺旋状，完成平结。

05

双向平结

平结——如意平安

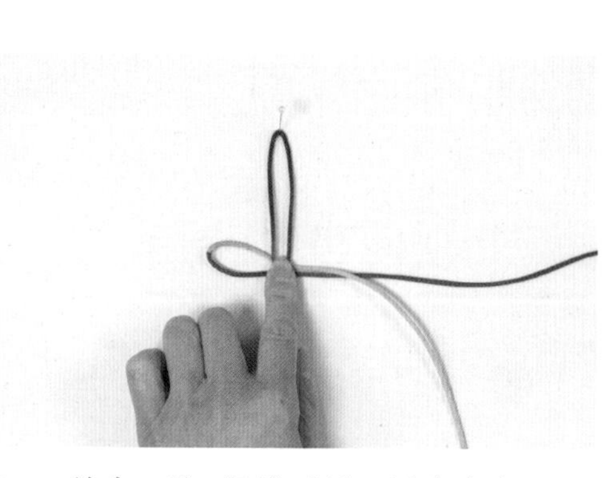

1 首先，取2根线对折，呈十字交叉叠放。

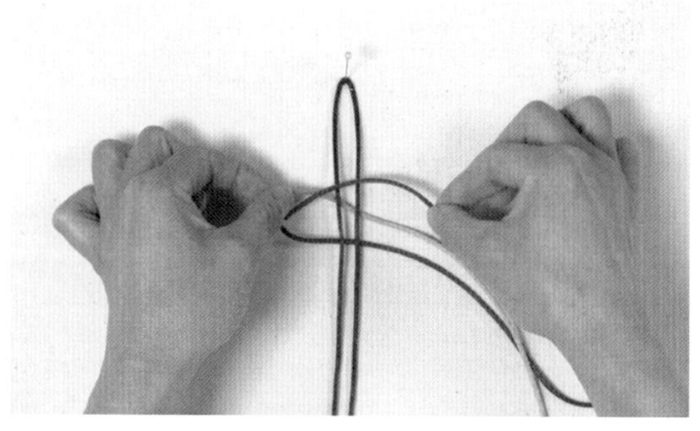

2 红线挑黄线，压垂线，穿过左圈。

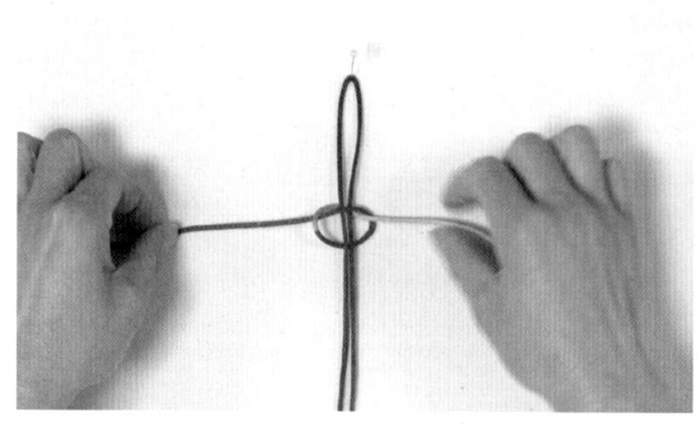

3 将2根线拉紧。

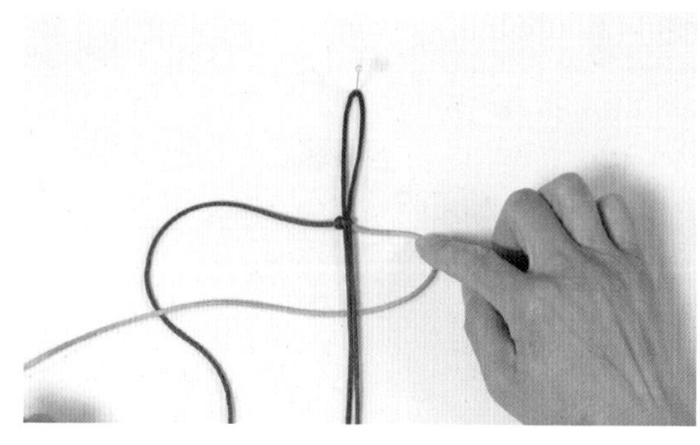

4 黄线向左挑垂线。

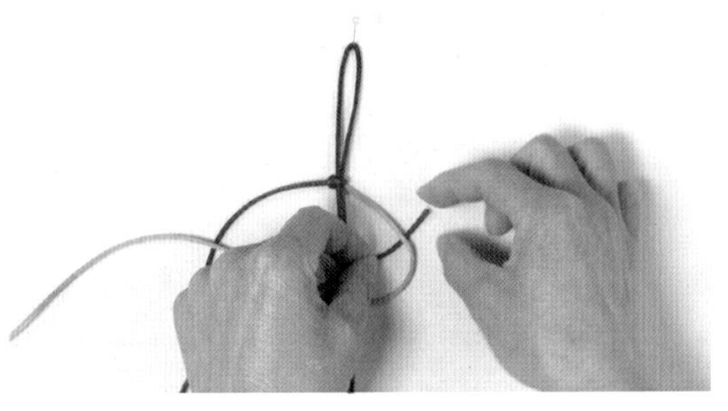

5 红线挑黄线，压垂线，穿过右圈。

6 将左右2根线拉紧。

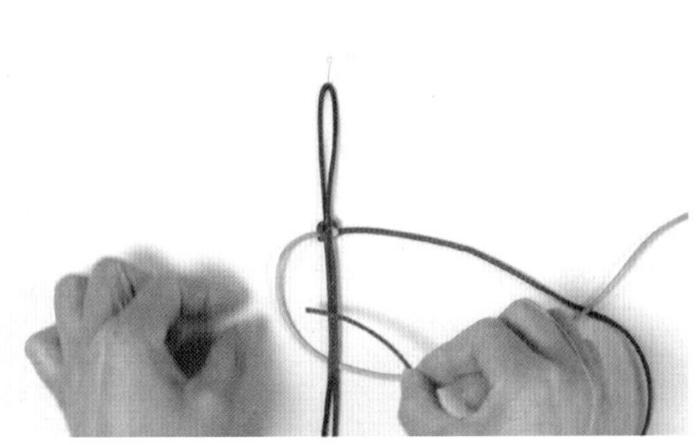

7 重复上述步骤，交错在左右两侧做圈编结，即可编出连续的双向平结。

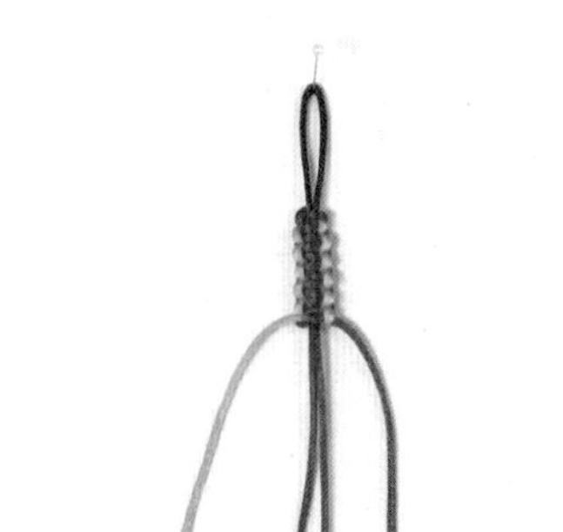

8-10 完成双向平结。

06 七宝结

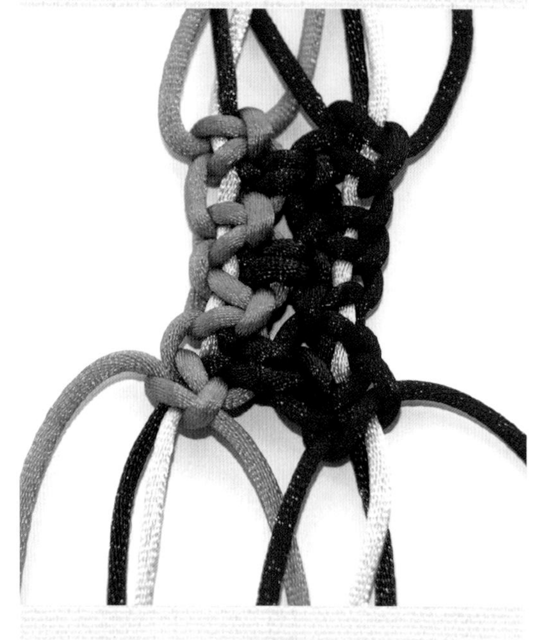

七宝结——聚宝，平安富贵

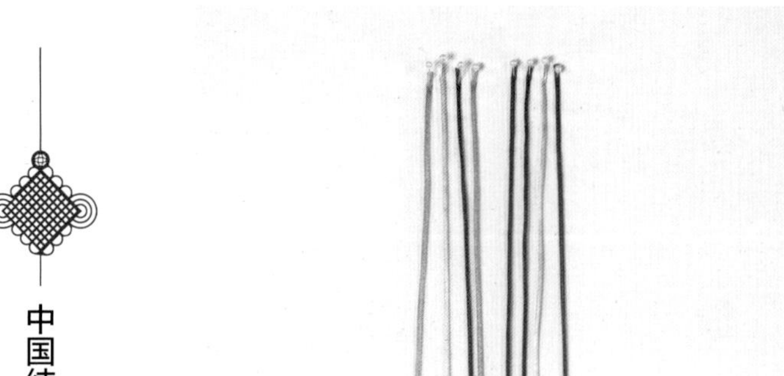

1 首先准备8根线，平均分成左右2组，将线端固定。

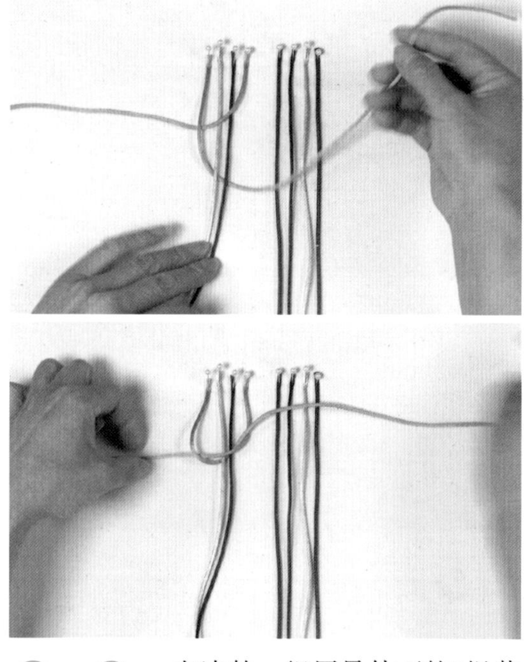

2-3 左边的一组用最外面的2根黄线编一次平结。

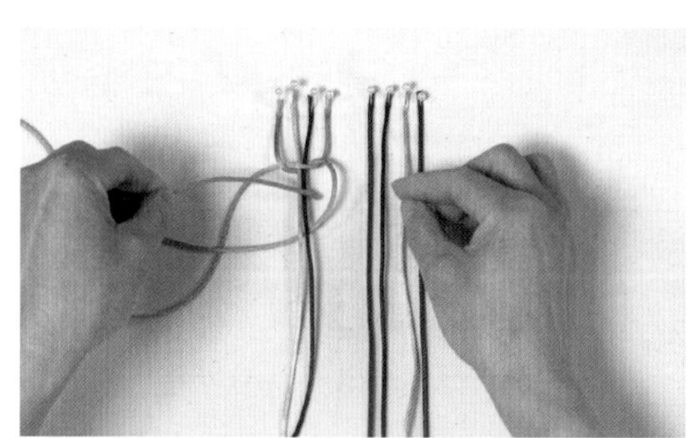

4 再编一次平结，拉紧2条线，由此完成一个右上双向平结。

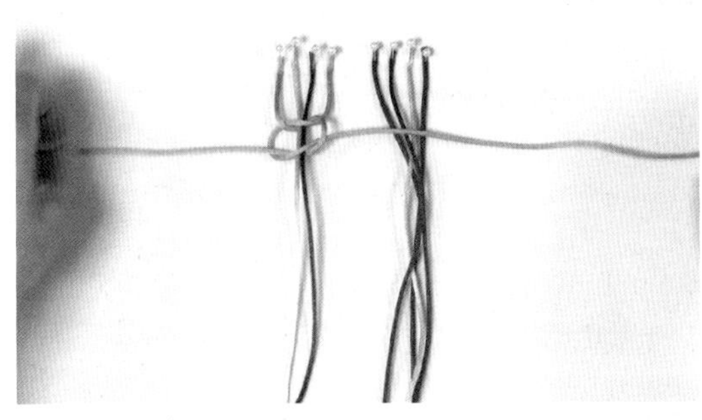

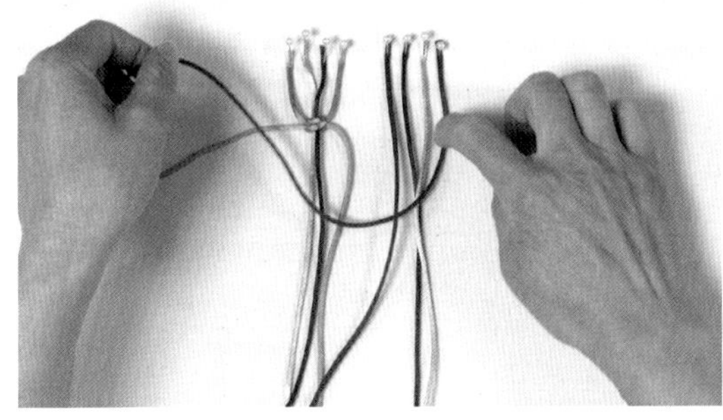

5-6 右边的一组线用同样的方法编一个右上双向平结。

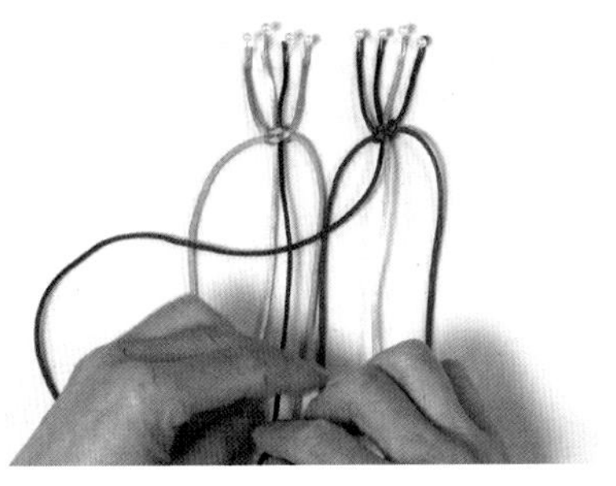

8 以中间的4条线为一组，编一次平结。

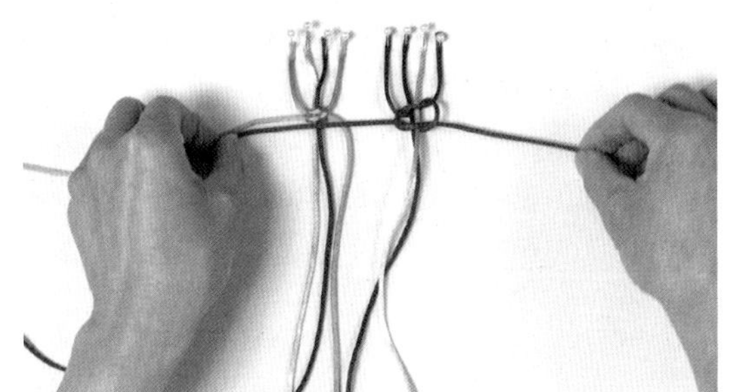

7 拉紧2条线。

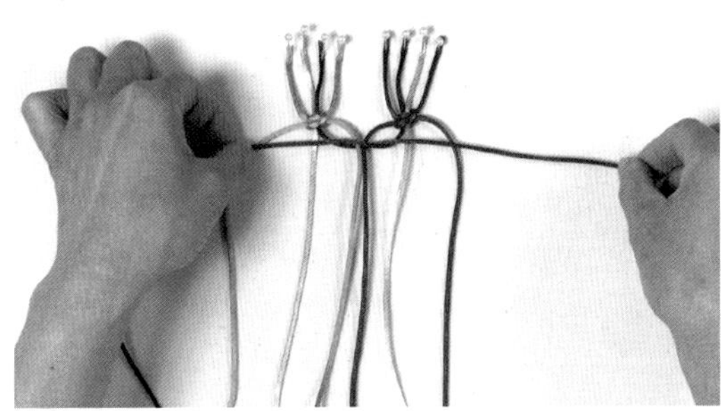

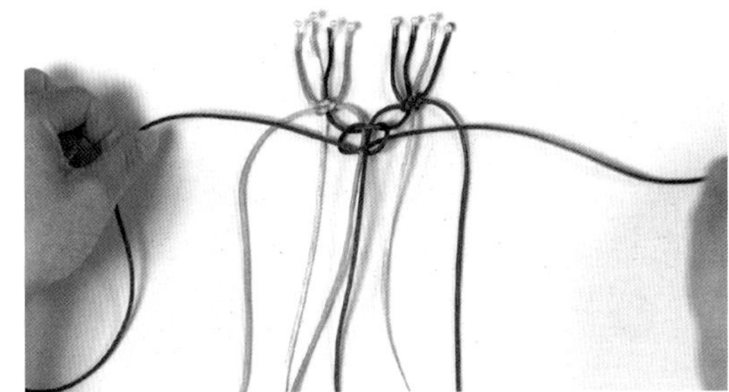

9-10 然后再编一次平结。

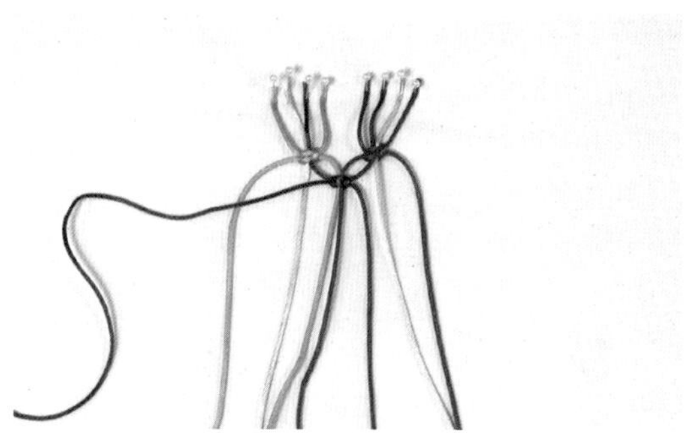

11 拉紧2条线，由此完成一个双向平结。

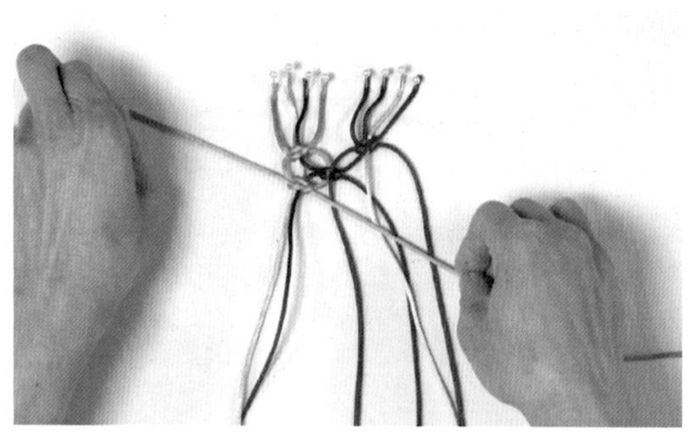

12 按照这样的规律，用左边的一组线编一个双向平结。

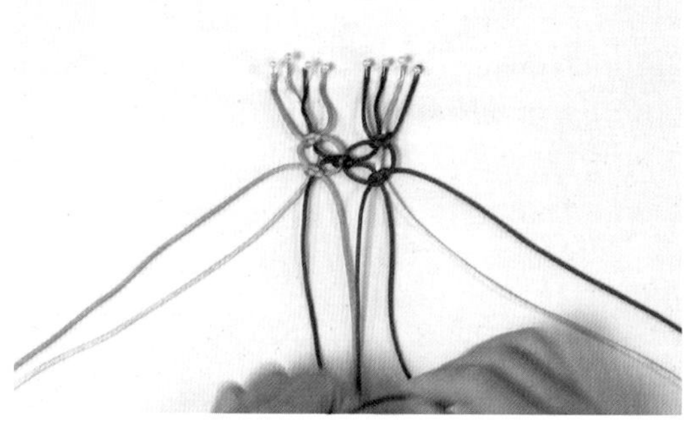

13 用右边的一组线编一个双向平结。

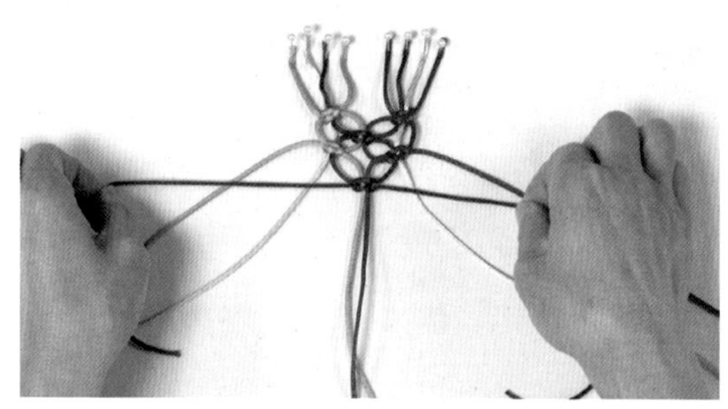

14 再用中间的4条线编一次双向平结。

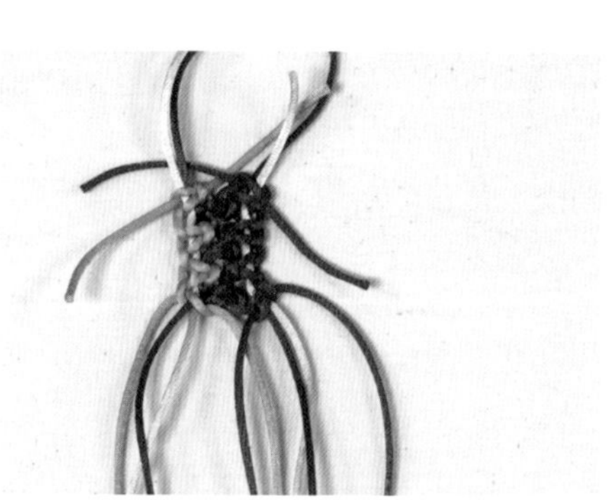

15 重复上述步骤，完成七宝结。

07

蛇结

蛇结——金玉满堂，平安吉祥

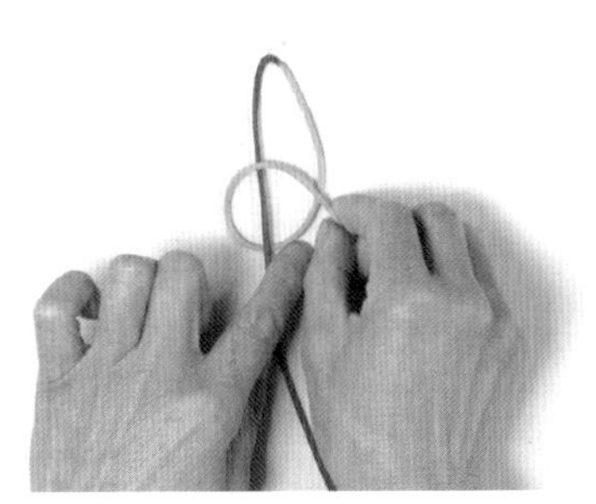

1 黄线从红线下面向上顺时针绕一个圈。

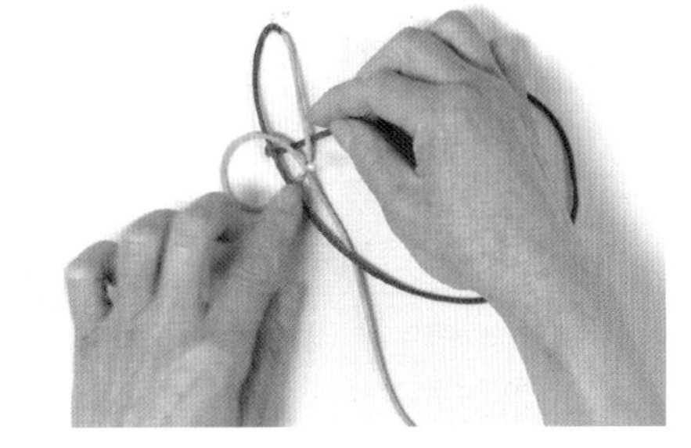

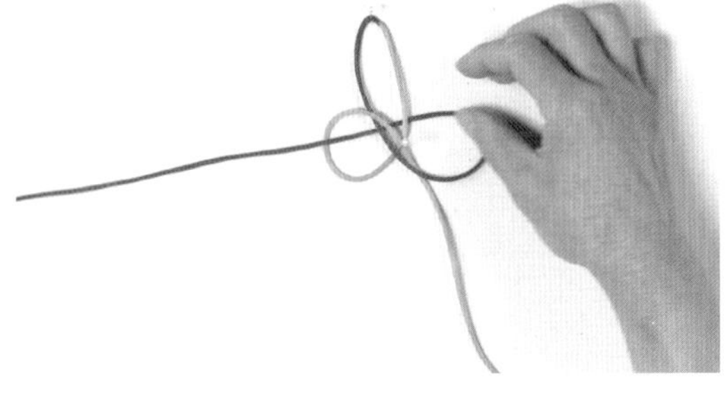

2-3 红线逆时针绕1个圈，然后挑3线从黄线形成的线圈中穿出。

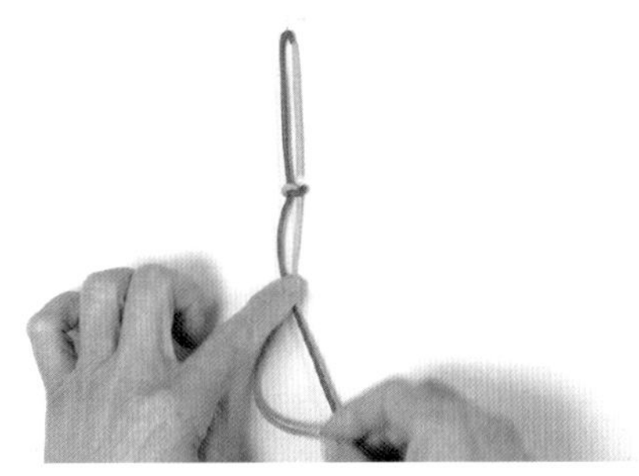

4 拉紧红黄2根线。

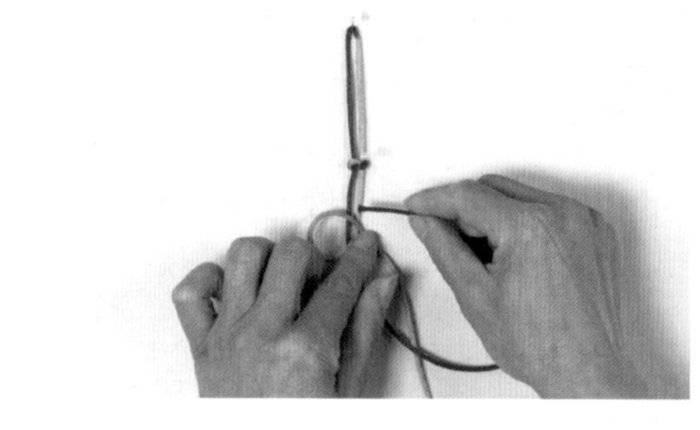

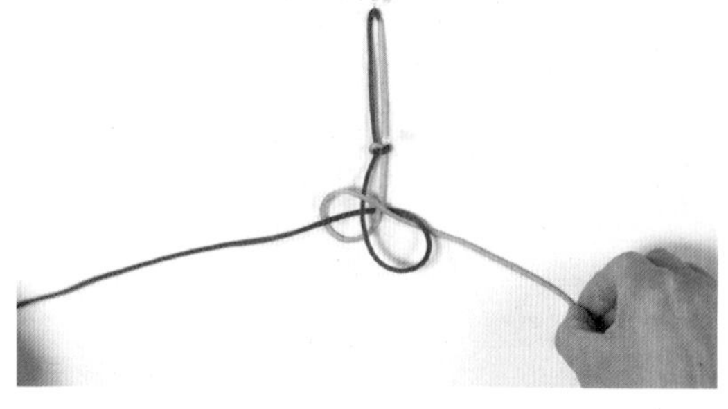

5-6 重复上述步骤。

7 即可编出连续的蛇结。

08

单线双钱结

双钱结——财源广进，财运亨通

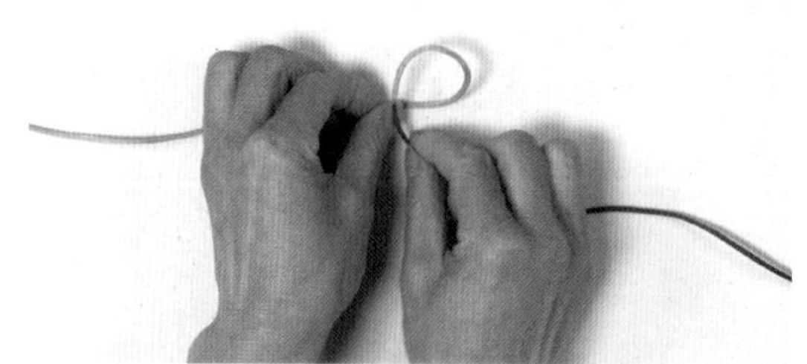

1 单线逆时针绕出1个圈。

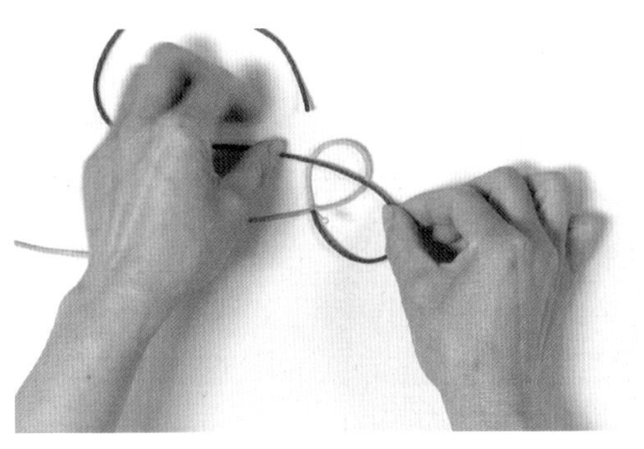

2 红线也按照逆时针绕圈，搭在黄线线圈上。

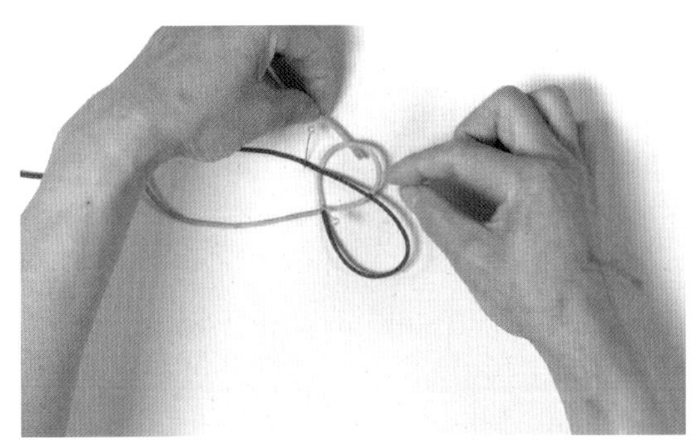

3 黄线压红线，顺时针向上绕圈。

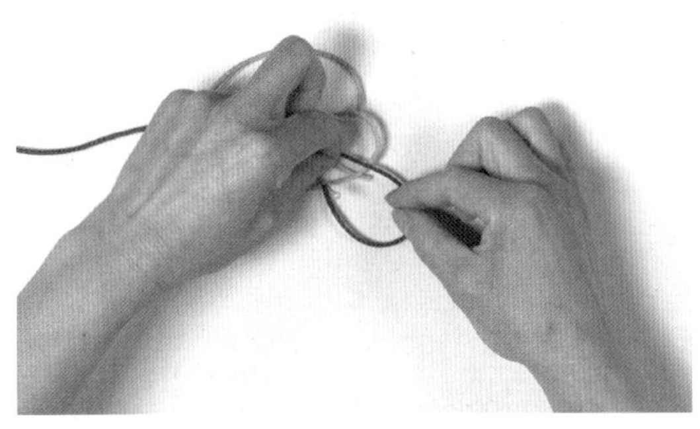

4 向右挑黄线、压红线、挑黄线、压红线穿出来。

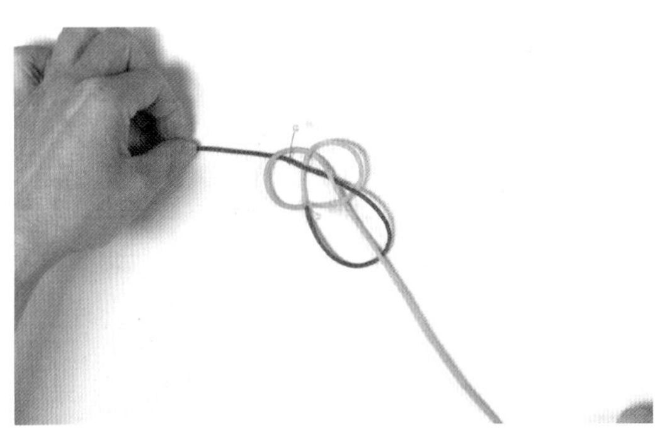

5 慢慢拉出形状。

6 拉紧，完成单线双钱结。

09

轮结

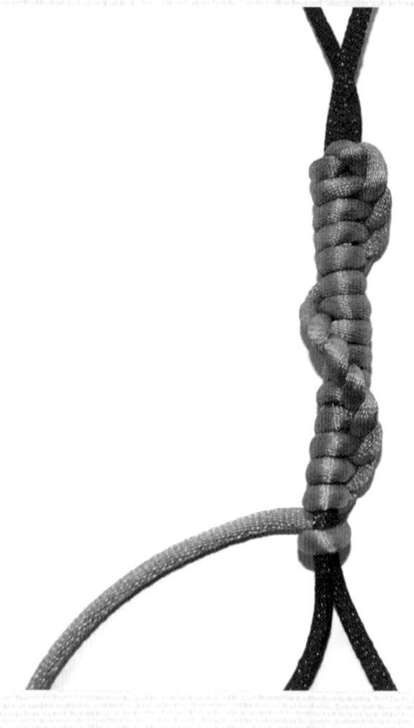

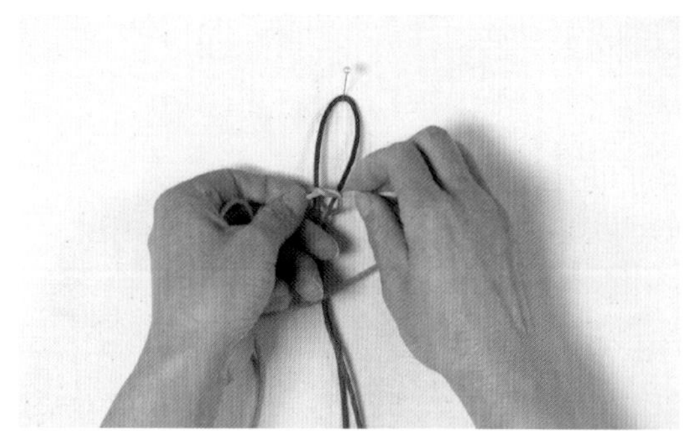

1 首先，用1条线绕着垂线的上面编1个单结（注意，要根据具体编结情况留足够长的线端）。

2 将单结拉紧。

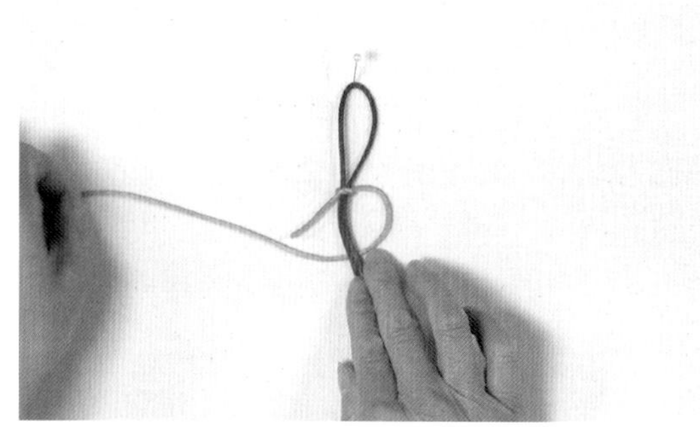

3 将右线以顺时针方向绕垂线和左线1圈。

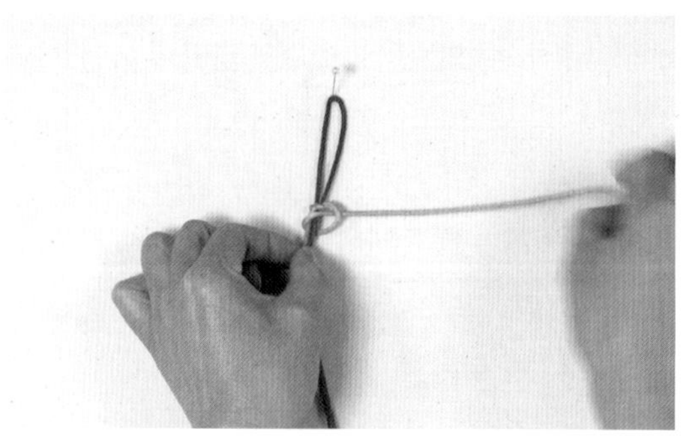

4 从右侧线圈穿出。

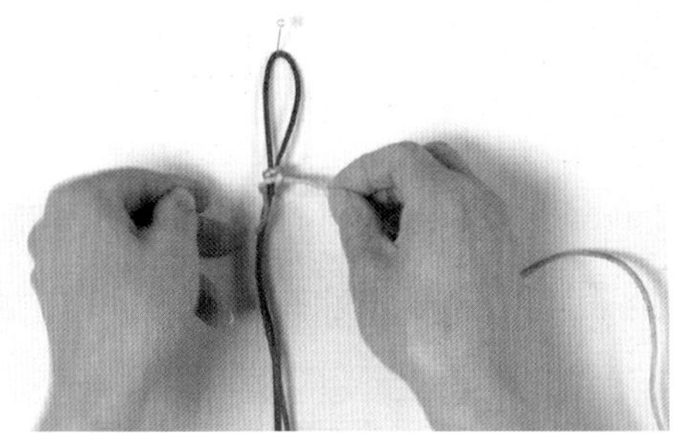

5 将线向右拉紧。

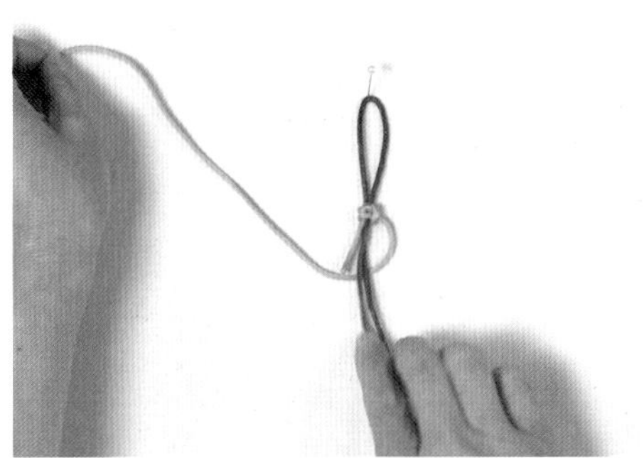

6 重复上述步骤。

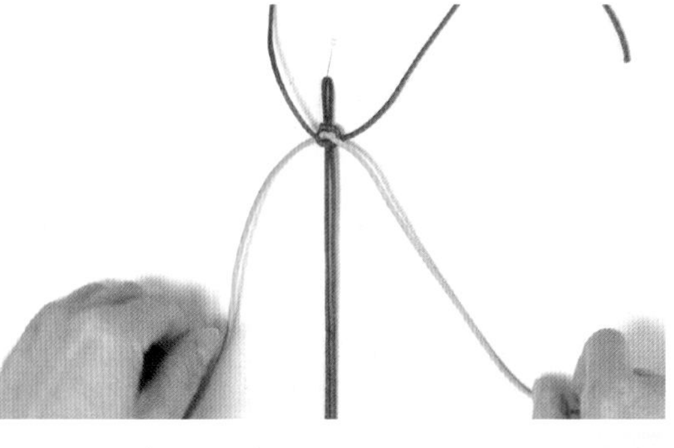

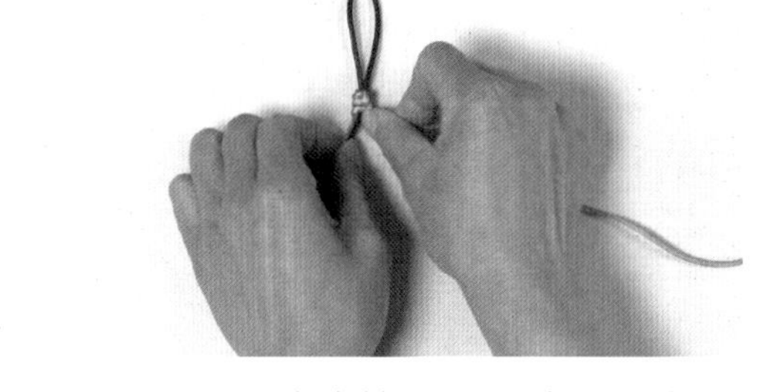

7-8 连续编结，即可编出漂亮的螺旋状结体。

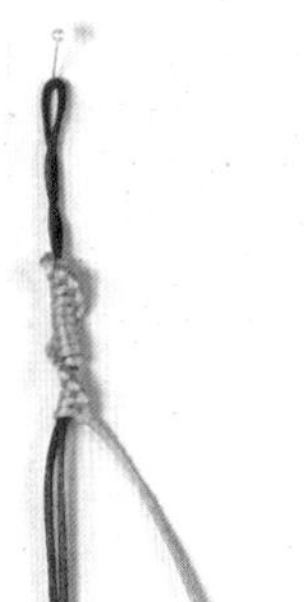

9 完成轮结。

10

双绳扭编

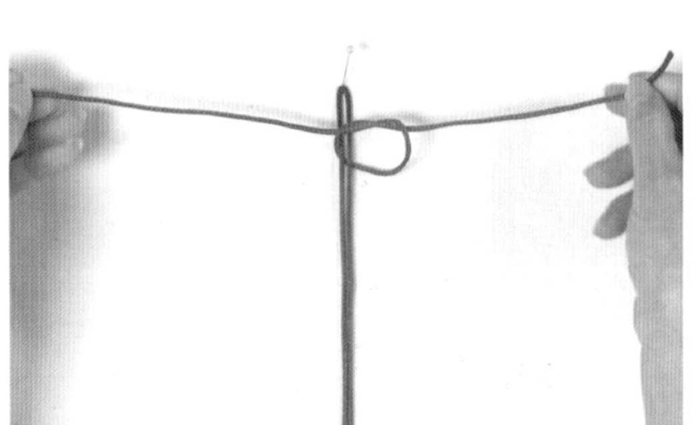

1 首先，将红线放在棕色垂线下面，然后打一个单结。

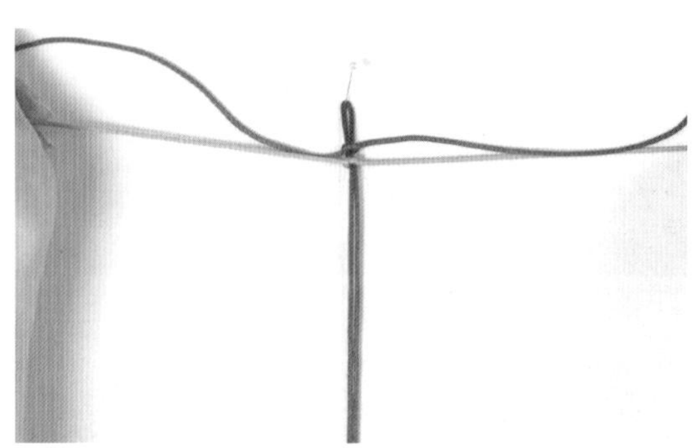

2 加入另一条黄线，用同样的方法打一个单结。

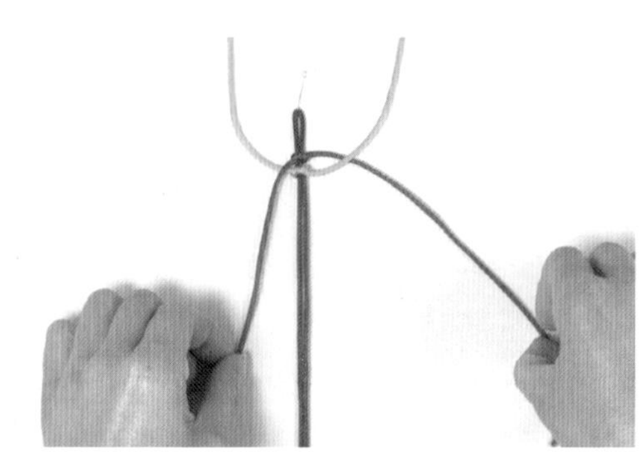

3 将黄线向上拉，红线向下拉。注意左侧红线放在黄线上，右侧红线放在黄线下。

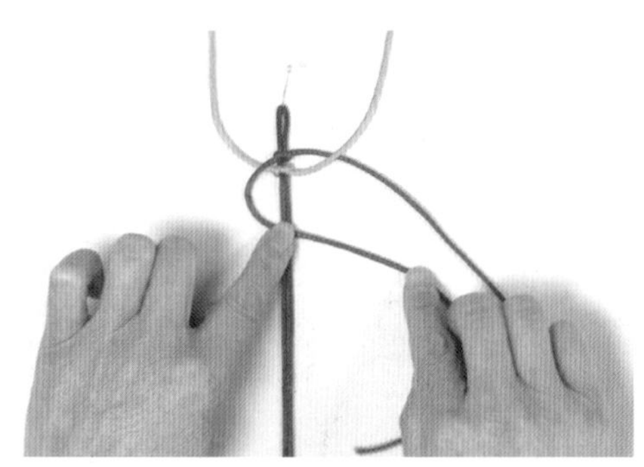

4 将左侧红线放在垂线上。

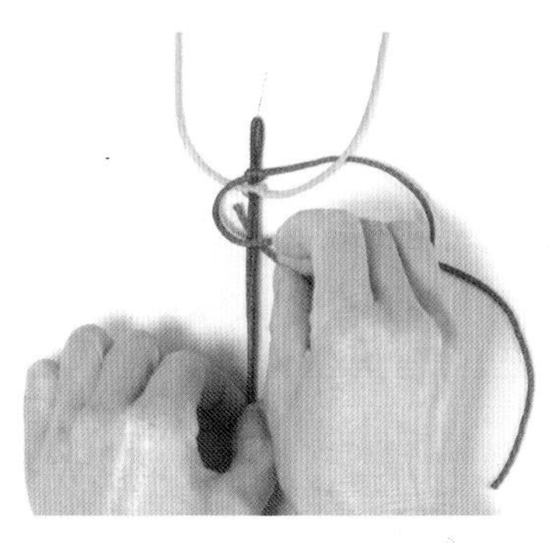

5 右侧红线压左侧红线从垂线下向左穿过，从左边形成的线圈中穿出。

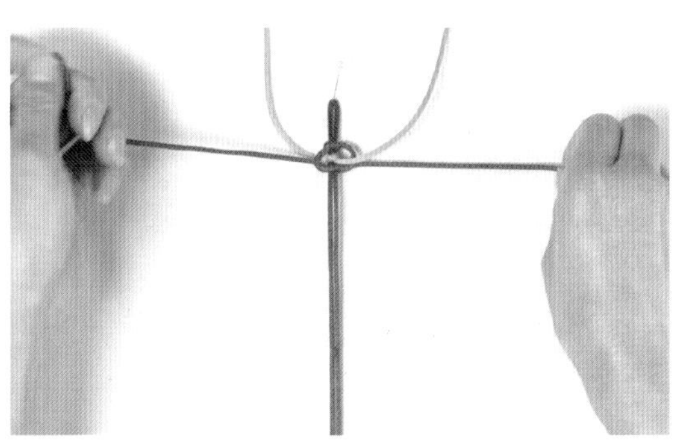

6 拉紧红线，即用红线编平结。

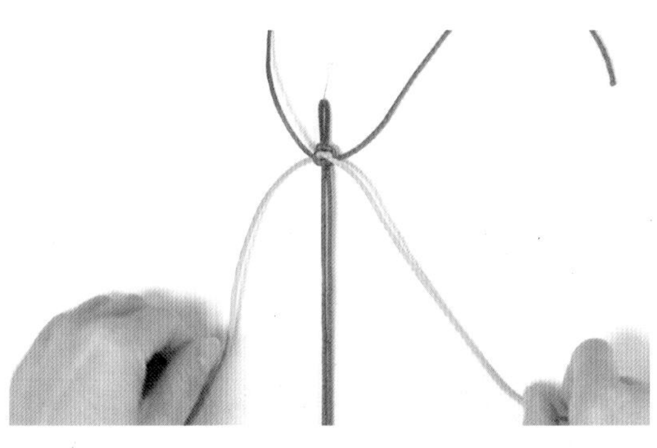

7 将红线向上拉，黄线向下拉。左侧黄线放在红线下，右侧黄线放在红线上。

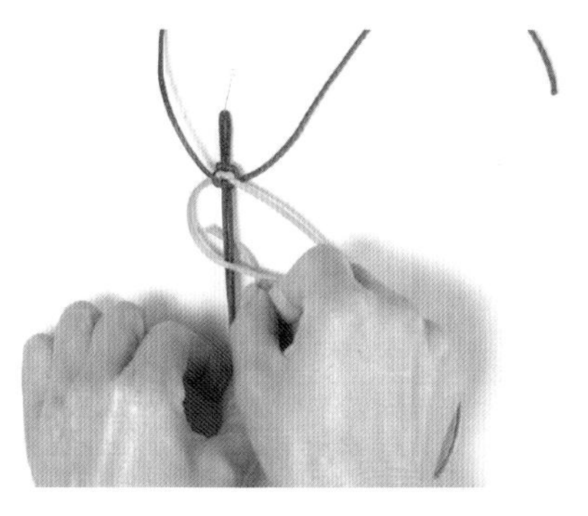

8 将左侧黄线放在垂线上，右侧黄线压左侧黄线从垂线下向左穿过，从左侧形成的圈中穿出， 拉紧黄线，即用黄线编平结。

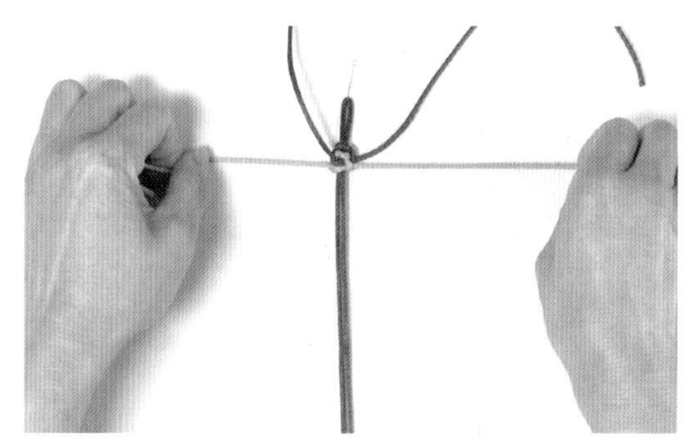

9 按照以上步骤进行编结。

10 用手捏住垂线，轻轻推动结体，使结之间的间隙更均匀。完成双绳扭编。

11

十字形扭编

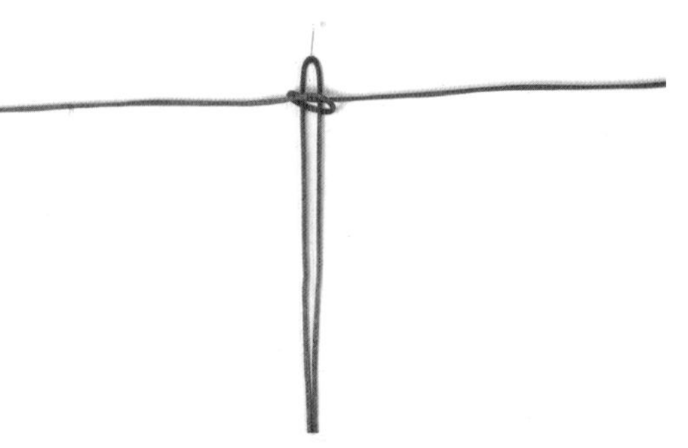

1 将红线放在棕色垂线下面，用红线绕垂线编一个单结。

2 将单结的结扣调整到朝向内侧。

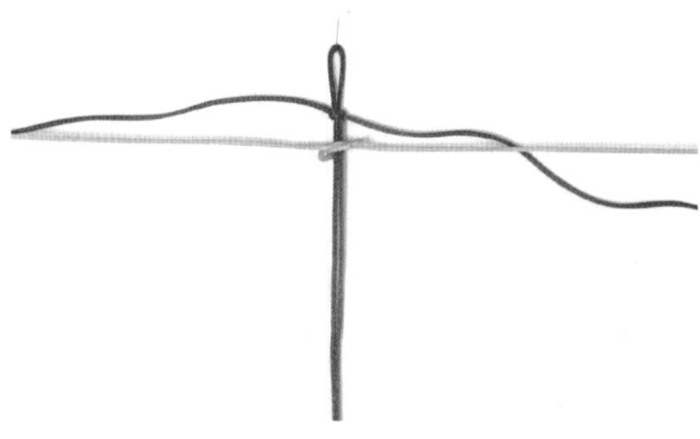

3 另外拿1条黄线，按照刚才的步骤2方法编1个单结。

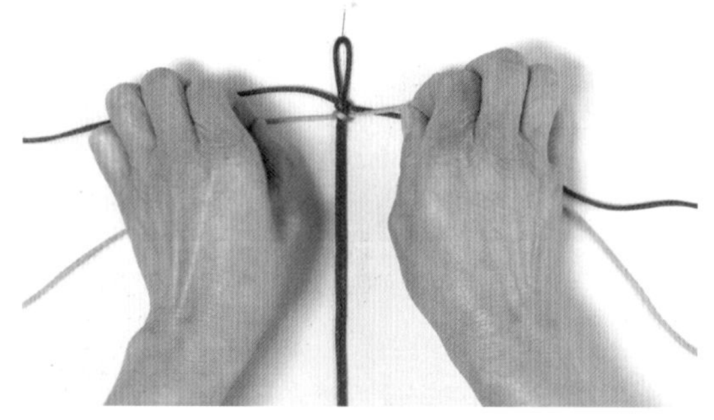

4 将单结的结扣朝向内侧。

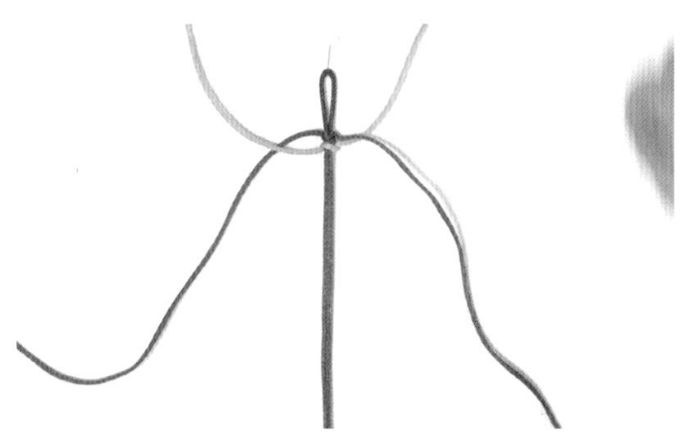

5 将黄线向上拉，红线向下拉。左侧红线放在黄线下，右侧红线放在黄线上。

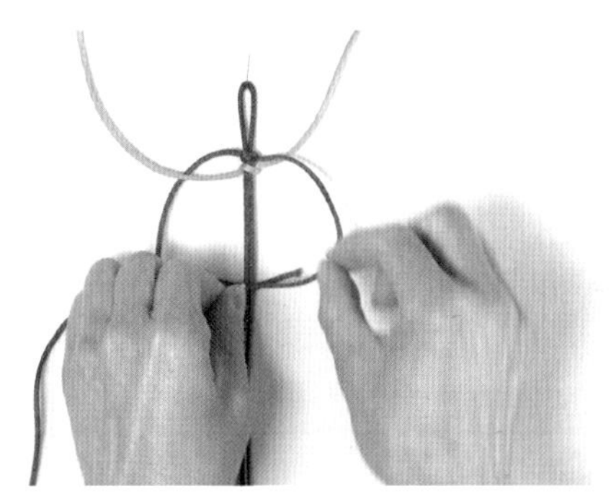

6 将右侧红线放在垂线上，左侧红线压右侧红线并从垂线下面向右穿过，从右侧形成的线圈中穿出。

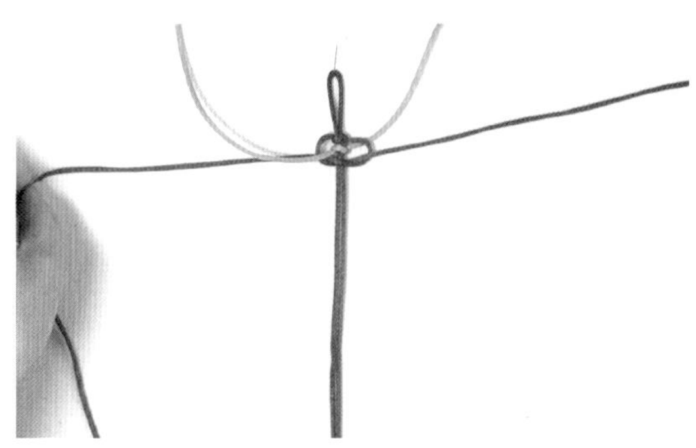

7 拉紧两条红线。即用红线编平结。

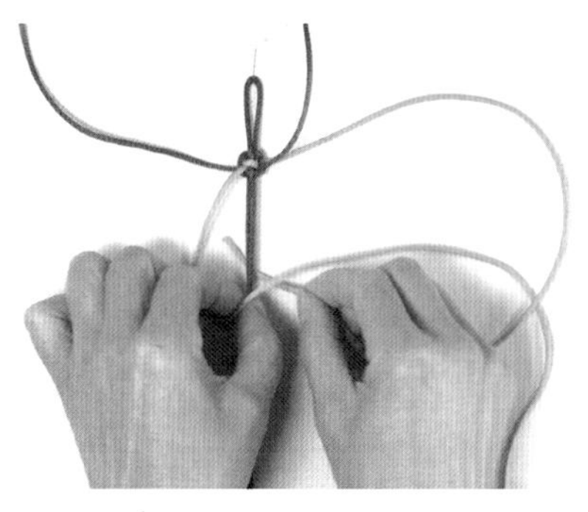

8 将红线向上拉，黄线向下拉。将左侧黄线放在垂线上，右侧黄线压左侧黄线并从垂线的下面向左穿过，从左侧形成的线圈中穿出。

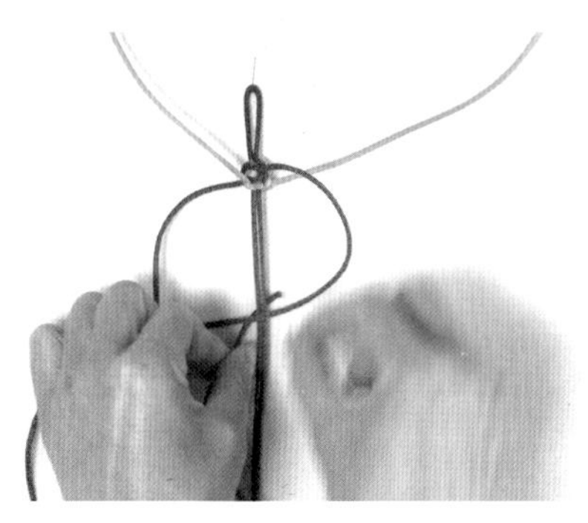

9 重复上述步骤，2根线交叉交替做双向平结。

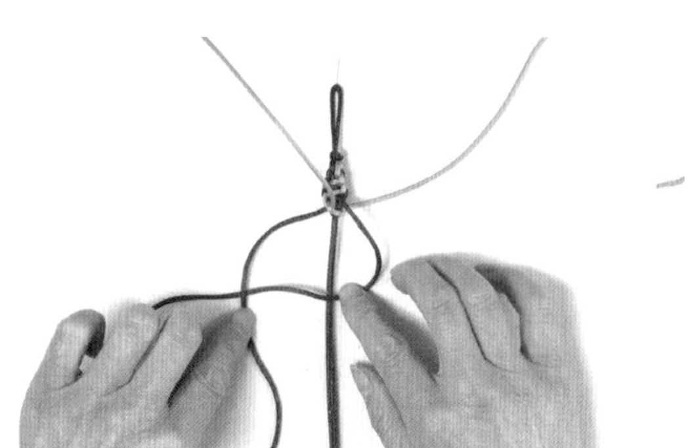

10 结体自然呈现十字形，完成十字形扭编。

12 锁结

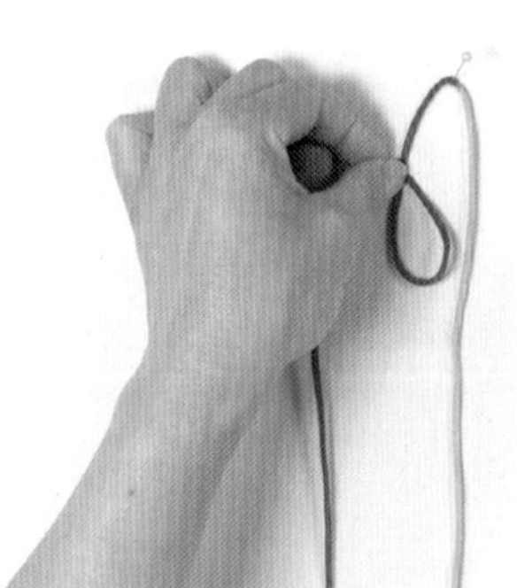

1 取1根线对折，将红线绕出圈①。

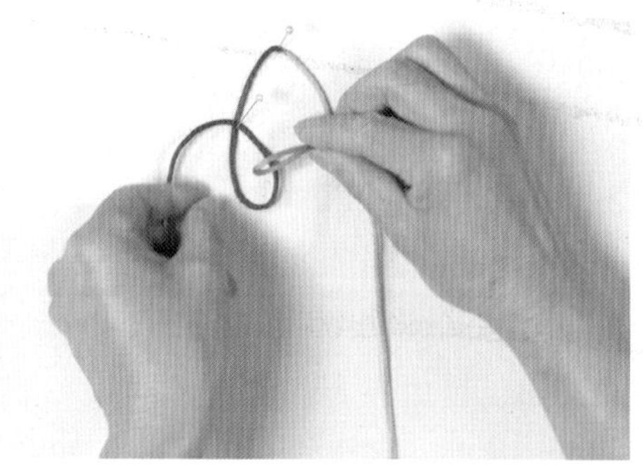

2 黄线绕出圈②，穿过圈①。

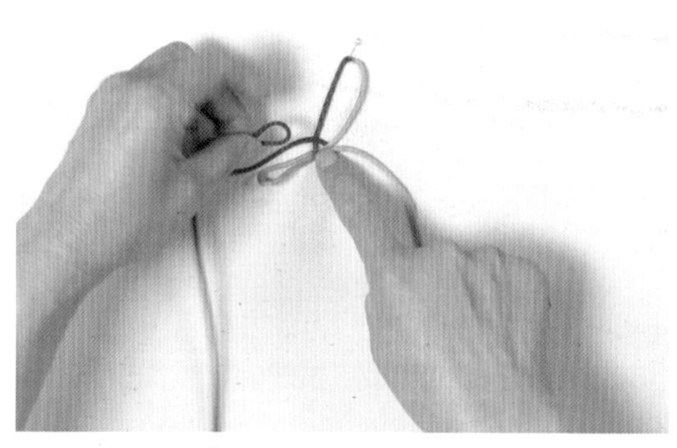

3 拉紧红线。

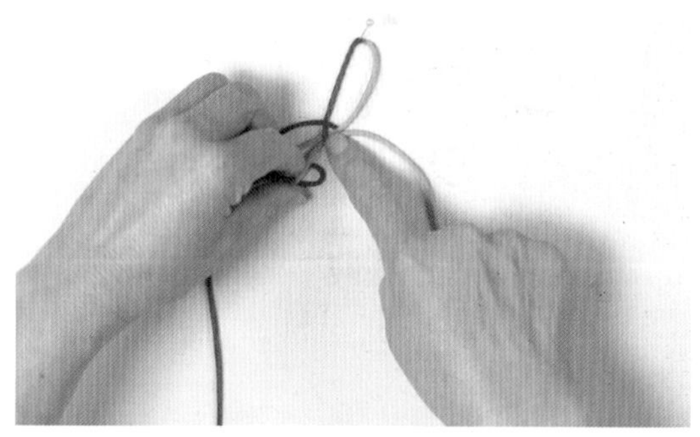

4 用红线做出圈③，穿过圈②。

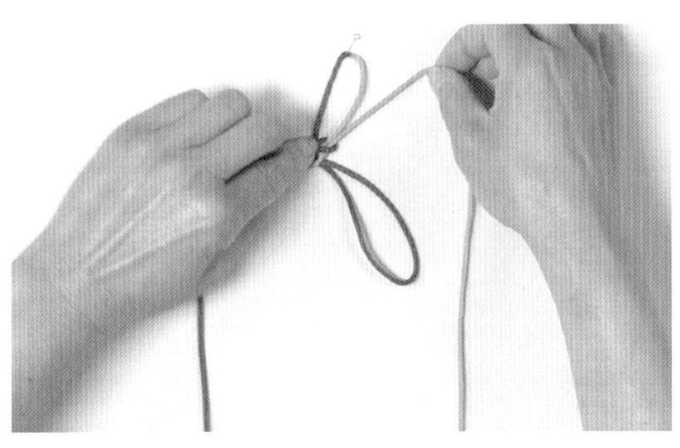

5 拉紧黄线。

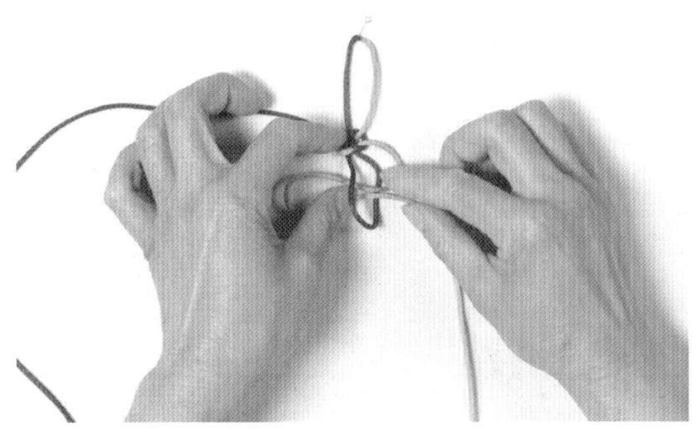

6 用黄线做出圈④，穿过圈③。拉紧黄线。

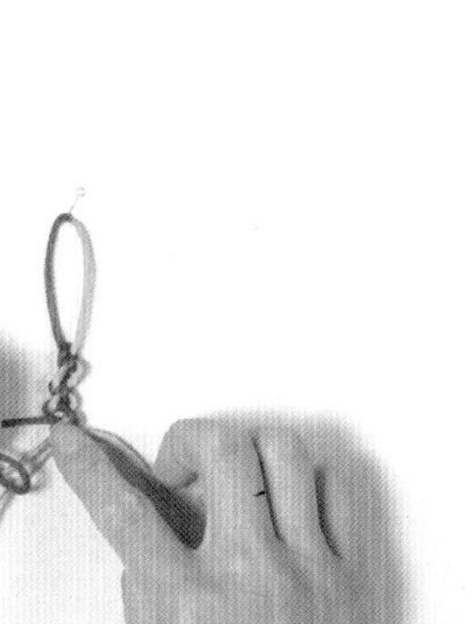

7 重复上述步骤，编至适合的长度。

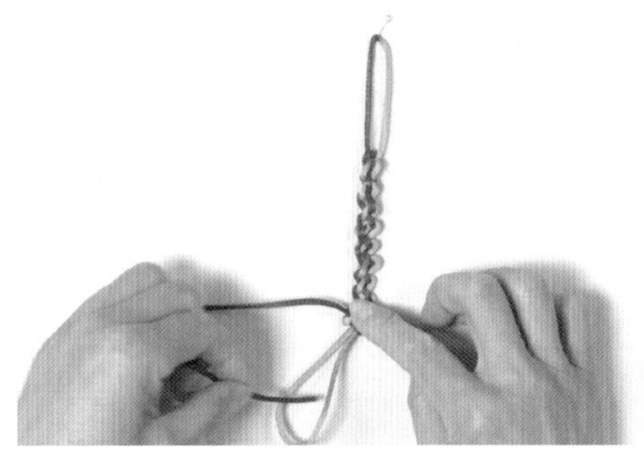

8 将红线端穿入最后一个圈中。

9 拉紧黄线，完成锁结。

13

主线双联结

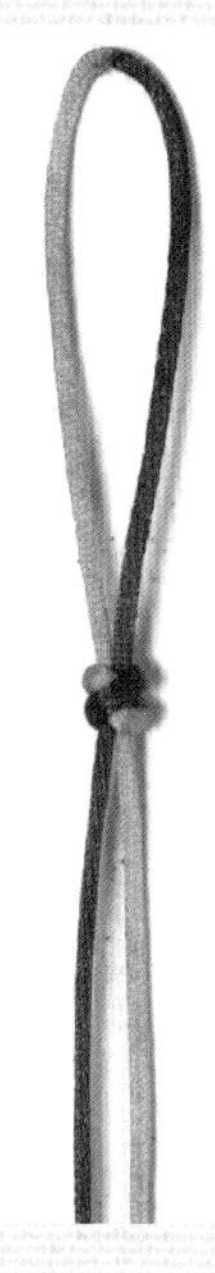

双联结——成双成对

1 取1根线对折。黄线向右压红线。

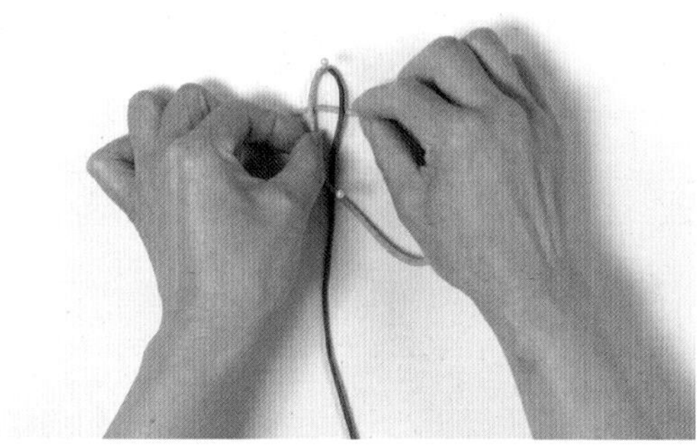

2 黄线向上绕然后向左挑2根线，绕出右圈。

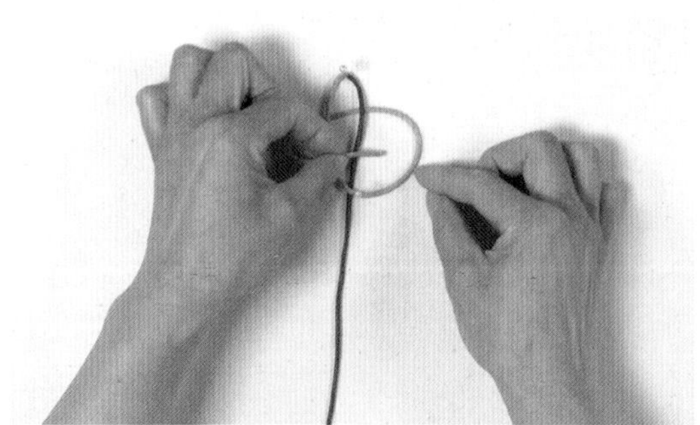

3 黄线再穿过右圈。

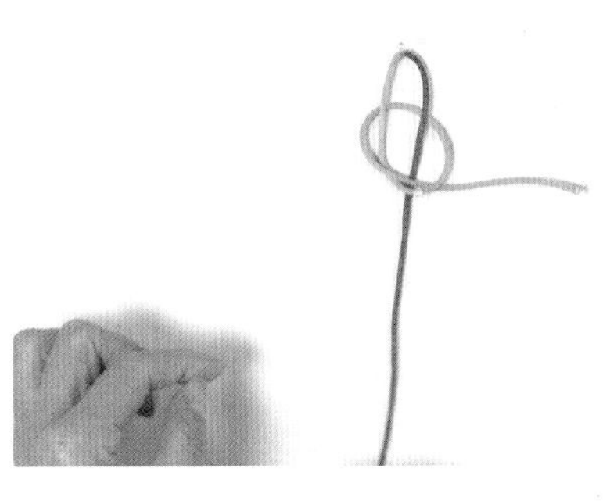

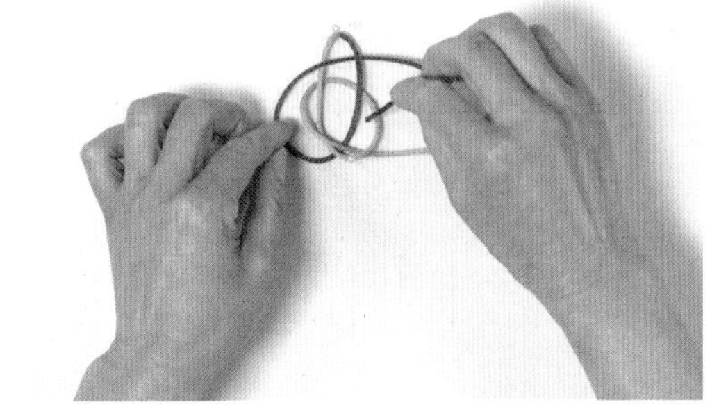

4-5 红线顺时针绕出左圈。

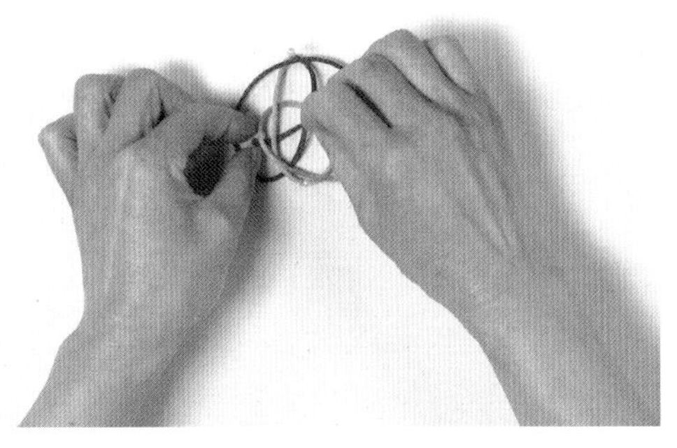

6 向下穿入右圈挑3线，再穿出左圈。

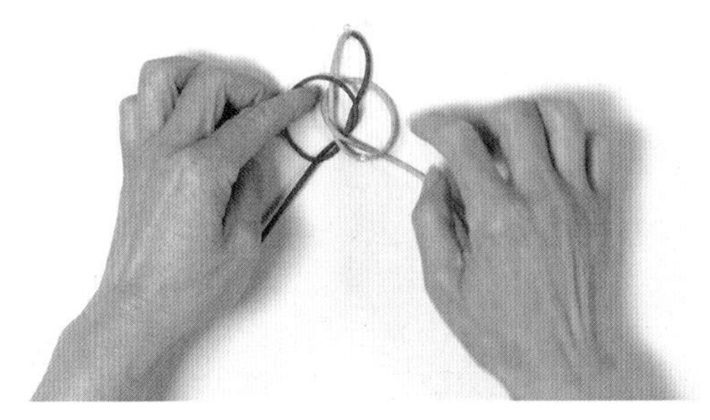

7 拉紧黄线、红线。

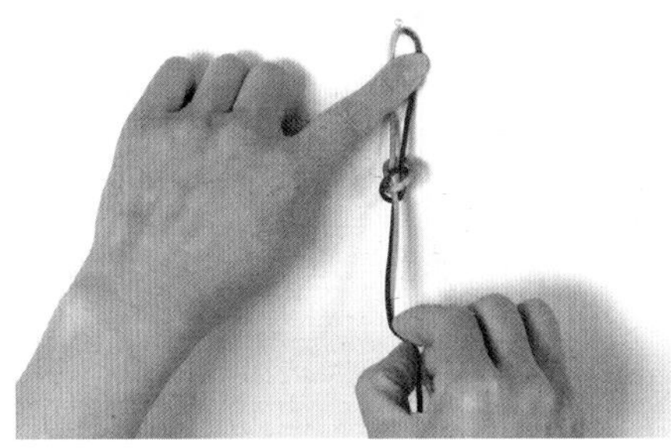

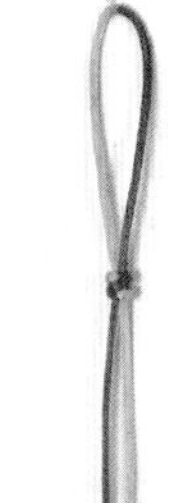

8-9 完成主线双联结。

14

双翼双联结

双联结——成双成对

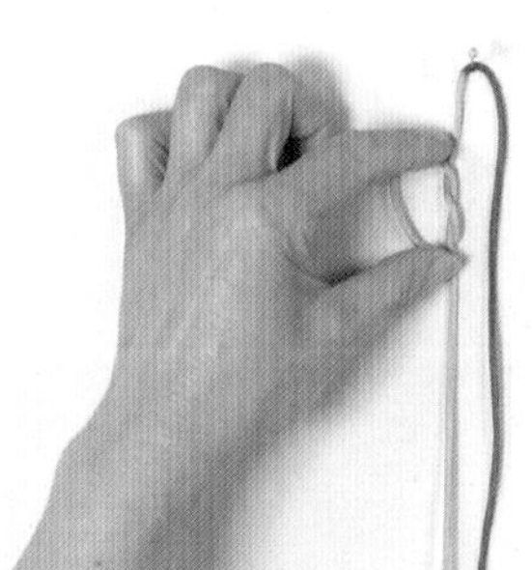

1 将左侧的黄线按顺时针的方向打单结做一个圈。

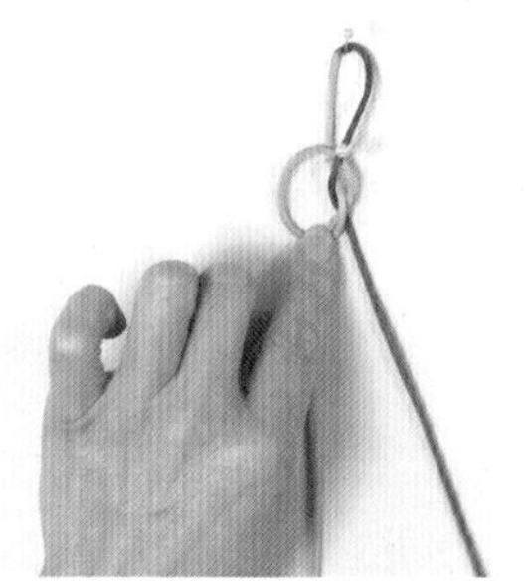

2 右侧的红线穿入黄色线圈中。

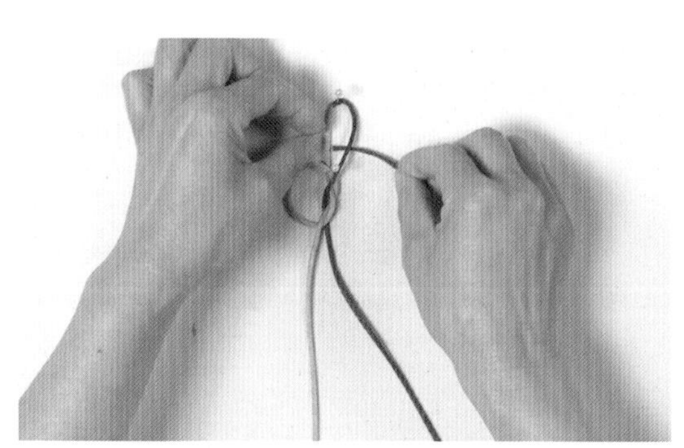

3 红线按逆时针的方向绕一个圈。

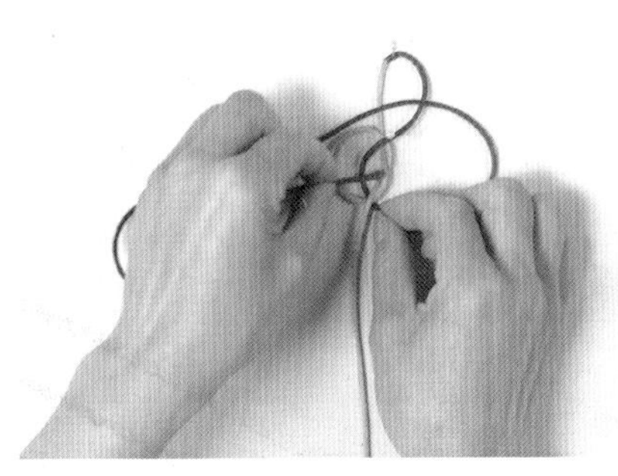

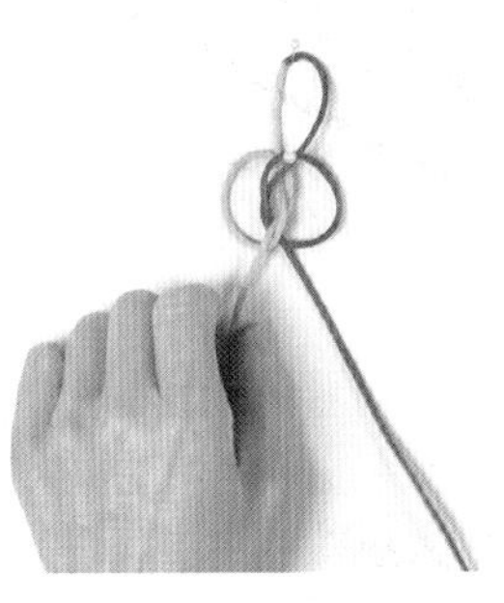

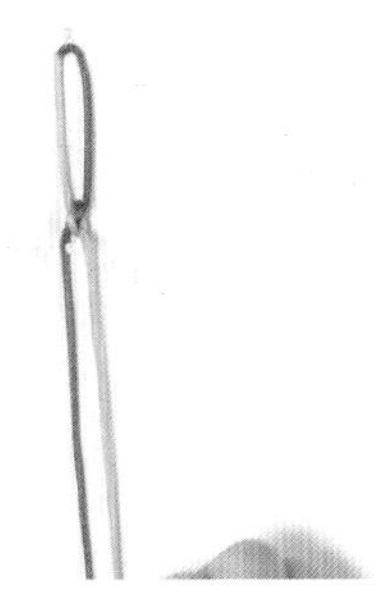

4-6 红线打一个单结。拉紧两端，调整好结体，即完成一个双翼双联结。

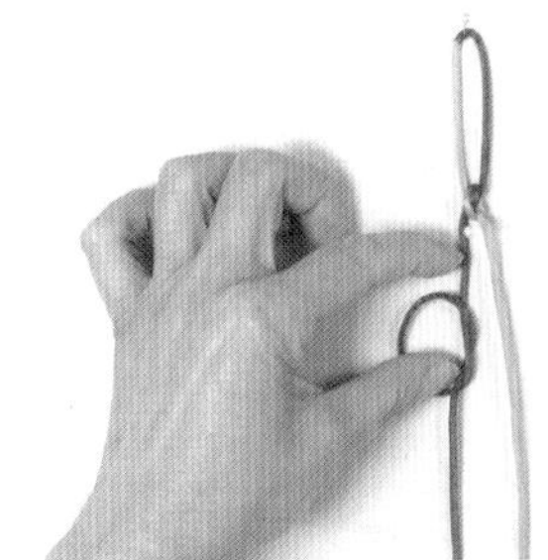

7 重复上述步骤，即可得到多个双翼双联结。

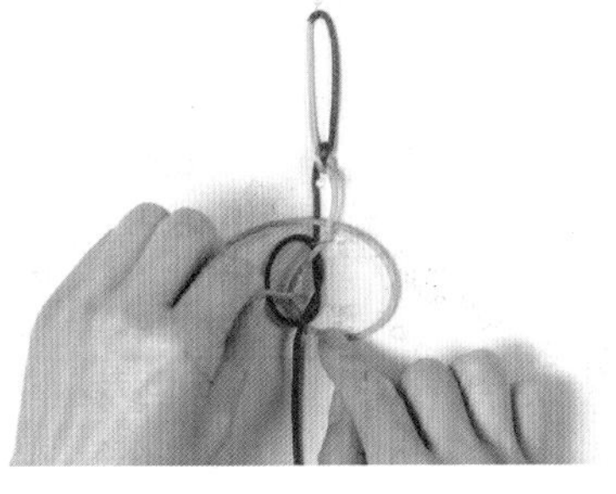

8-10 完成双翼双联结。

15

凤尾结

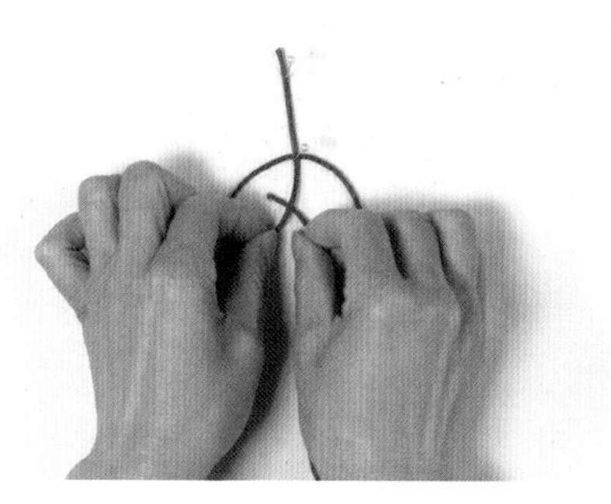

2 将线端向左穿过线圈，要先挑后压。

凤尾结——龙凤呈祥，财源滚滚

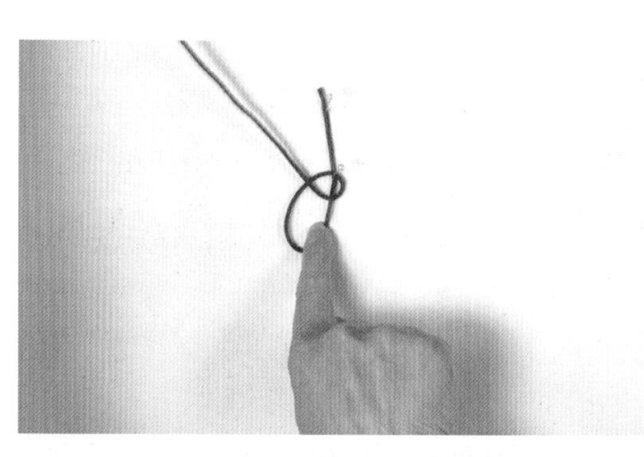

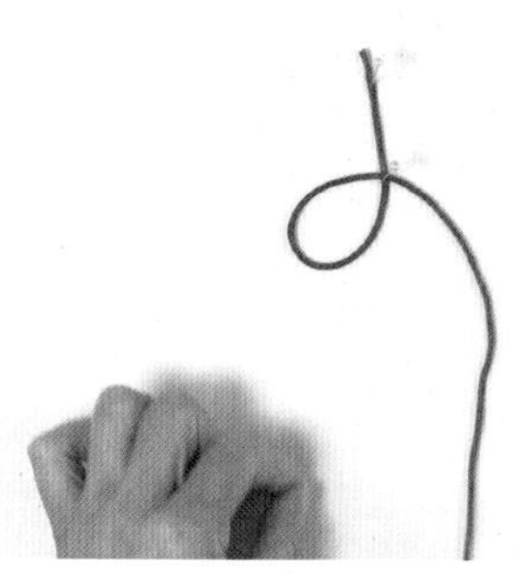

1 先将线的一端固定，用另一端向上绕出一个圈。

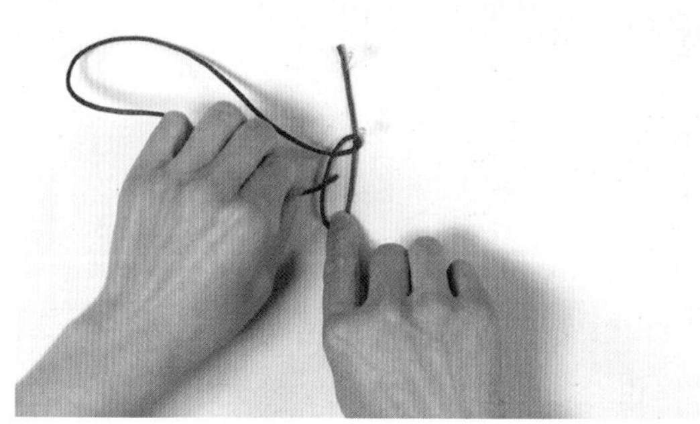

3-4 然后从左向右穿入，也是先挑后压。

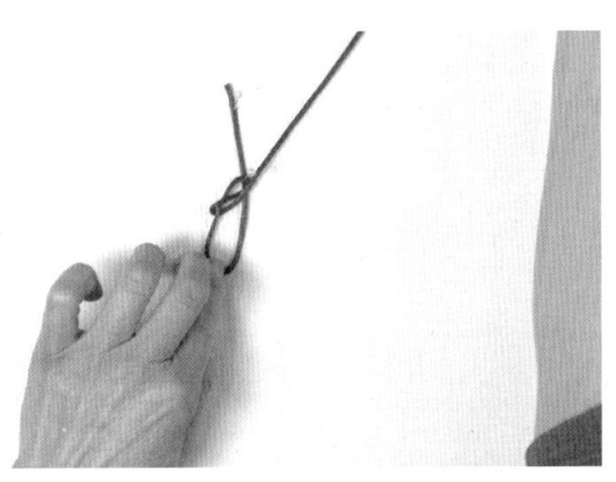

5 拉线。

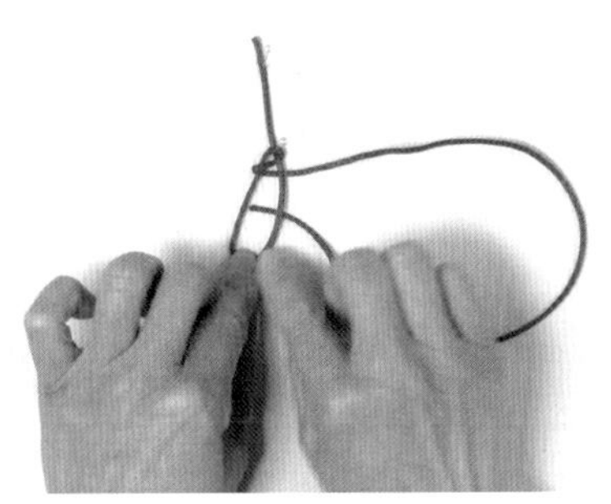

6 重复这个步骤。

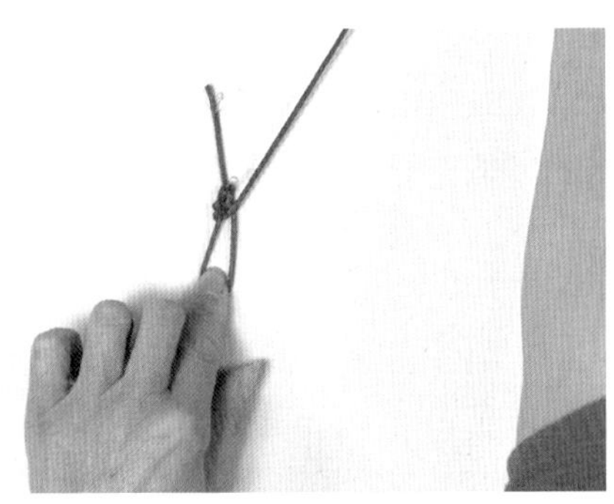

7 继续编结。

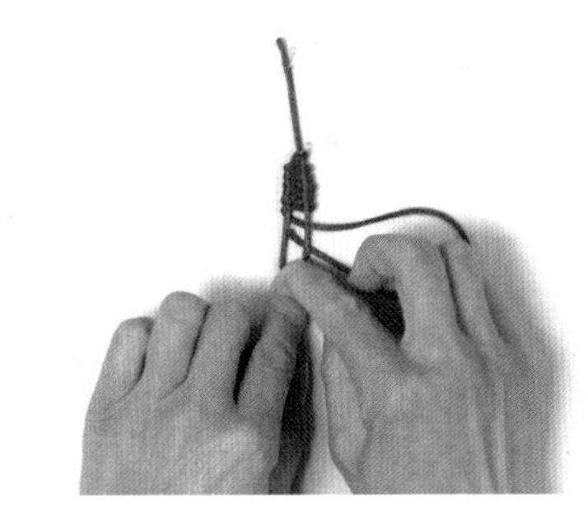

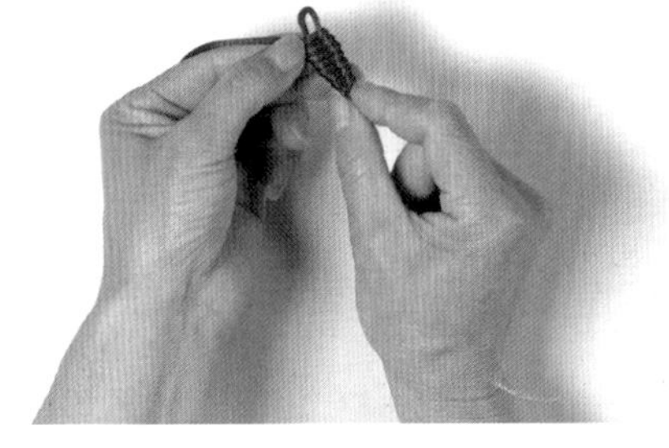

8-9 将固定端取下并收紧。把另一端的余线剪掉，处理好线头。

10 完成风尾结。

16

金刚结

金刚结——金玉满堂，平安吉祥

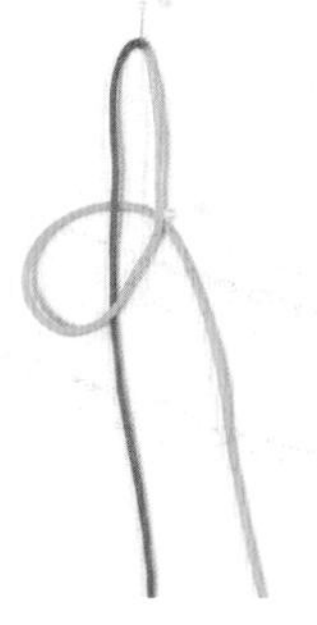

2 黄线从2根线下面穿出来。

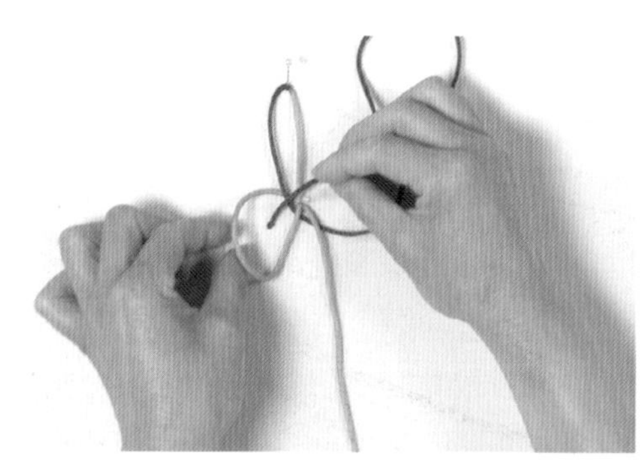

3 红线从黄线下面向上按逆时针绕一个圈，并从黄线的线圈中穿出。

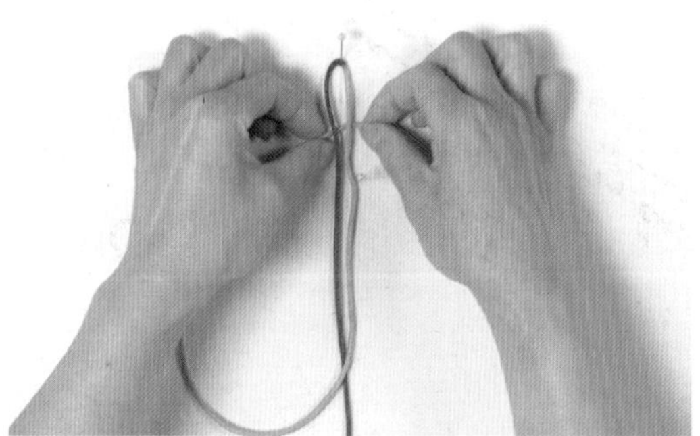

1 黄线在上，按顺时针绕圈。

4 将黄线圈和红线圈收小。

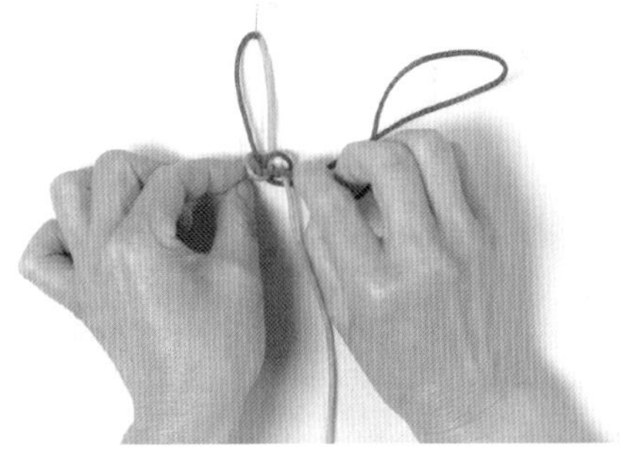

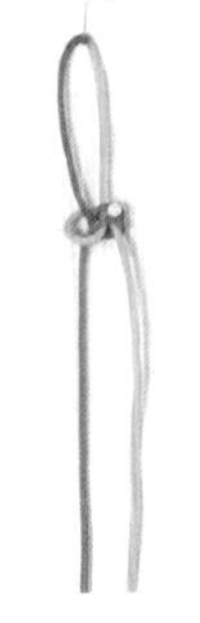

5-6 红线逆时针绕圈穿入黄线圈中。

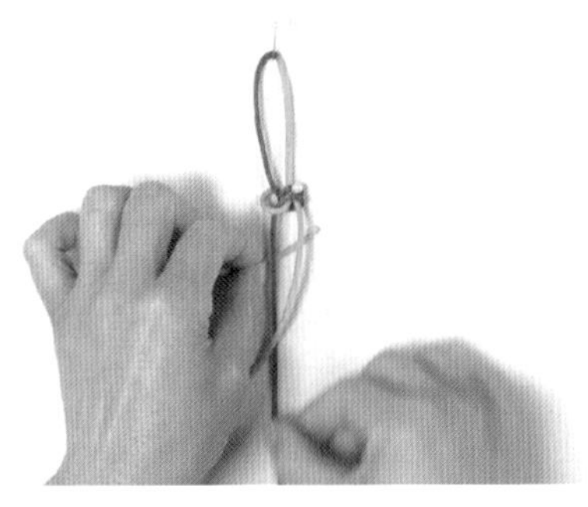

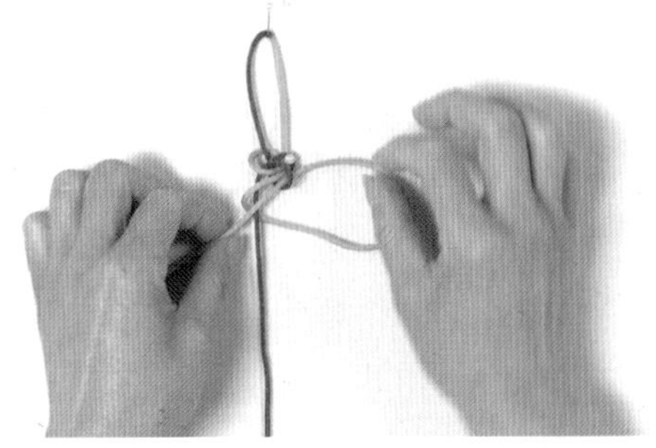

7-8 黄线顺时针绕圈从上向下穿入最下面一个红线圈中。

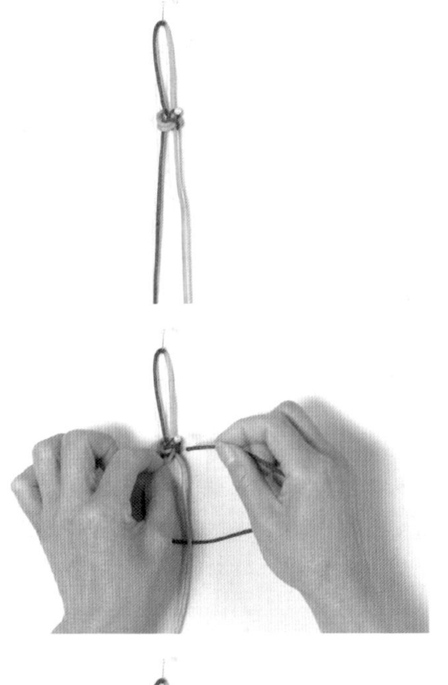

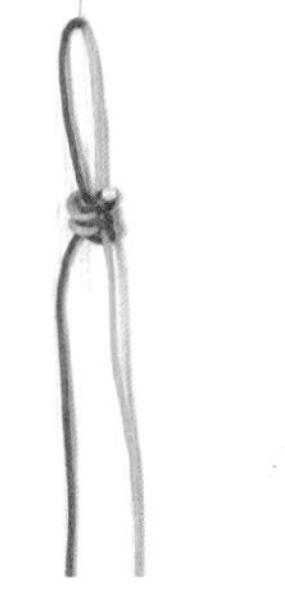

9-11 红线再逆时针绕圈穿入最下面一个黄线圈中。

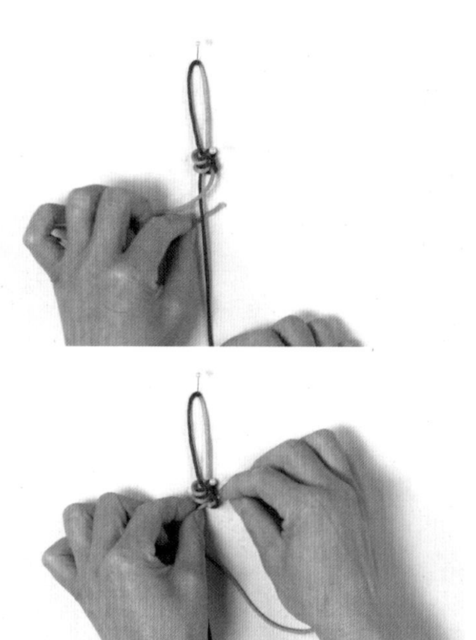

12-13 重复上述步骤。

14 完成金刚结。

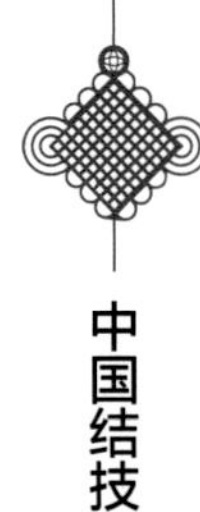

17

双线双钱结

双钱结——财源广进，财运亨通

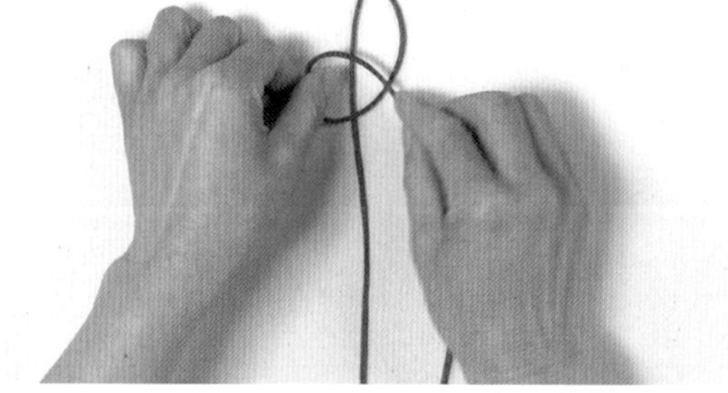

1 首先准备1根线，对折，右线压左线，顺时针方向绕一个圈。

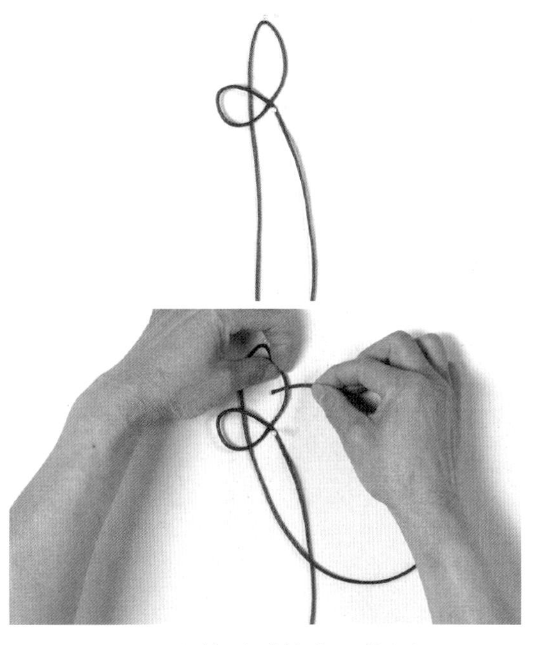

2-3 左线逆时针向上绕圈。

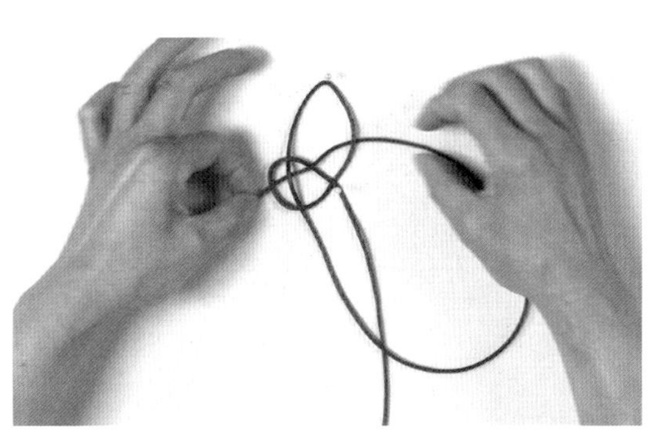

4 挑1线、压1线、挑1线、压1线穿出来，绕一个圈。

5 拉紧左右2根线。

6 完成1个双钱结。

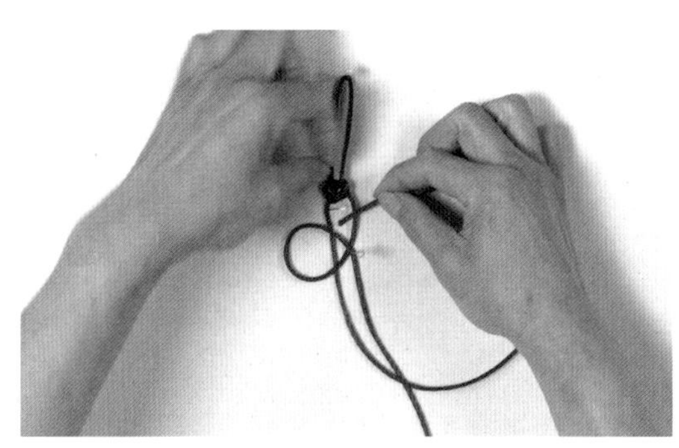

7 重复上述步骤，完成多个双线双钱结。

18

套环结

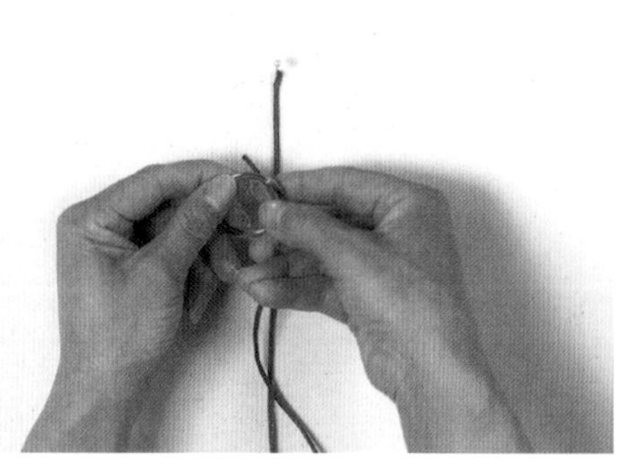

1 取1个小圆环，用1条线从上向下穿入环中在环上绕一个圈。

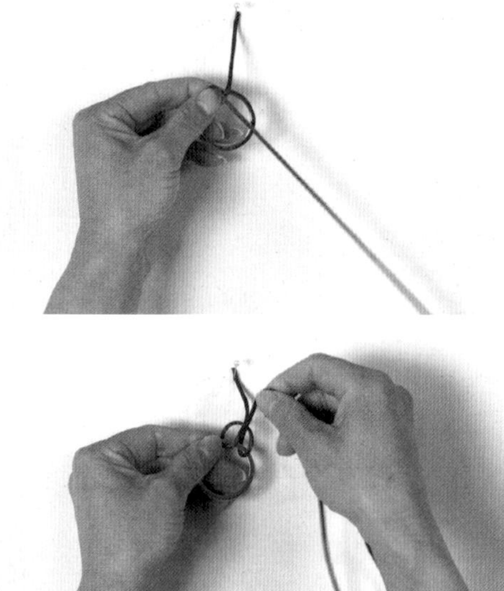

2-3 然后再绕一个圈，从第1个圈中穿出来。

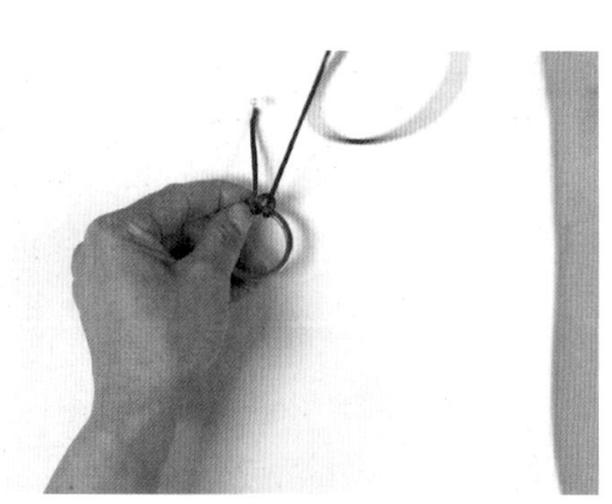

4 再绕圈穿出来，即在圆环上打单结。也可以交替从上向下、从下向上穿入圆环打结，形成雀头结（参见第106页）。

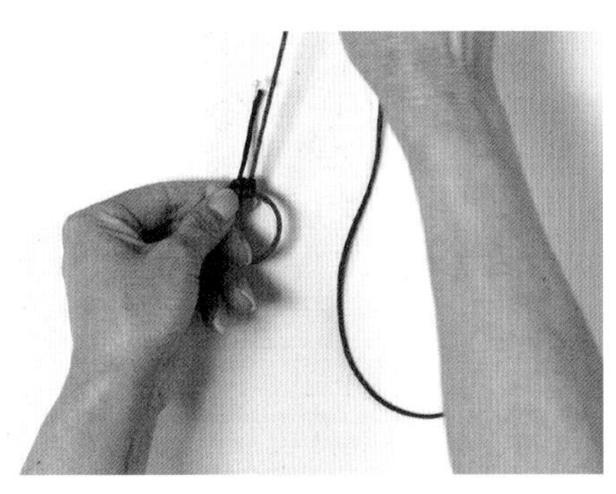

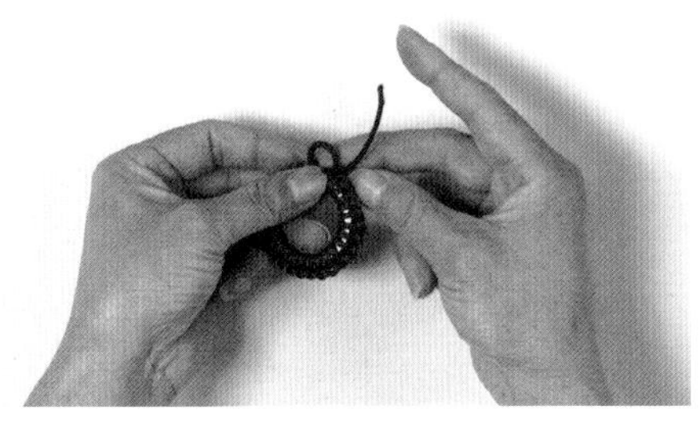

5-6 重复上述步骤，直到编满整个圆圈。

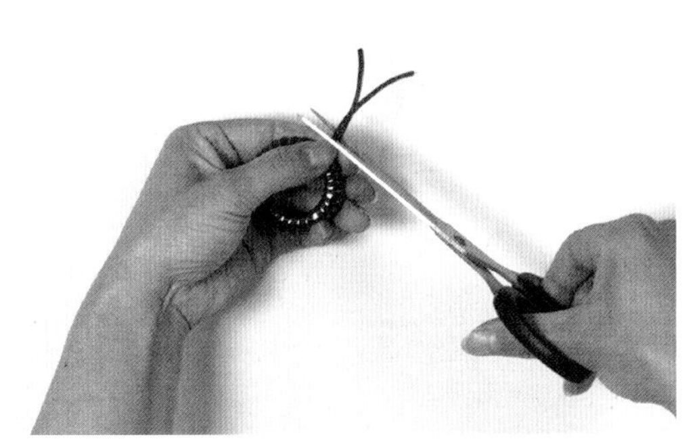

7 把多余的线剪掉。

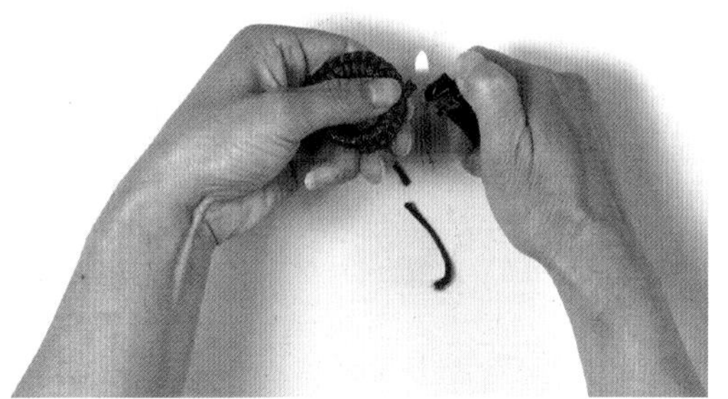

8 用打火机略灼烧后把线头对接起来。

9 完成套环结。

19

单结

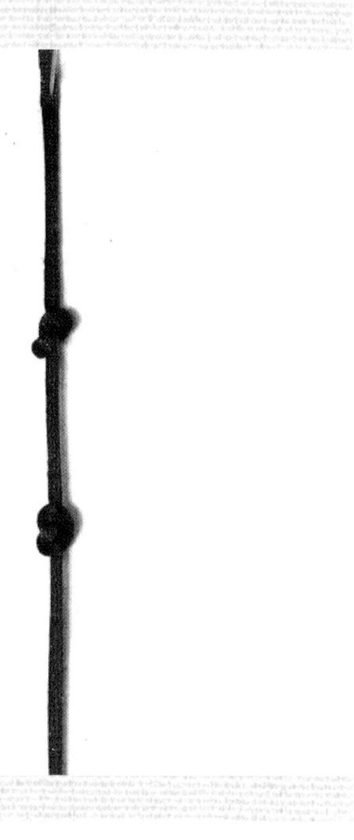

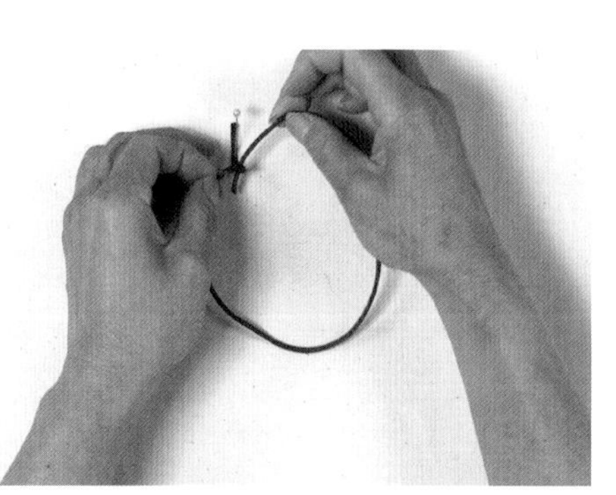

1 将线向上逆时针绕转先压后挑，然后从线圈穿出，打一个结。

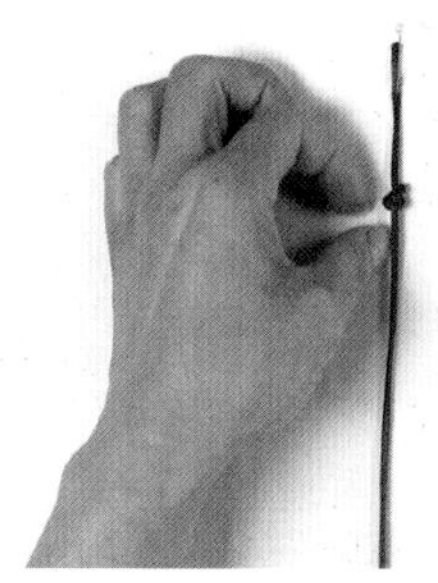

2 拉紧线的两端，完成一个单结。

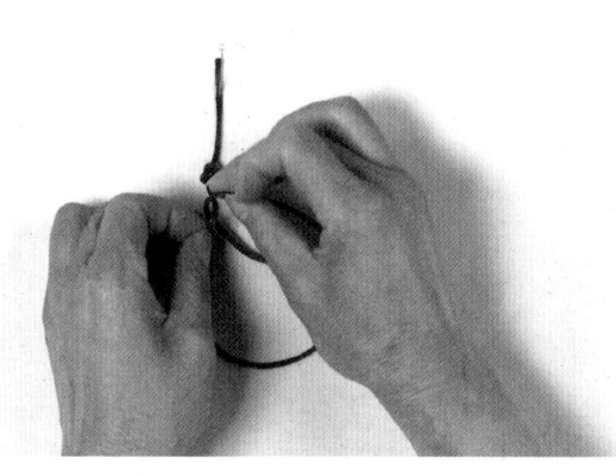

3-4 重复上述步骤，完成多个单结。

20

秘鲁结

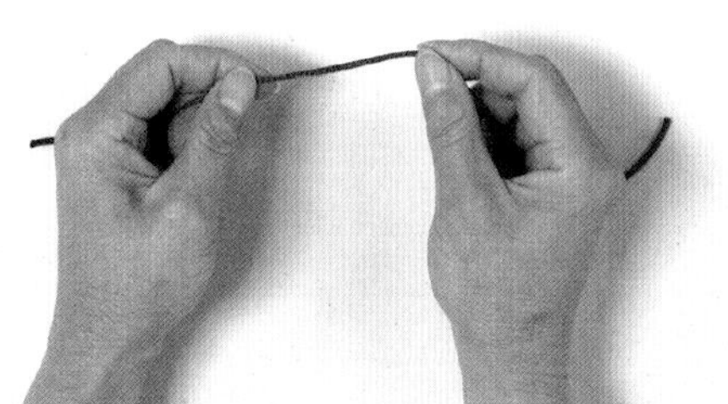

1 准备1根线。

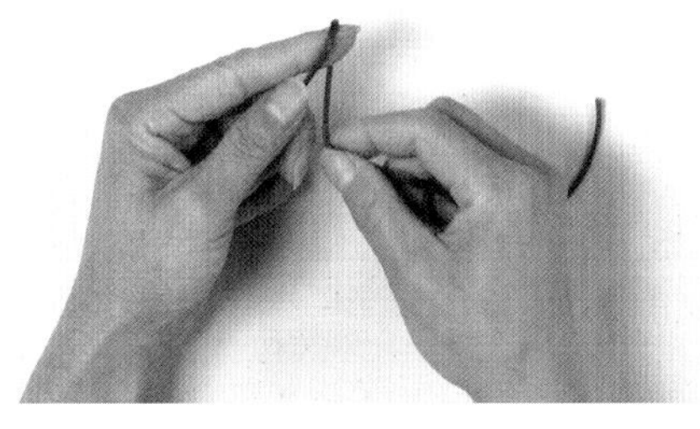

2 将线绕食指1圈。

3 线的另一端贴在食指上面做轴，继续绕线1圈或数圈。

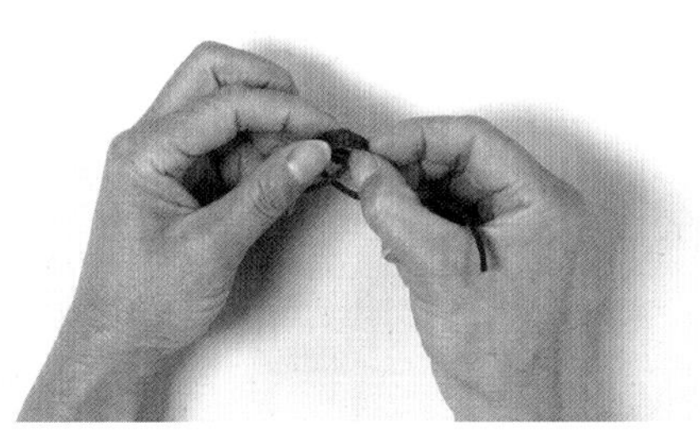

4 取下线圈。

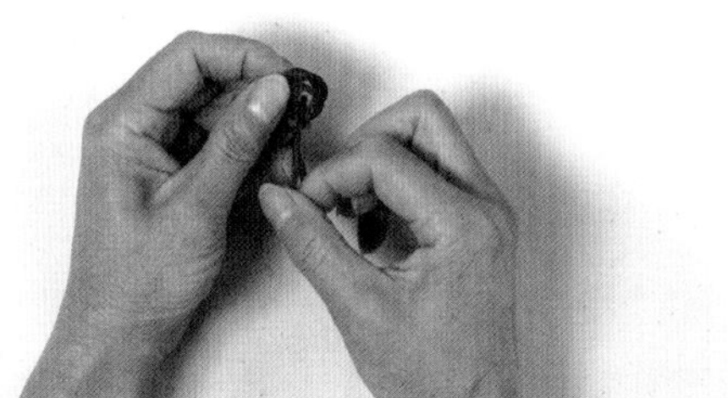

5 将绕线端从绕好的2圈或数圈中穿过。

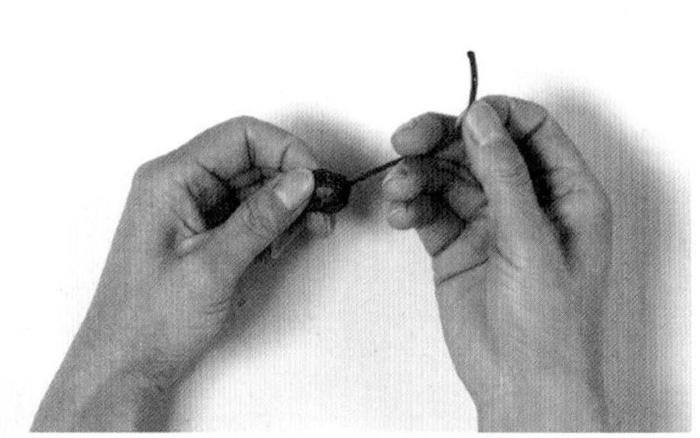

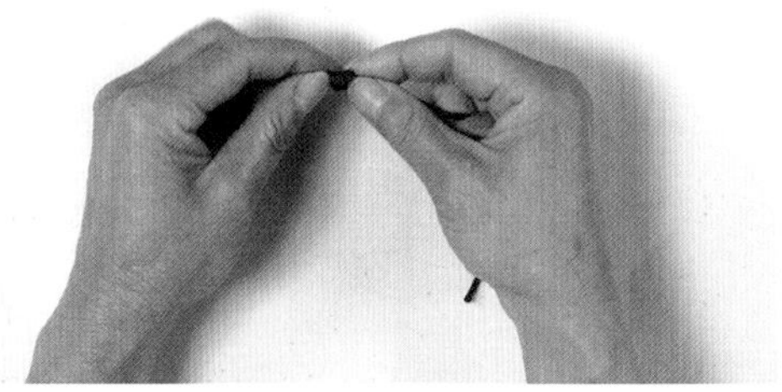

6-7 拉紧线的两端。

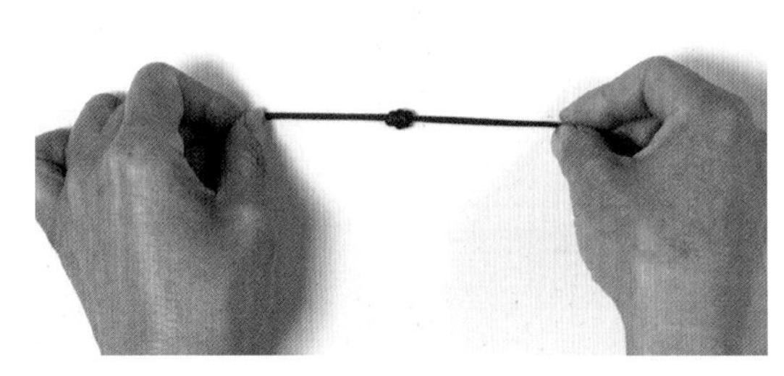

8 完成秘鲁结。

21

两股辫

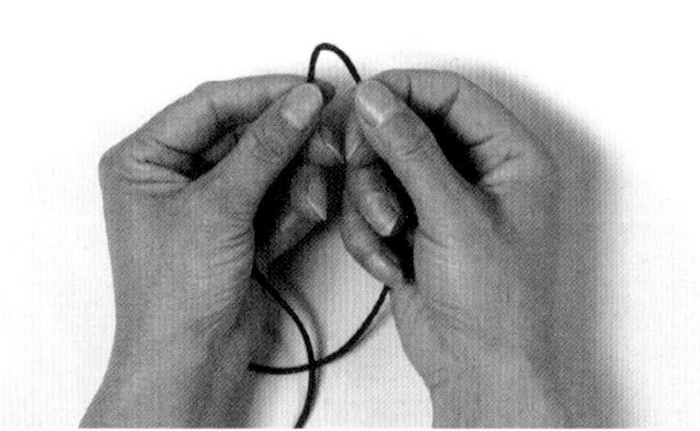

1 准备1根线。

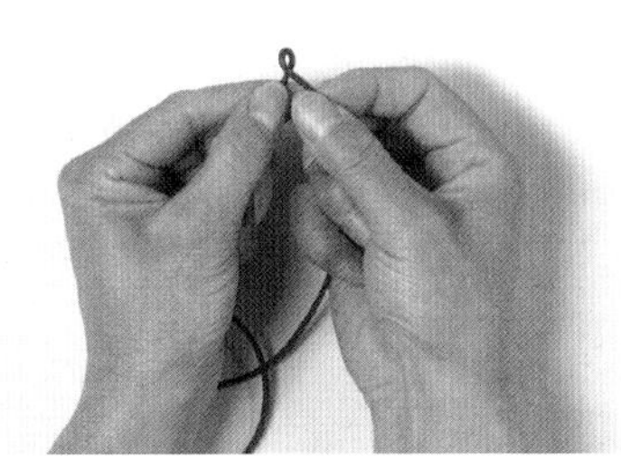

2 取这根线的中点，双手的拇指和食指分别捏住中心点两端的线，一手朝内拧，一手朝外拧。2根线自然形成一个圈。

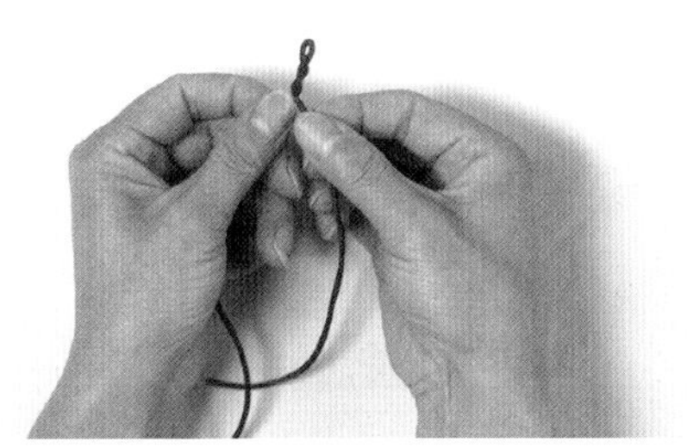

3 继续拧线，线自然形成一段漂亮的两股辫。

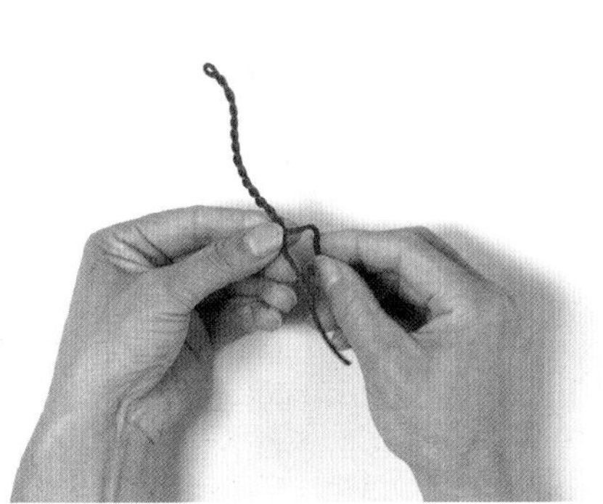

4 拧至适合长度。

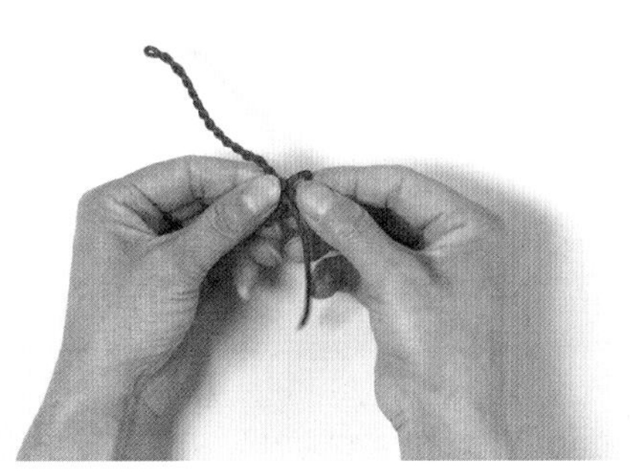

5 用线尾在两股辫的下端编一个单结或蛇结。

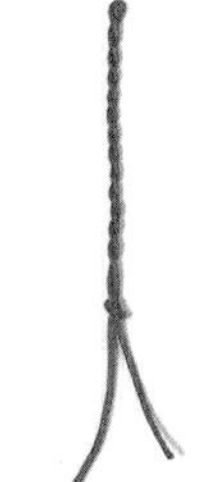

6 完成两股辫。

22

三股辫

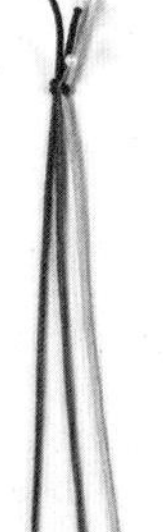

1 准备3根线。

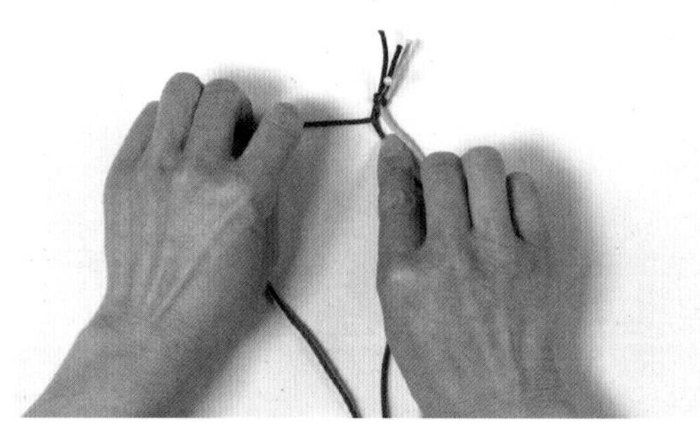

2 棕线往右压红线。

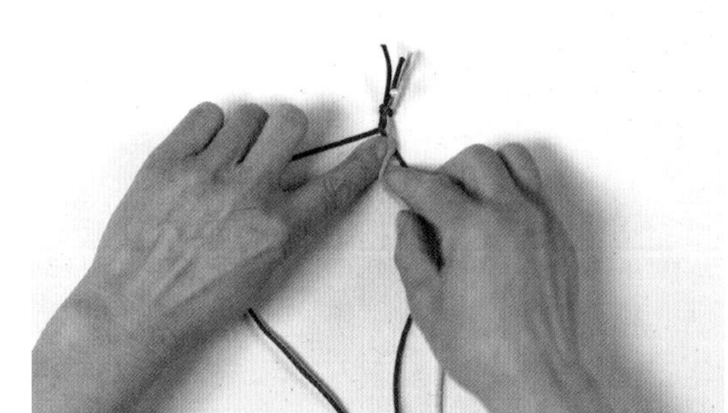

3 黄线往左压棕线。

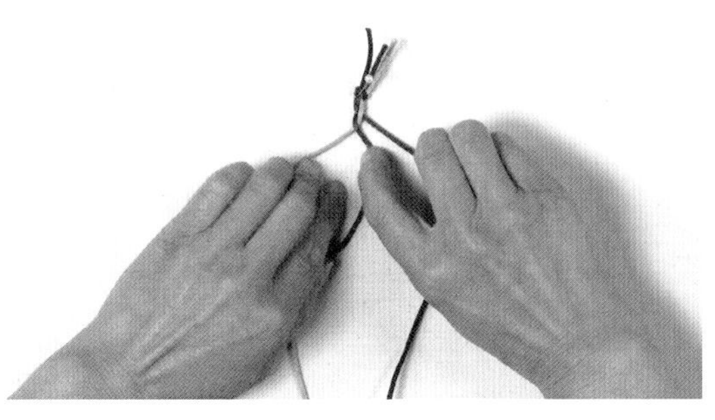

4 红线往右压黄线。

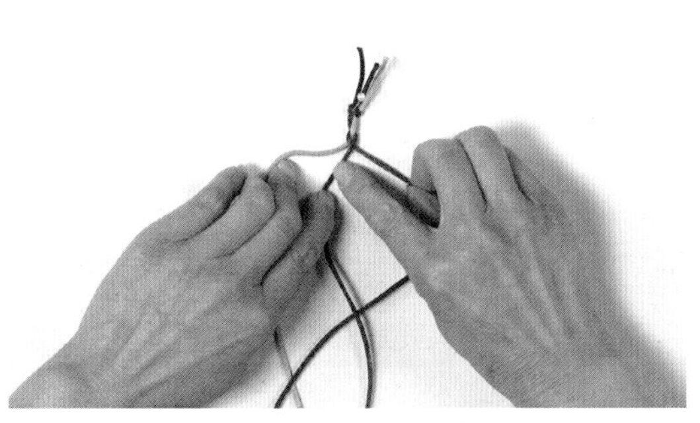

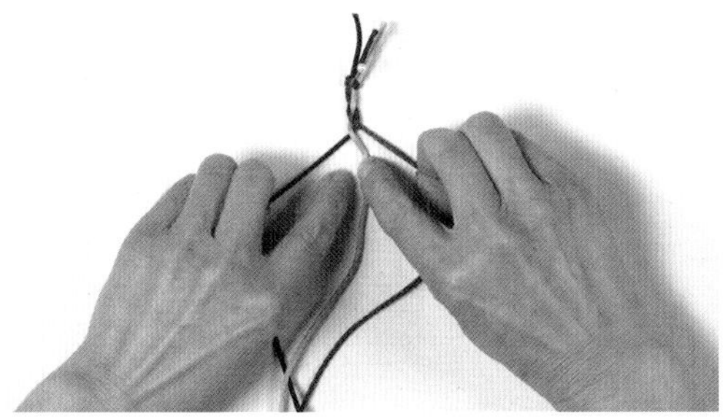

5-6 3根线依照上面的方法连续挑压。

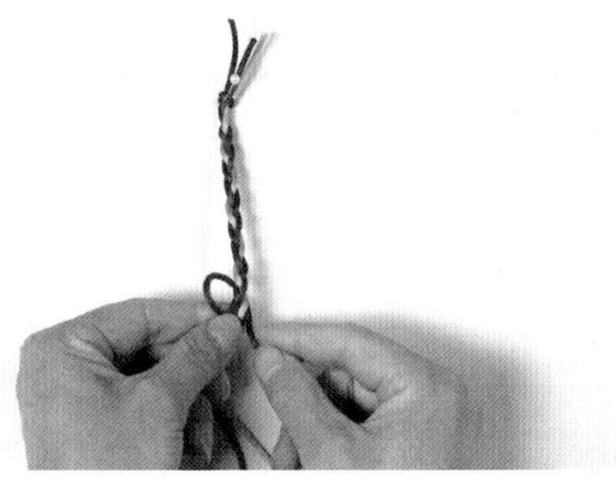

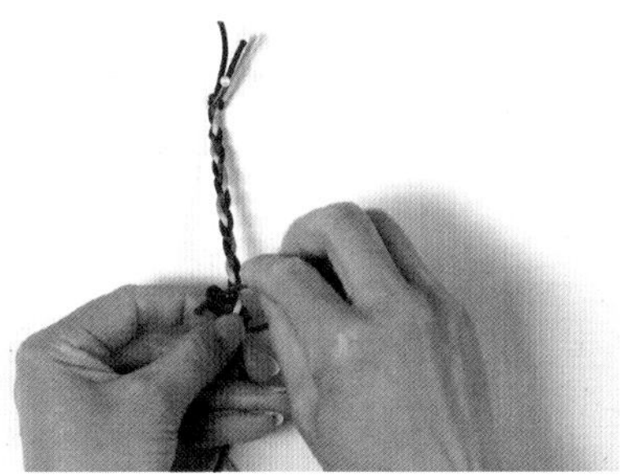

7-8 编至合适的长度，用尾线打一个金刚结防止结体松散。

9 完成三股辫。

23

四股辫

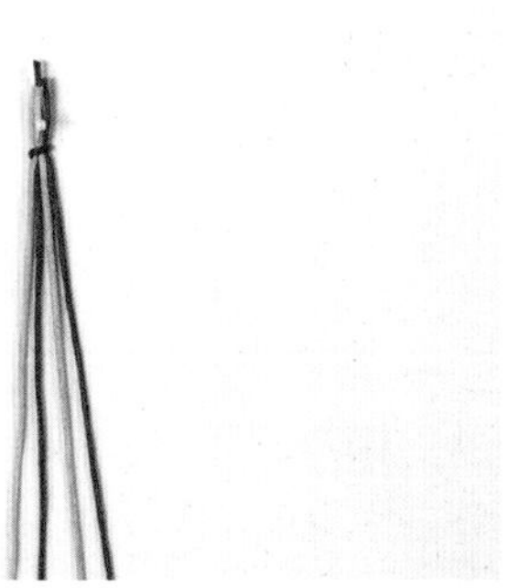

1 准备4根线，在上端打一个单结固定。

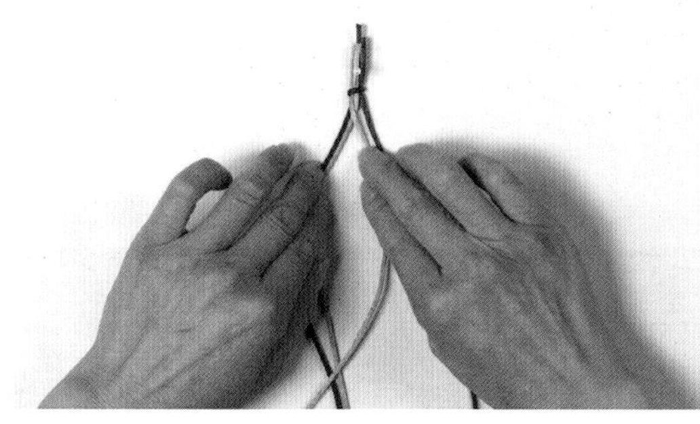

2 粉线压棕线和黄线。

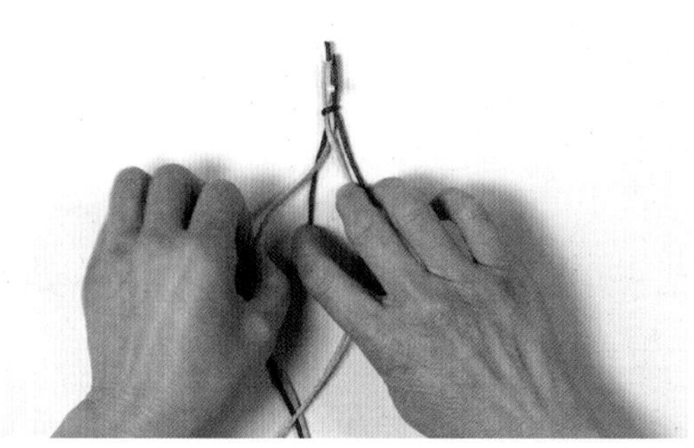

3 棕线和黄线做一个交叉。

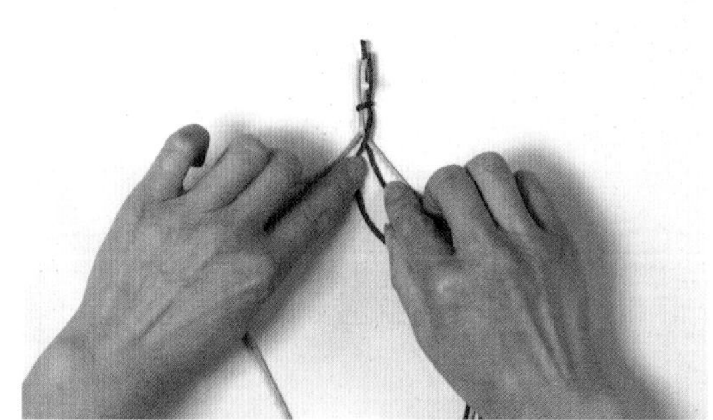

4 红线压粉线和棕线。

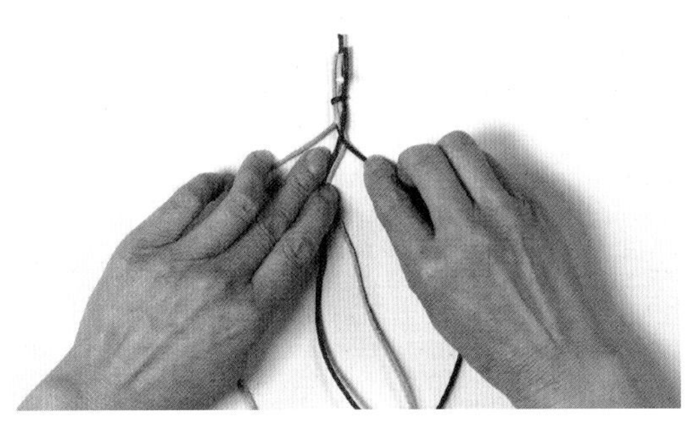

5 粉线和棕线做一个交叉。

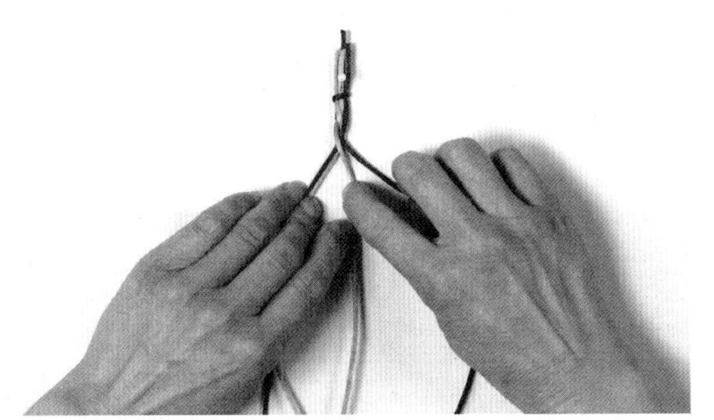

6 黄线压红线和粉线。

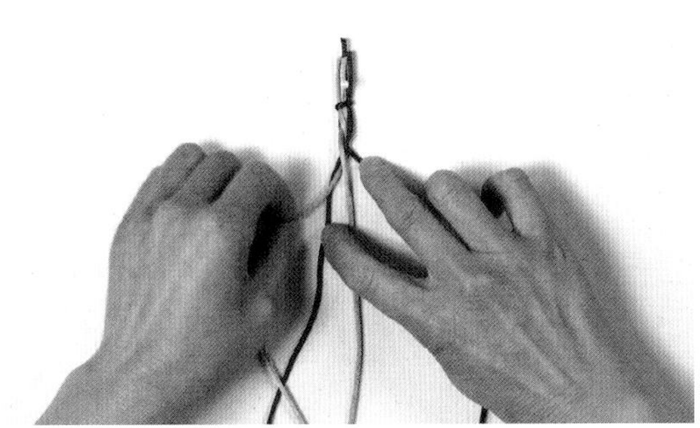

7 红线和粉线做一个交叉。

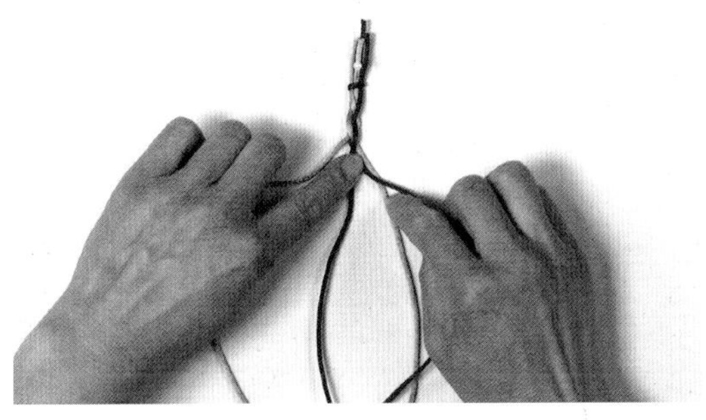

8 棕线压黄线和红线，黄线和红线做一个交叉。

9 把线拉紧，在尾端打结。

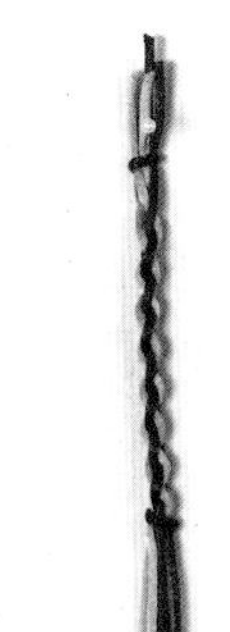

10 完成四股辫。

24

八股辫

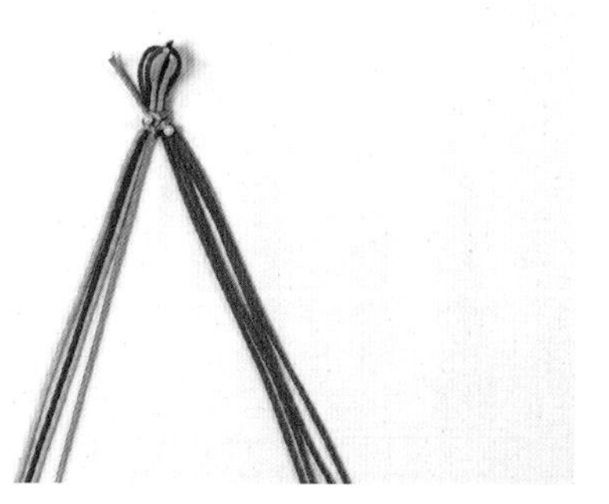

1 准备8根线，在上端打一个单结固定，把线平均分成左右2份。

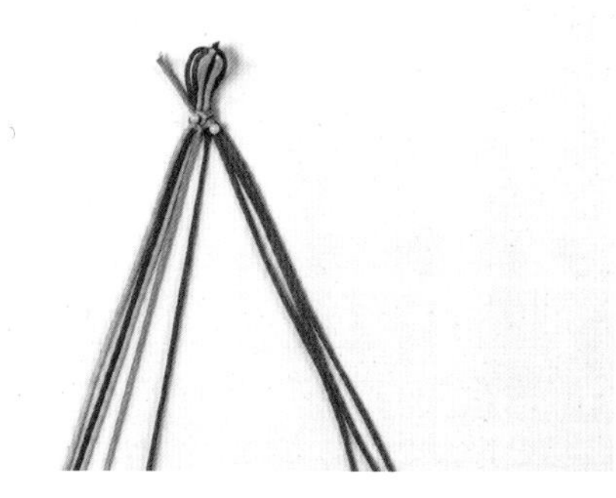

2 将右边最里侧线拉到左边，现在左边有5根线。

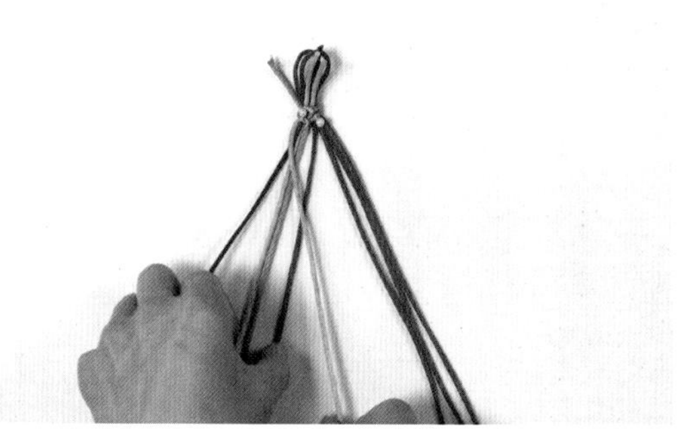

3 用左边第1根线和第2根线交叉一下然后将中间3根线包住（第1根从上压，第2根从下挑，后同）。

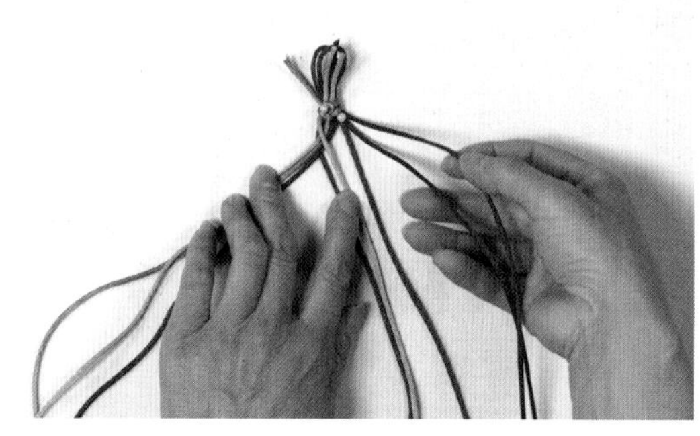

4 将右边第1根线和第2根线交叉一下。

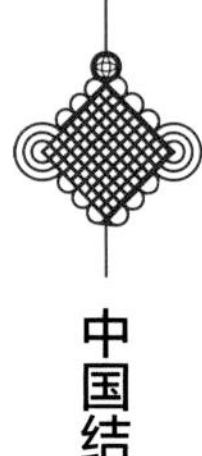

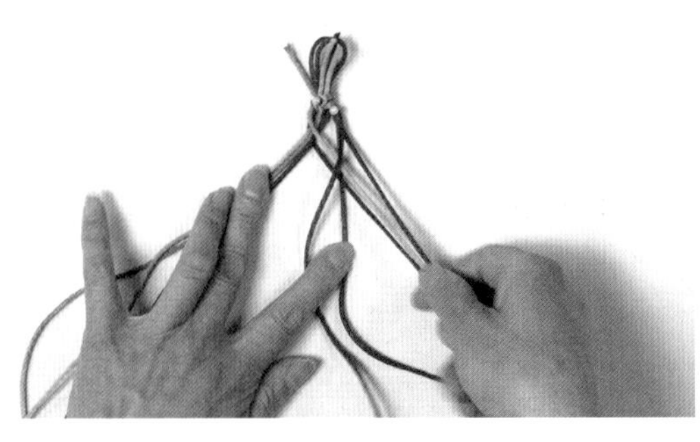

5 将中间3根线包住。

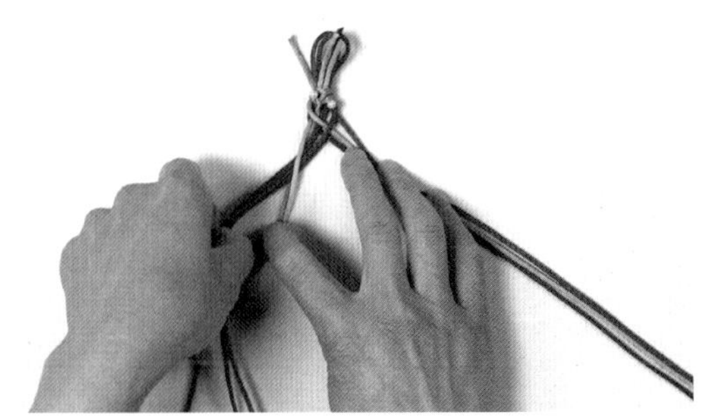

6 再用左边第1根线和第2根线交叉一下然后将中间3根线包住。

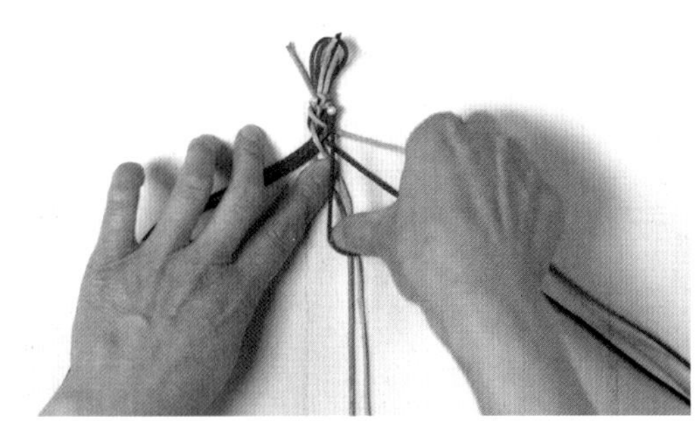

7 再用右边第1根线和第2根线交叉一下然后将中间3根线包住。

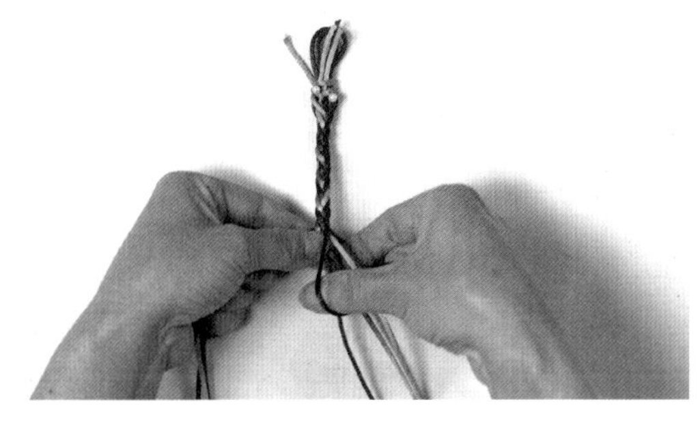

8 重复上述步骤连续编结，编到合适的长度。

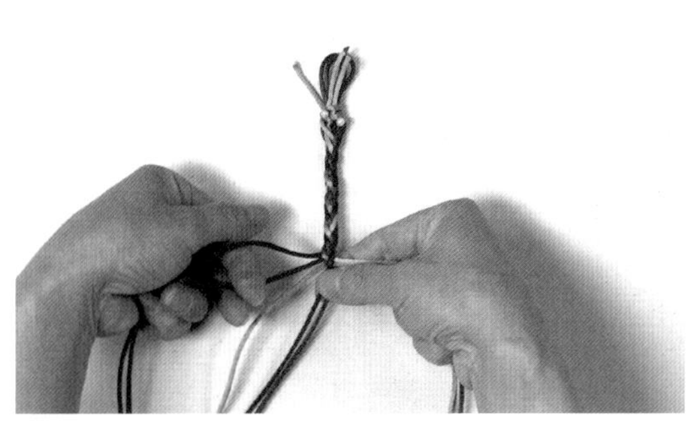

9 取其中1根线，包住其余的7根线打结固定。

10 完成八股辫。

25

十字结

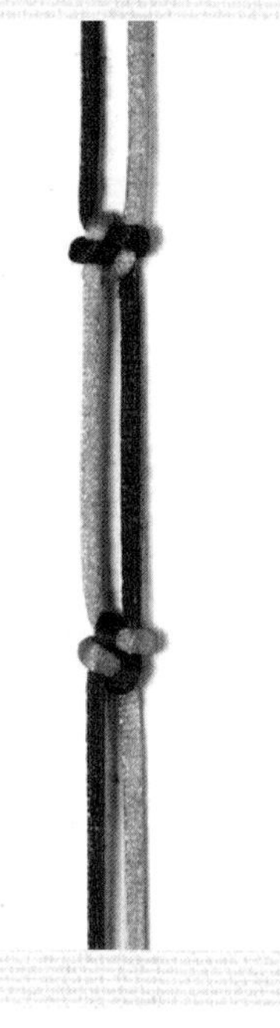

十字结——十全十美

2 用红线再挑黄线，继续绕出左圈。

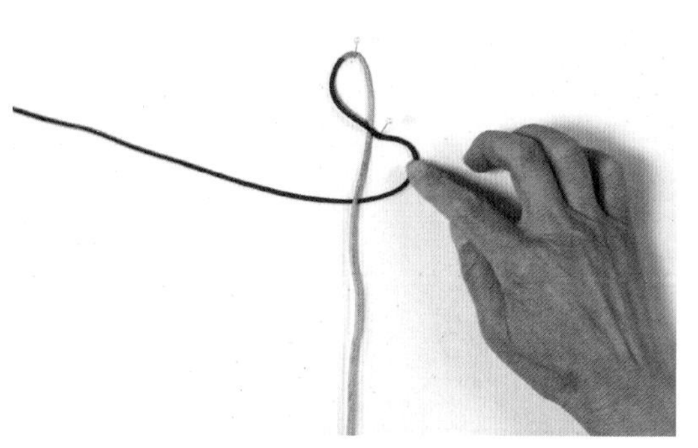

1 将1根线对折固定。用红线压、挑黄线，绕出右圈。

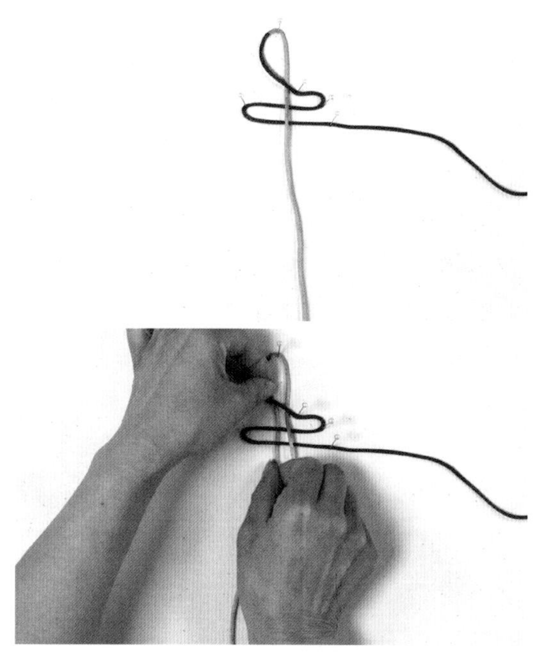

3-4 黄线挑左圈2条红线，从上方线圈中穿出。

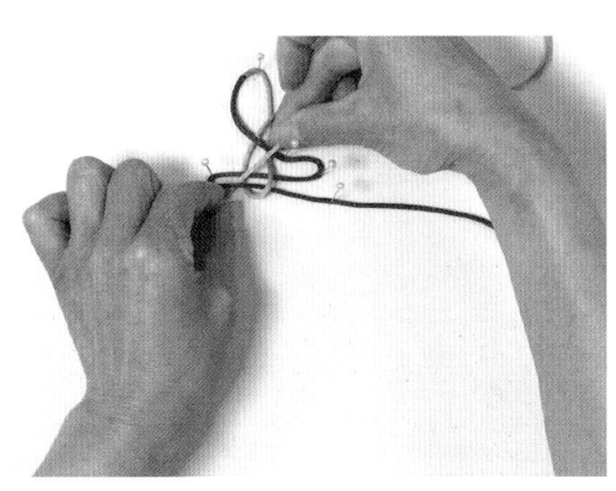

5 再从左圈中穿过。

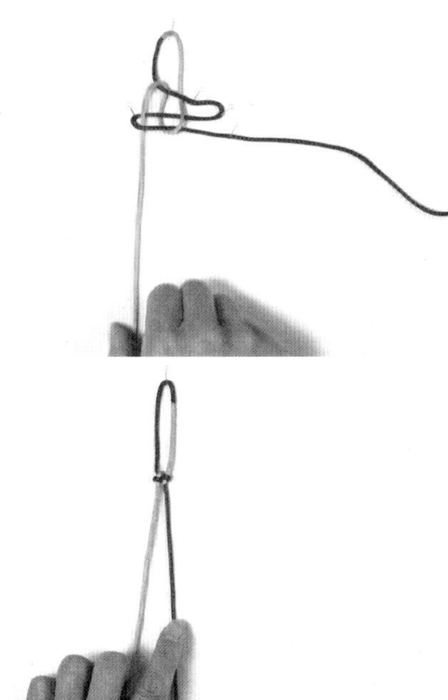

6-7 拉紧双线，完成十字结。

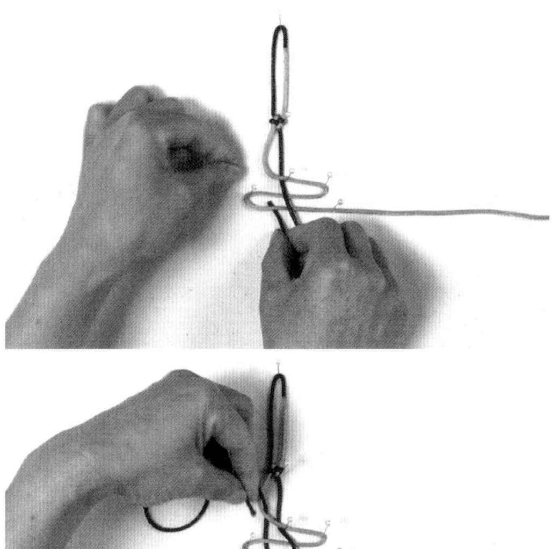

8-9 继续重复操作。

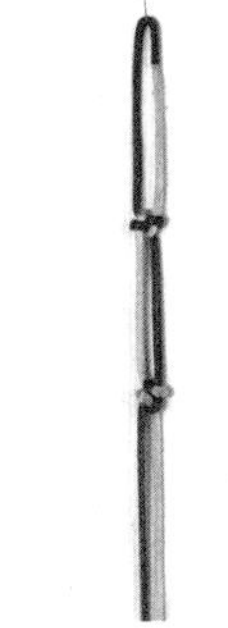

10 完成多个十字结。

26

单线纽扣结

纽扣结——玲珑剔透，高雅华贵

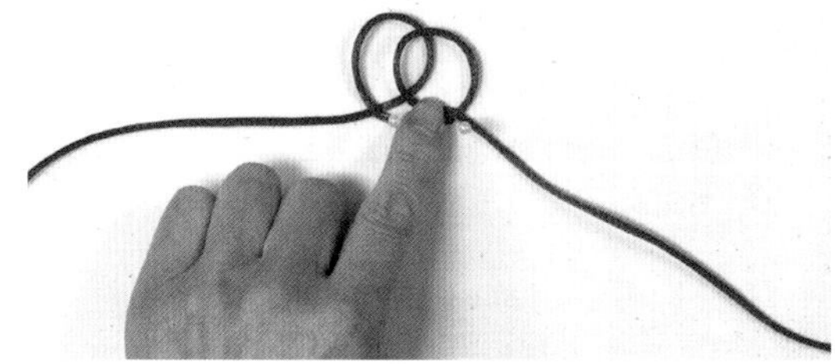

2 用右端的线再绕一个圈，叠放在前一个圈上面。

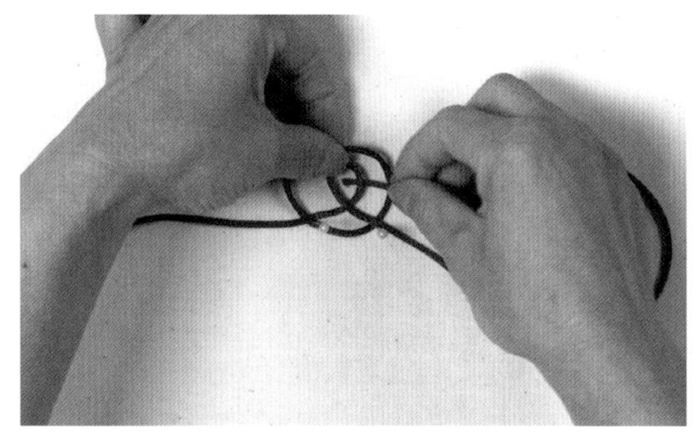

3 右线端先压后挑，从中心的小圈中穿出来。

1 准备1根线，按逆时针的方向绕一个圈。

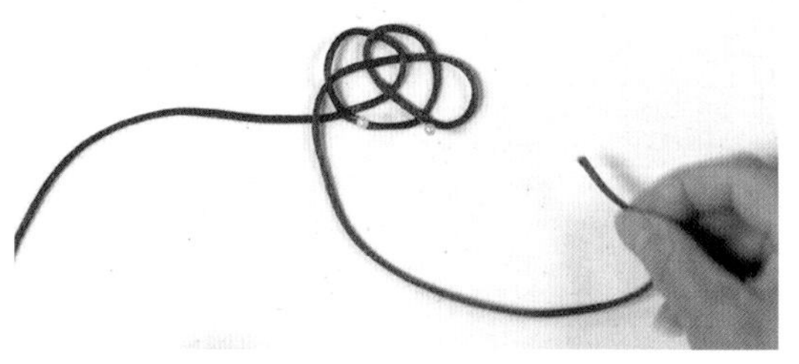

4 然后再压、挑，从左边的线圈穿出。

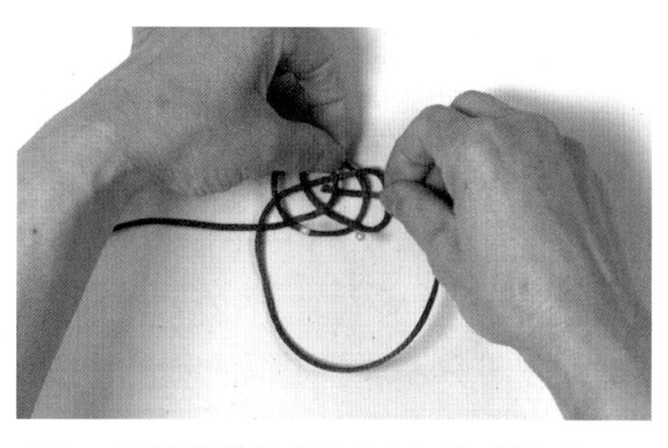

5 继续将线从右边先压1线后挑2线。

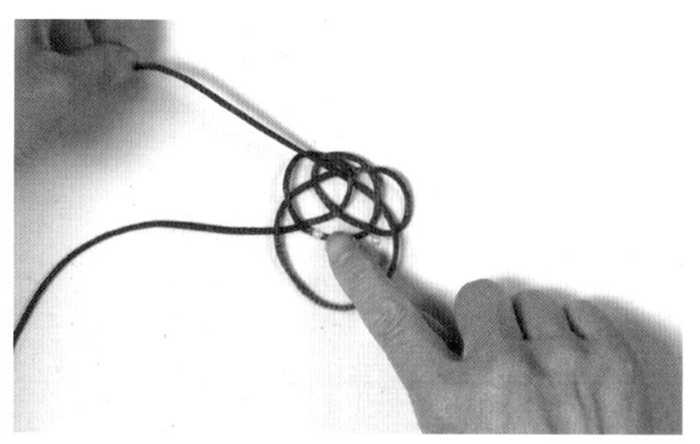

6 从中心的线圈中穿出。

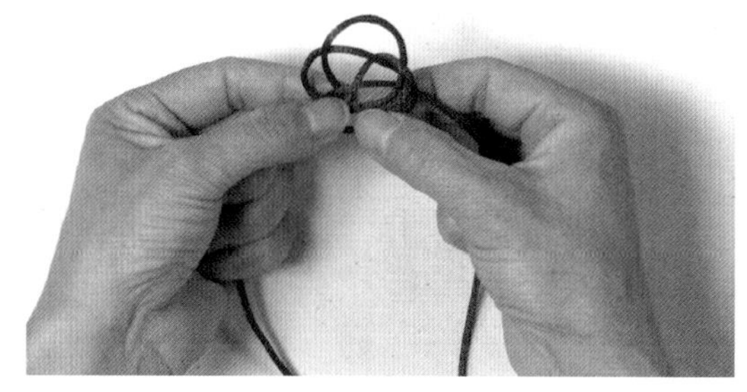

7 轻轻拉动线的两端。

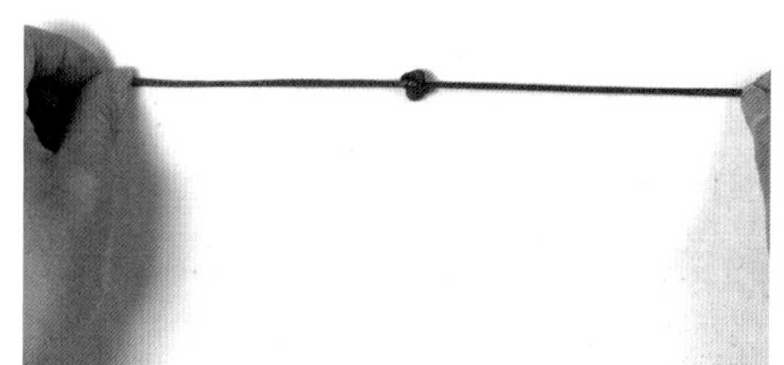

8 按照线的走向将结体整理好。

9 完成单线纽扣结。

27

四边菠萝结

菠萝结——财源滚滚，兴旺发达

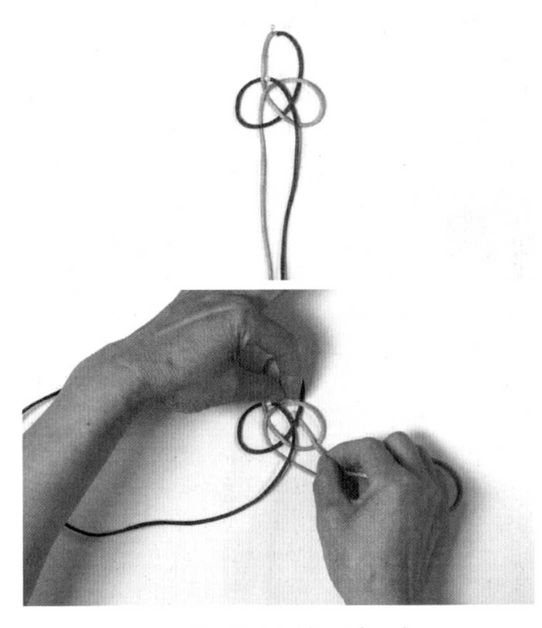

2-3 按照原走线再穿1次。

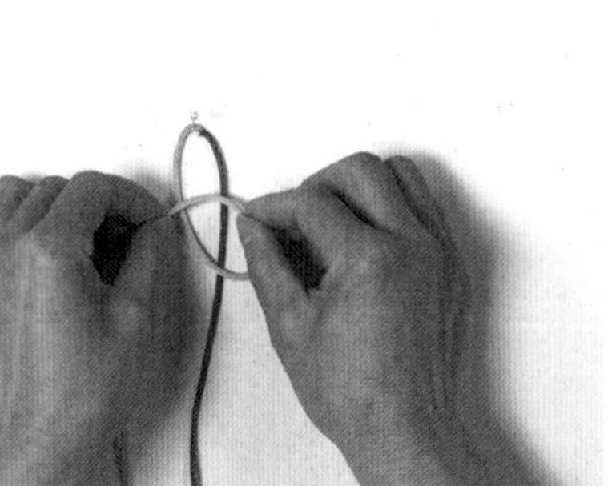

1 编1个双钱结。

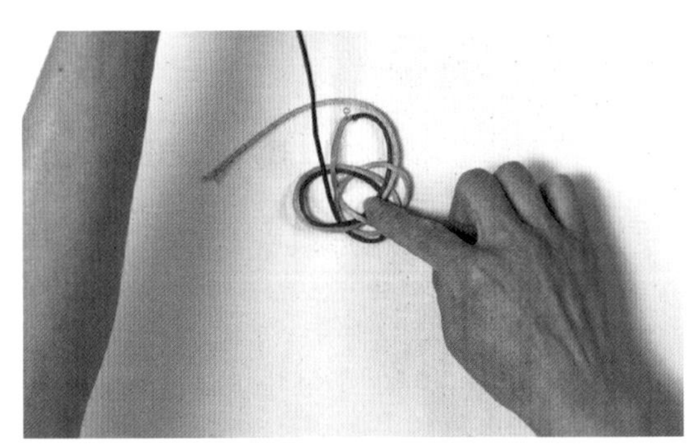

4 形成1个双线双钱结。

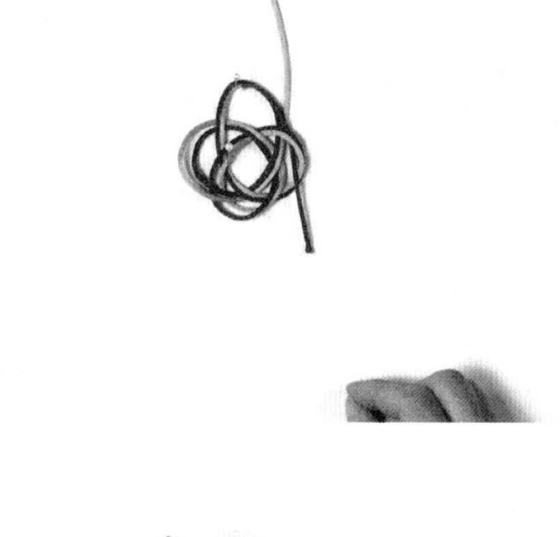

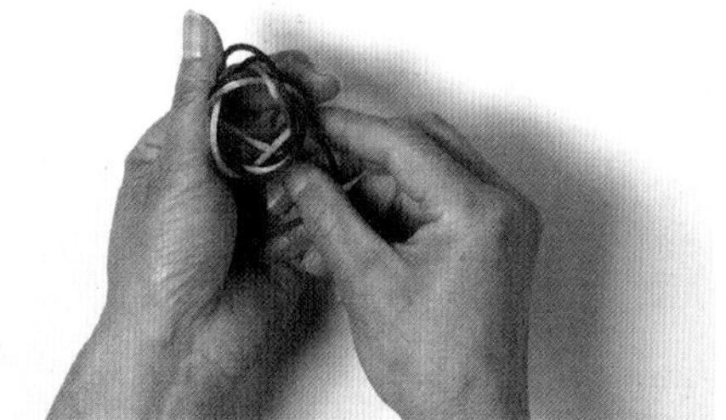

5-6 把双钱结向上轻轻推拉。

7 完成四边菠萝结。

28

双线纽扣结

纽扣结——玲珑剔透，高雅华贵

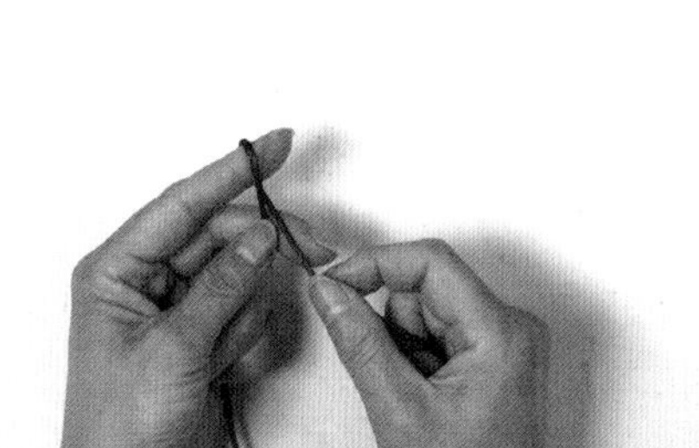

1 左手抵住线的一端，另一端在左手食指上绕一个圈。

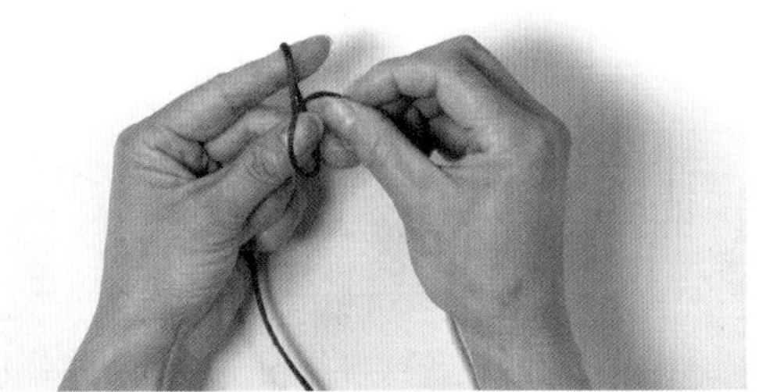

2 再在左手大拇指上面绕一个圈。

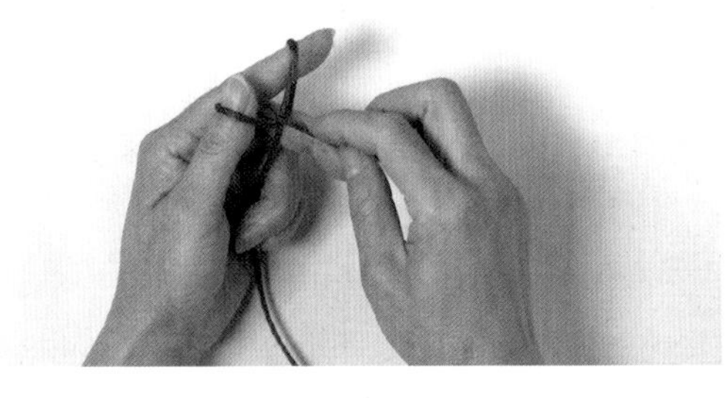

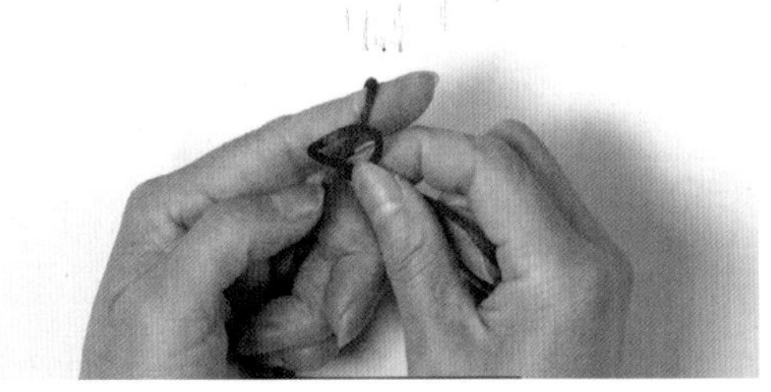

3-4 将大拇指上的线圈取下，翻转。盖在左手食指的线的上方。用左手大拇指压住这个圈。

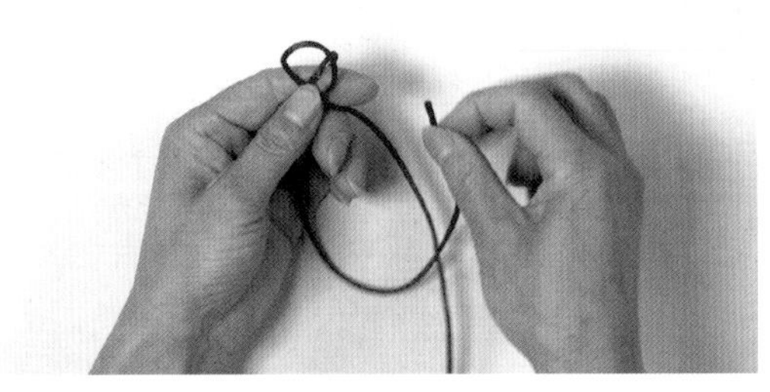

5 将抵住的线端从另一个线端下面向上拉。

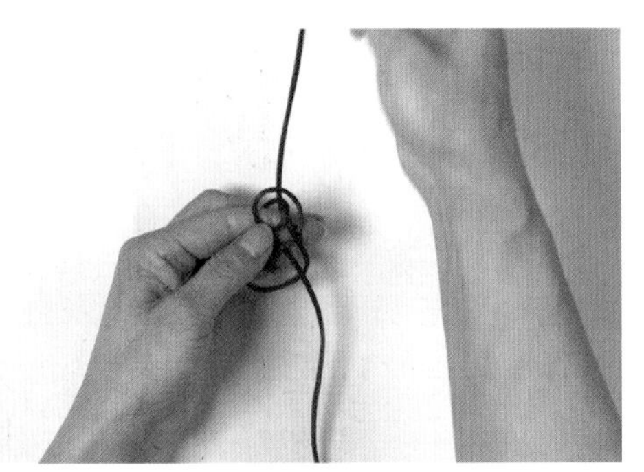

6 先压后挑再压，从小圈中间的线的下方穿过。

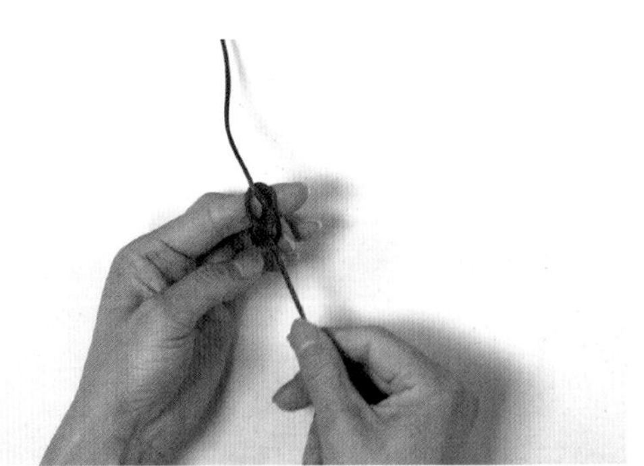

7 轻轻拉动线的两端，将结体缩小，由此形成一个立体的双钱结。如我们看到的，结形呈现出小花篮的形状。

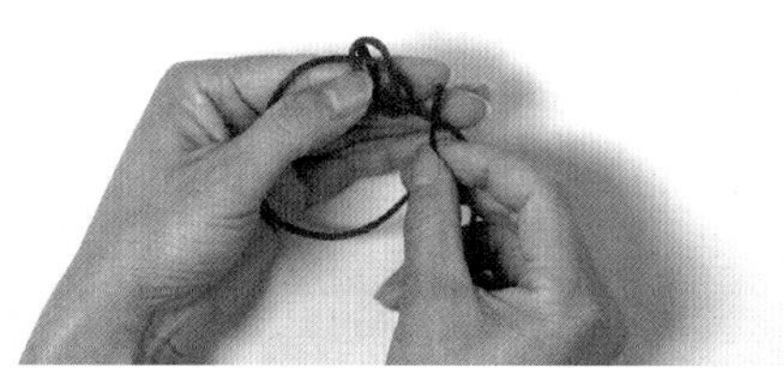

8 用上端线按逆时针的方向绕过小花篮下侧的提手。

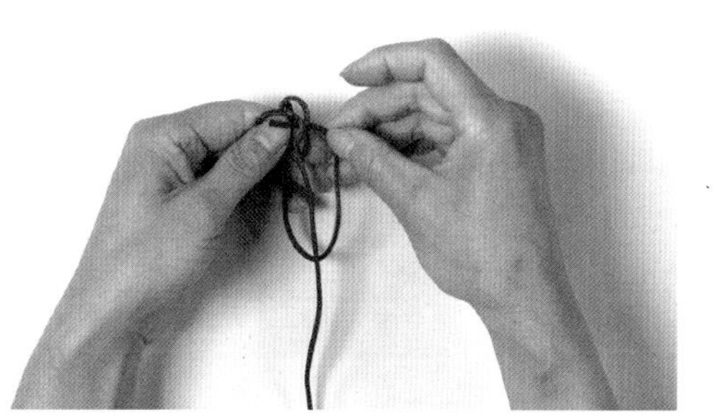

9 然后朝外穿过小花篮的中心。

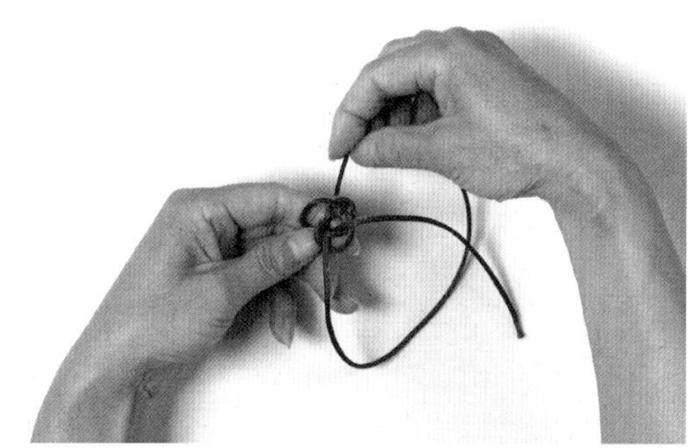

10 下端线按逆时针的方向绕过小花篮上侧的提手。

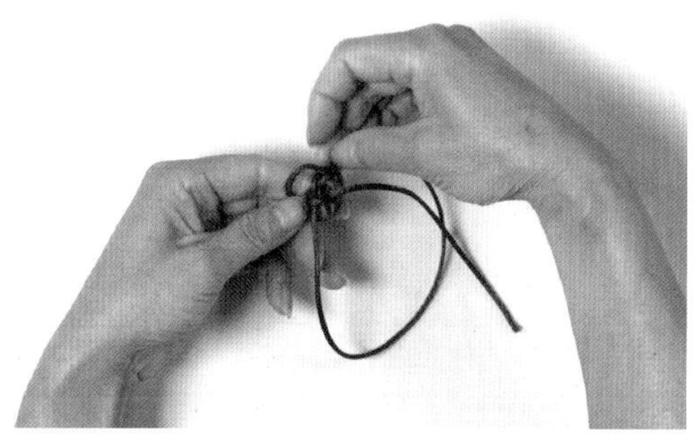

11 然后朝外穿过小花篮的中心。

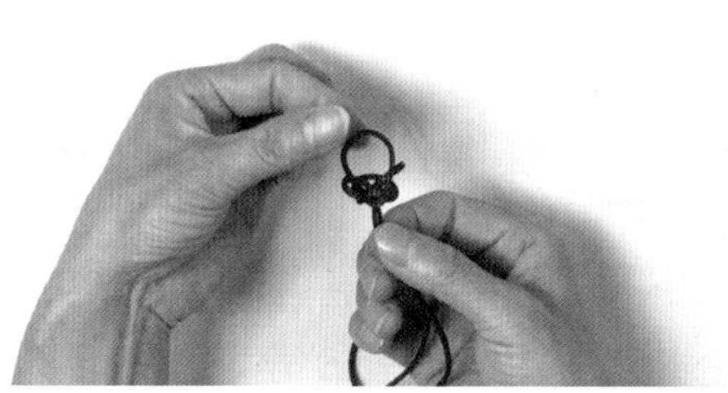

12 拉紧上下两端的线。

13 根据线的走向将结形调整好，完成一个双线纽扣结。

29

玉米结

玉米结——节节高升，多子多福

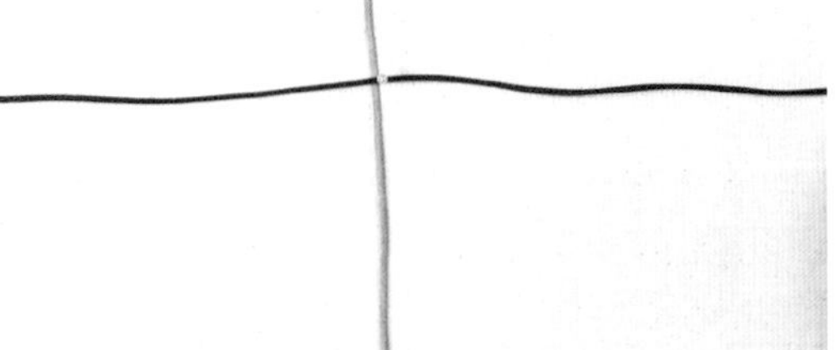

1 取2根线呈十字交叉叠放。

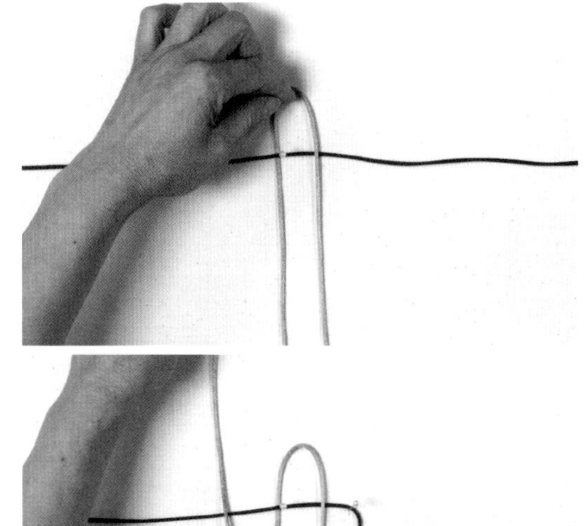

2-3 2根线分别顺时针方向挑压。

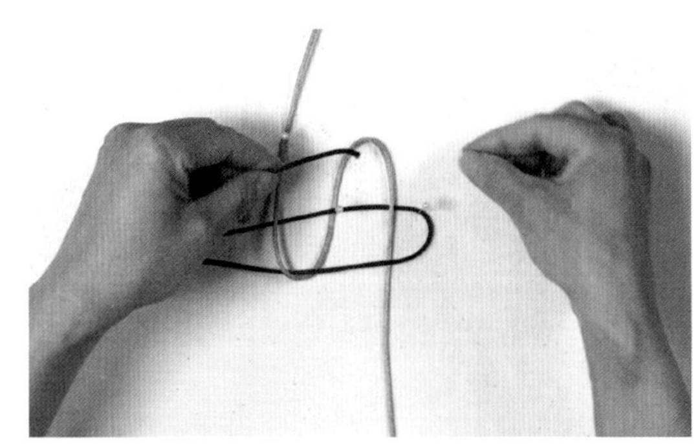

4 红线端从黄线圈中穿出。

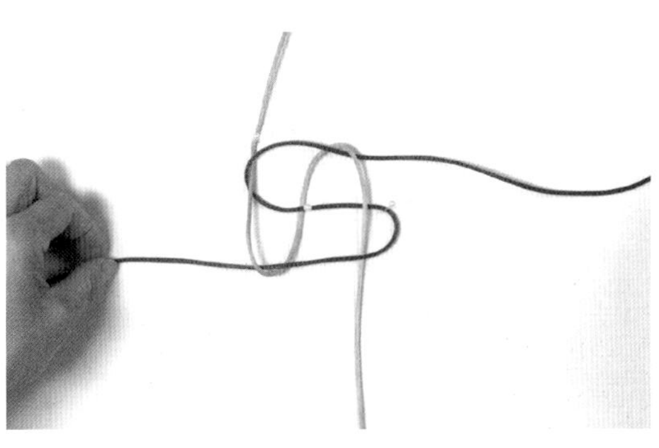

5 将四个方向的线拉紧。

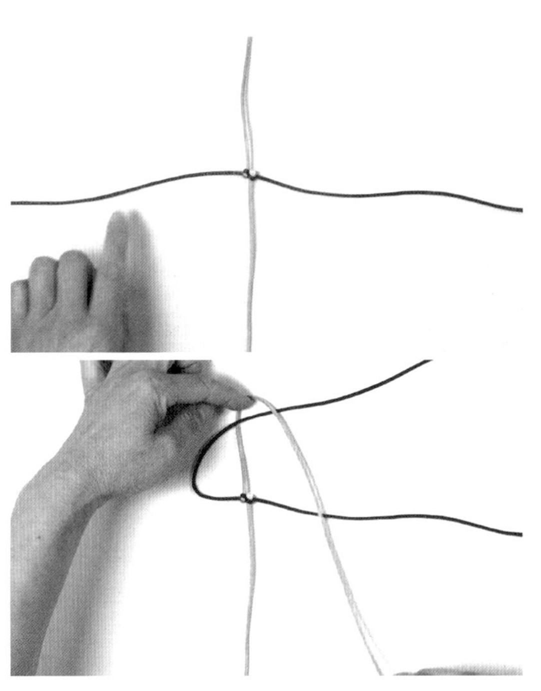

6-7 重复上述步骤。

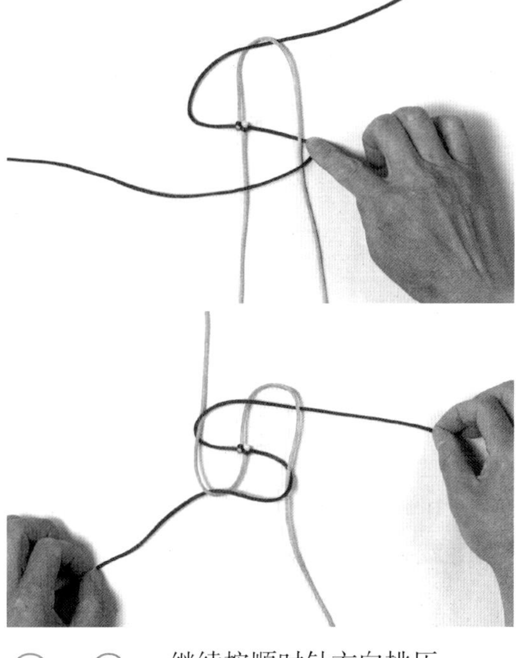

8-9 继续按顺时针方向挑压。

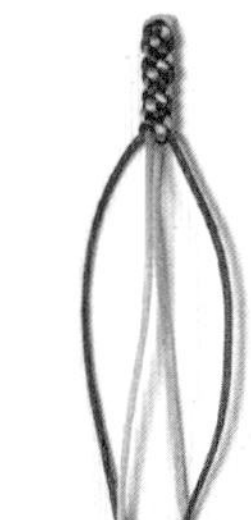

10 完成玉米结。

30

方形玉米结

玉米结——节节高升，多子多福

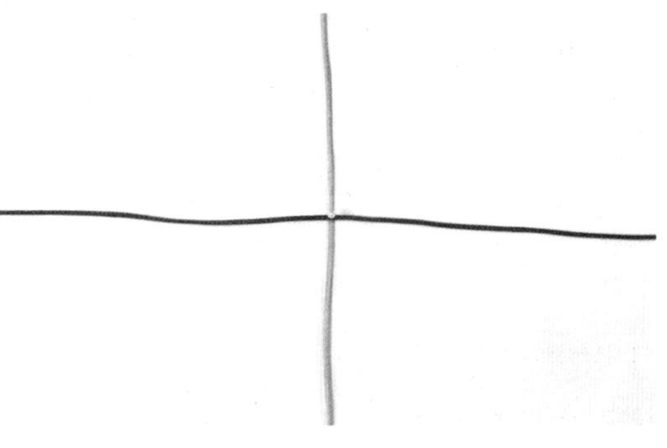

1 取2根线呈十字交叉叠放。

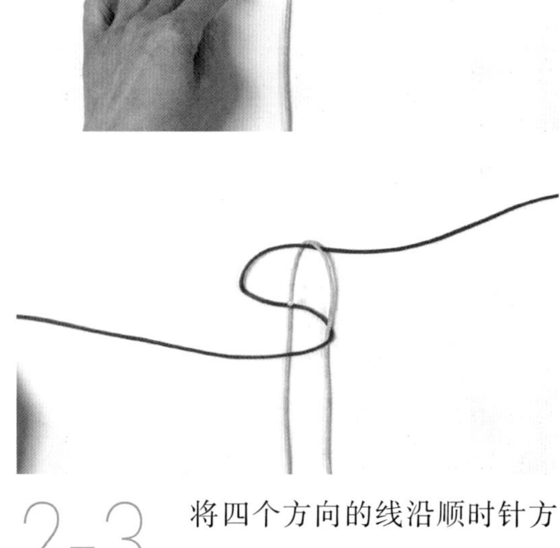

2-3 将四个方向的线沿顺时针方向相互挑压。

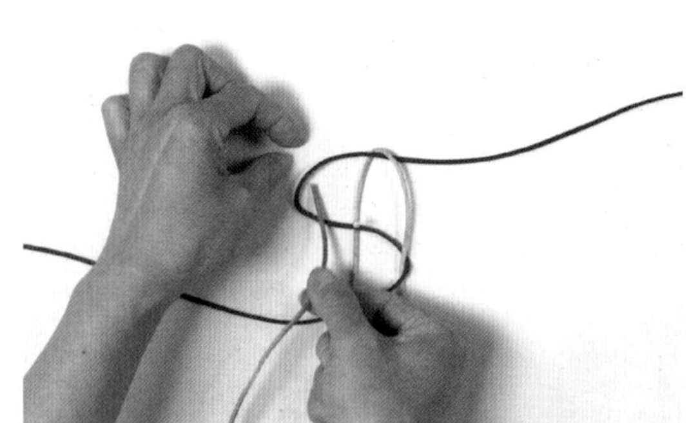

4 黄线端从红线圈中穿出。

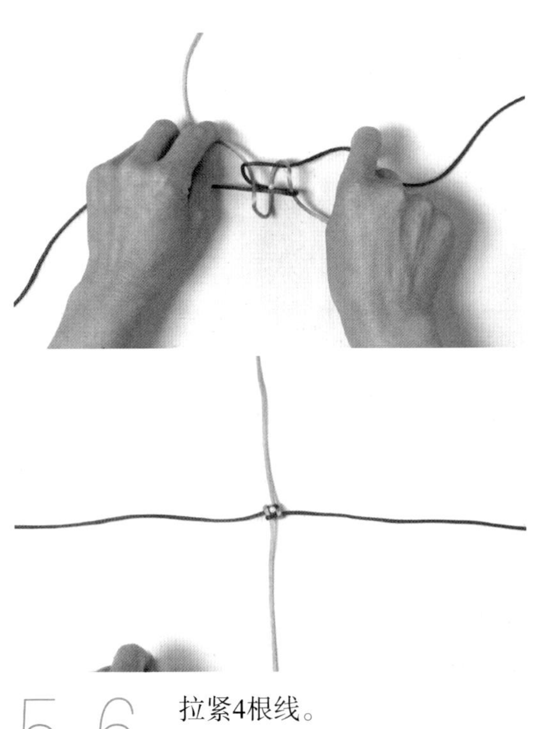

5-6 拉紧4根线。

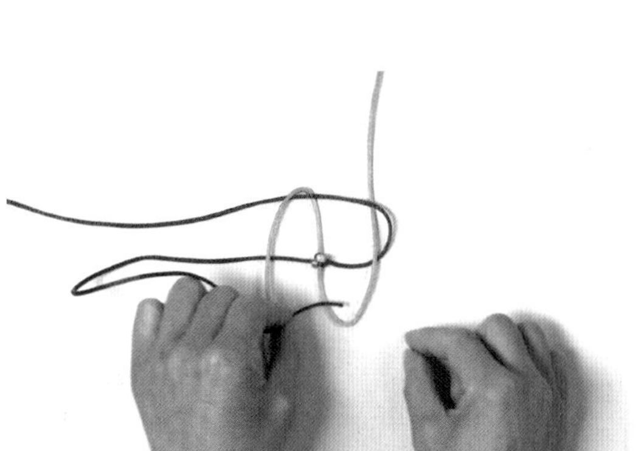

7 以同样的方式按相反的方向逆时针相互挑压。将线拉紧。

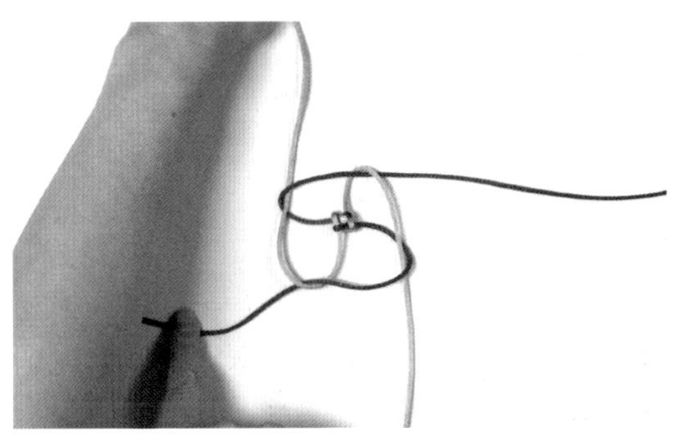

8 按顺时针挑压。

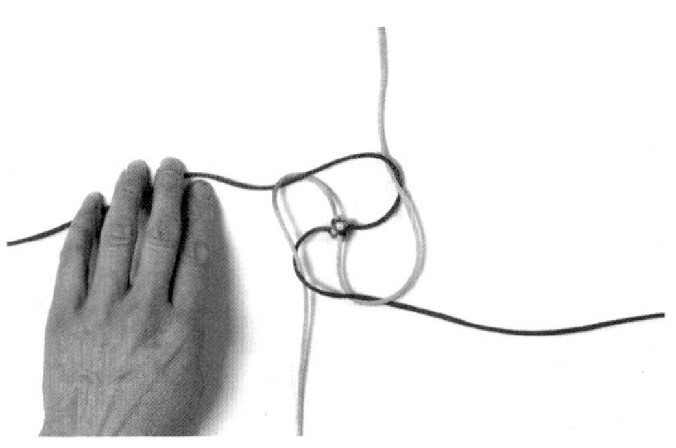

9 按逆时针挑压。

10 完成方形玉米结。

31

琵琶结

琵琶结——吉祥如意

1 将线对折。

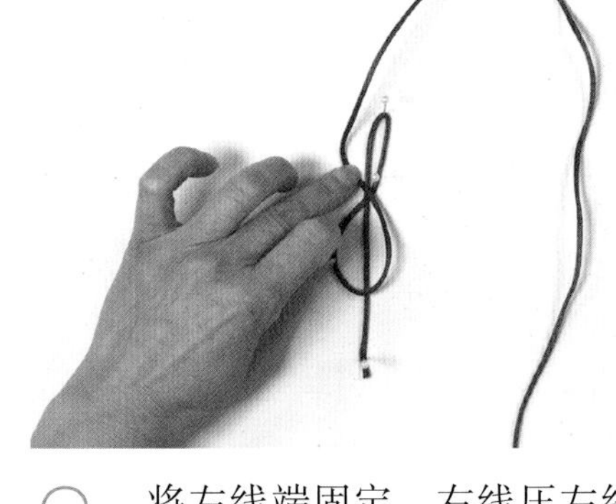

2 将左线端固定，右线压左线后在下面逆时针绕一个大圈。

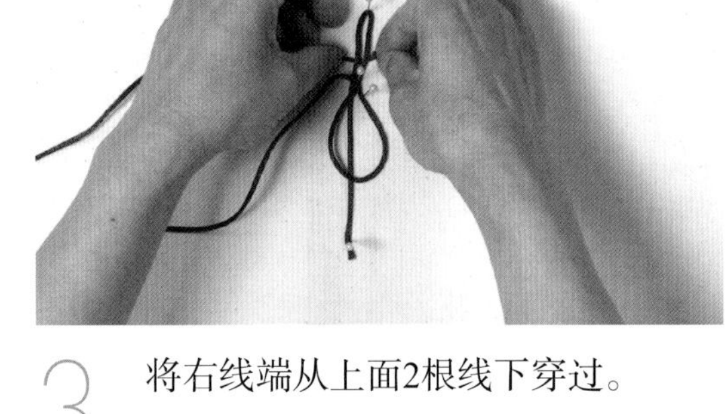

3 将右线端从上面2根线下穿过。

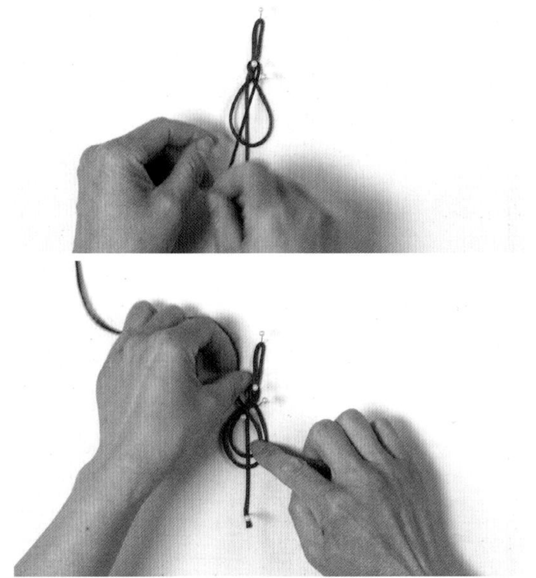

4-5 在第一个大圈内绕一个稍小一些的圈。

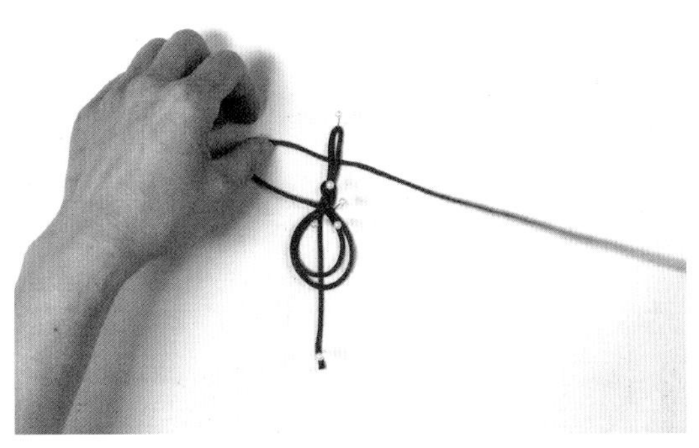

6 将线端从上面2根线下穿过。

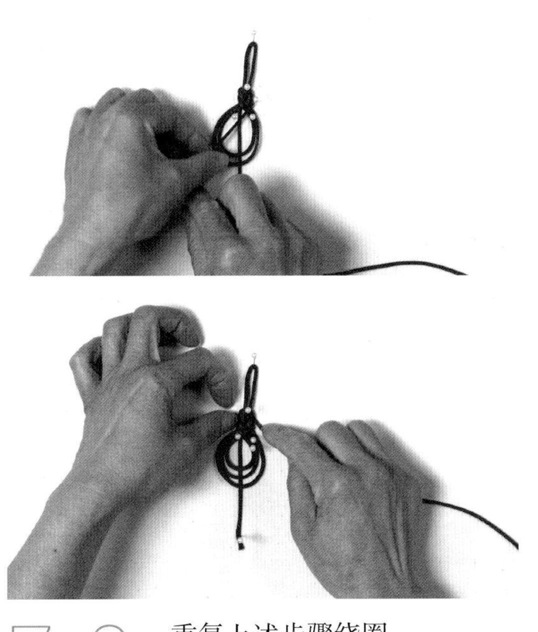

7-8 重复上述步骤绕圈。

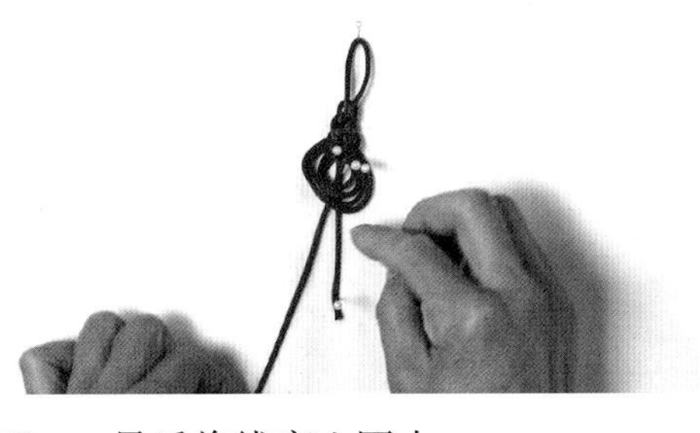

9 最后将线穿入圈内。

10 拉紧线，剪掉多余的线，用打火机把线头略灼烧之后接在结的背面，完成琵琶结。

32

六边菠萝结

菠萝结——财源滚滚，兴旺发达

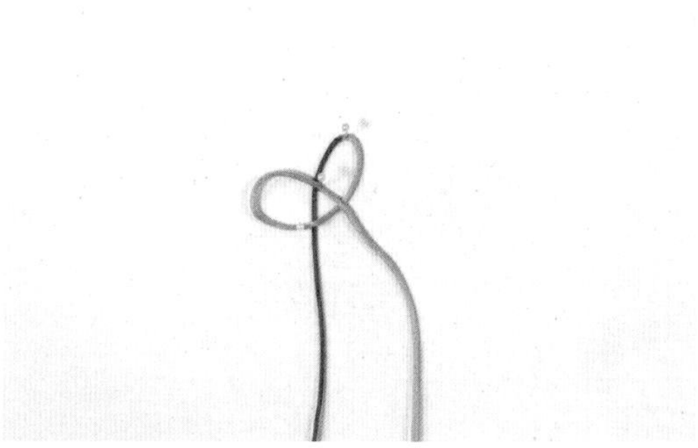

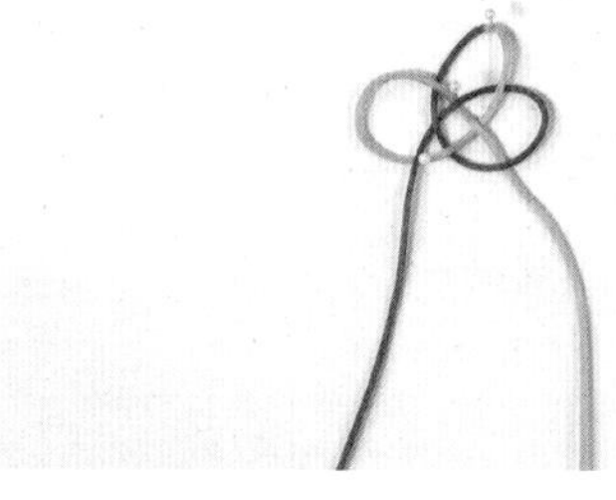

2 用珠针略固定。

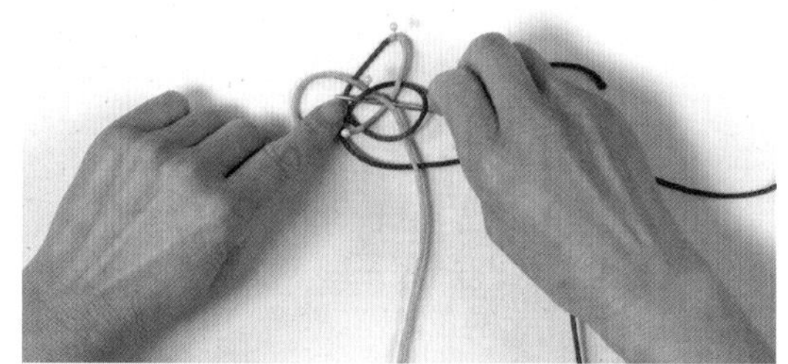

3 用针穿线，如图中走线。

1 做一个双钱结。

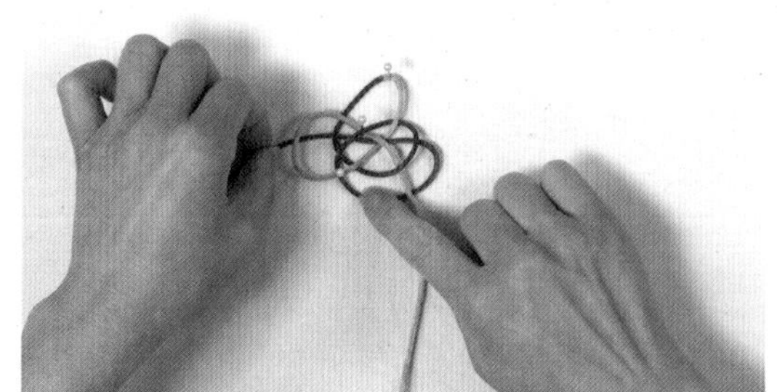

4 继续走线。

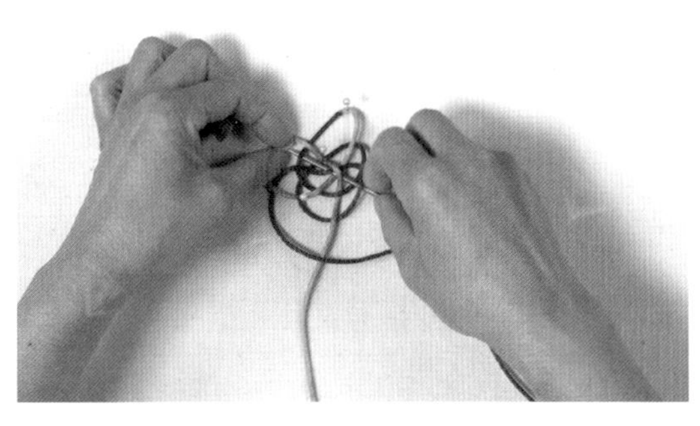

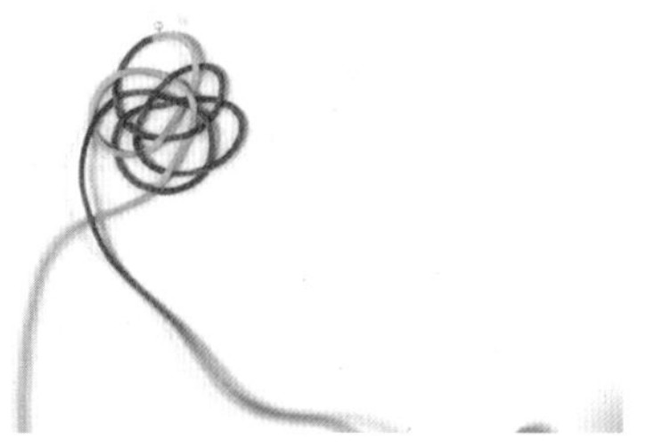

5-6 在双钱结的基础上做成一个六耳双钱结，注意线挑、压的方法。

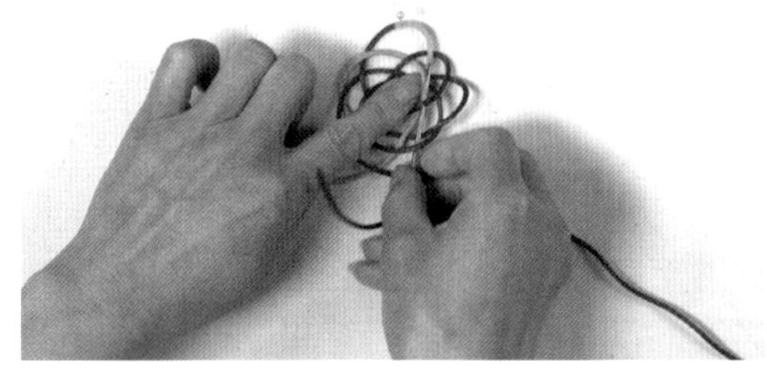

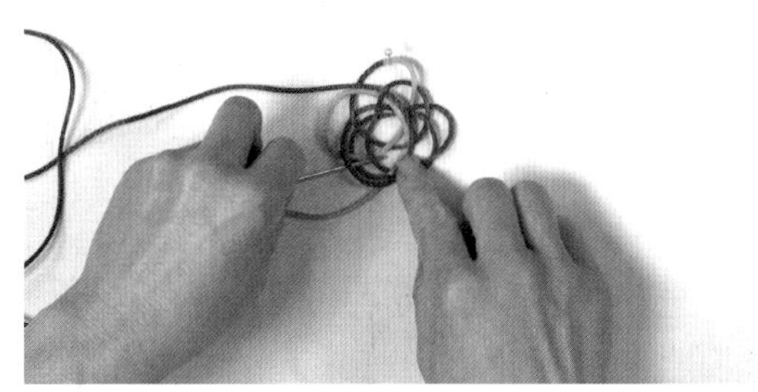

7-8 用其中的一线端再走一次线。

9-10 将结体推拉成圆环状，完成六边菠萝结。

33

双环结

双环结——齐全，长长久久

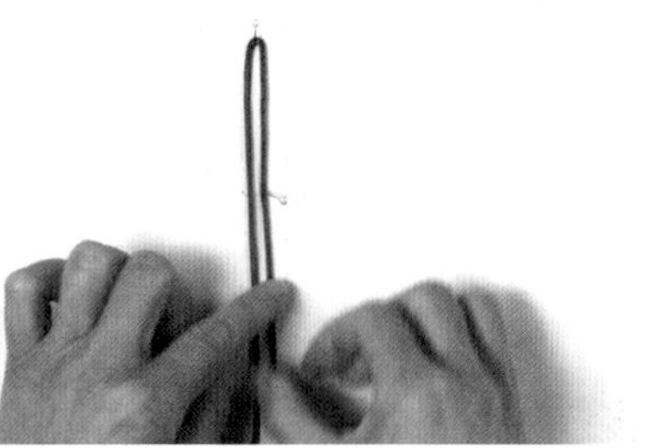

1 准备一根线，对折。

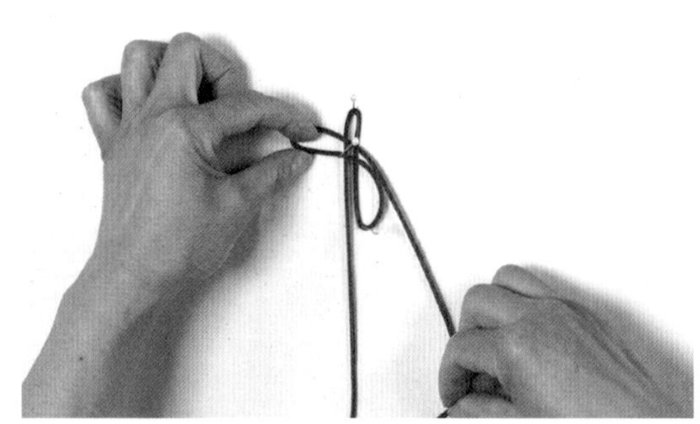

2 右线折出一个小圈，塞入左线下面，做出左圈和右圈。

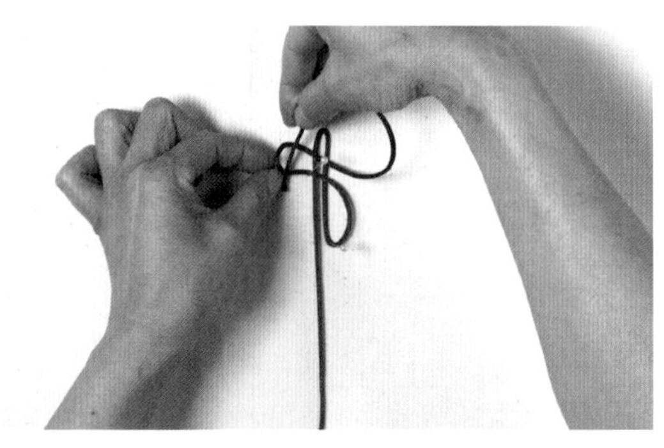

3 右线绕到上面，先压后挑穿过左圈。

4 右线压左线穿过右圈。

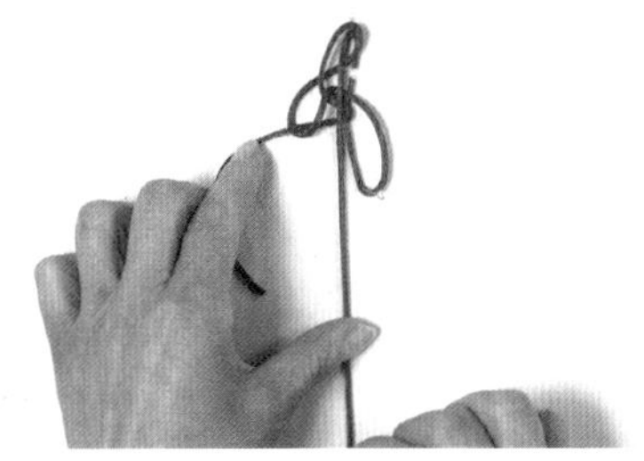

5 再从左圈中穿出。

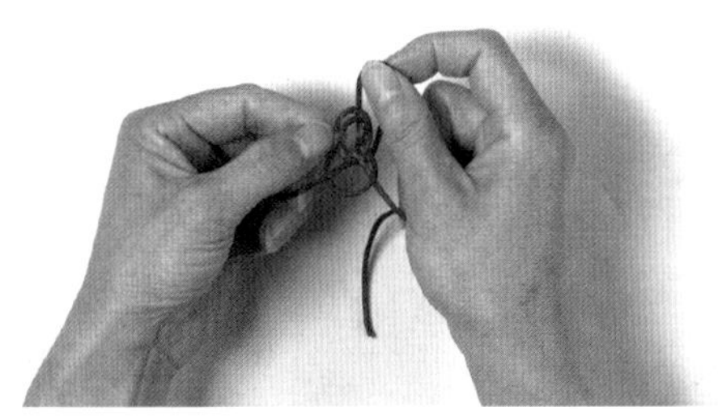

6 收紧2根线。

7 调整好2个线圈的大小。

8 完成双环结。

34

万字结

万字结——吉祥万福

1 将1条线对折。红线逆时针打一个结，做出左圈。

CHAPTER 2 基本结法

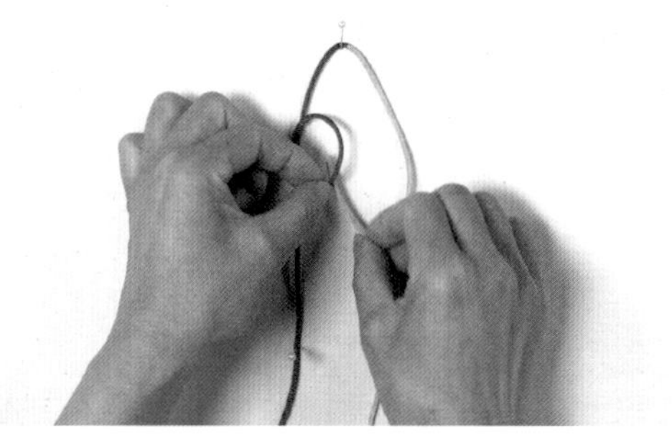

2 黄线穿过左圈。

3 黄线顺时针打一个结，做出右圈。

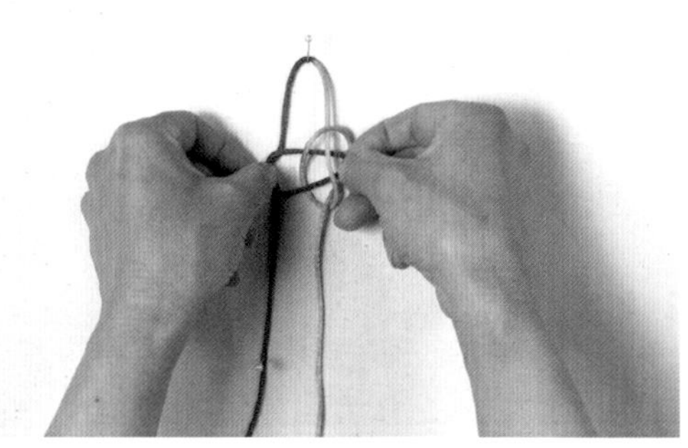

4 从右圈结点向右拉红线。

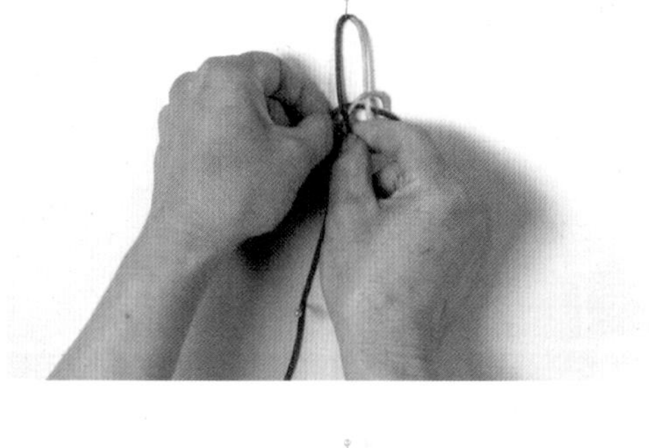

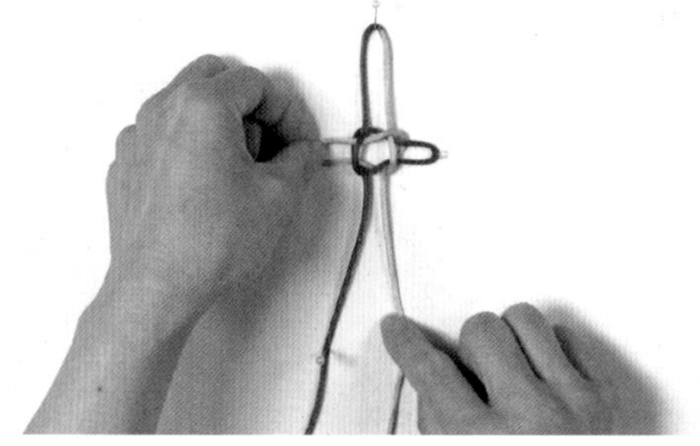

5-6 从左圈结点向左拉黄线。

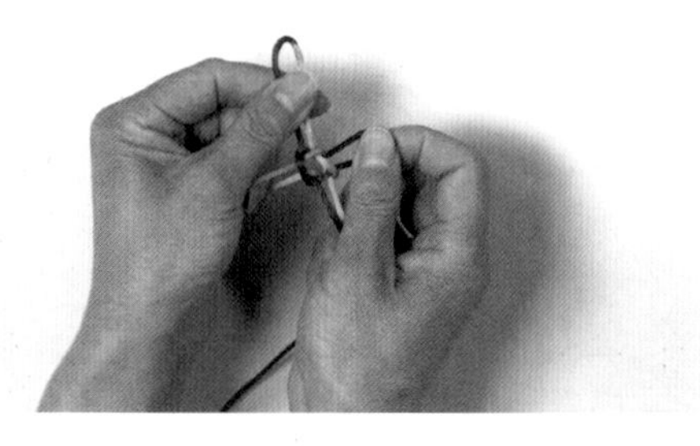

7-8 拉紧结体，完成万字结。

35

双耳酢浆草结

酢浆草结——幸运吉祥

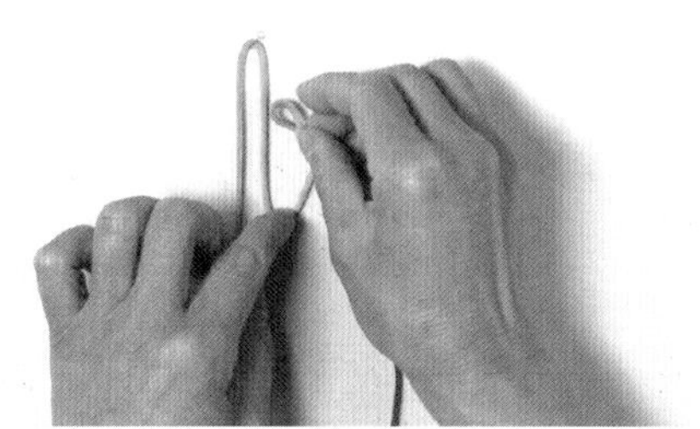

1 摆放好线，将右侧黄线向上折揪出一个线圈。

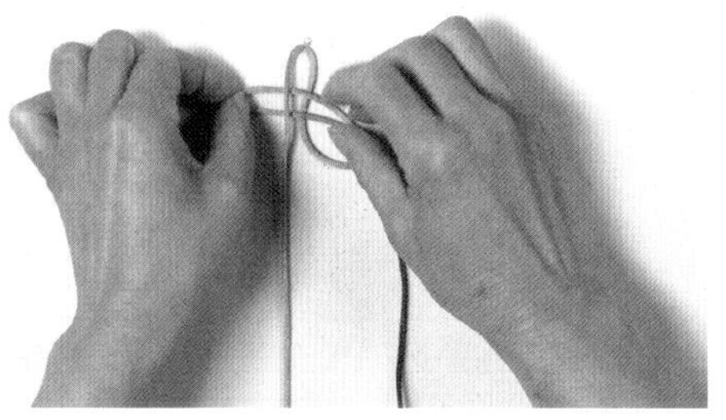

2 将线圈从左侧黄线下穿过。

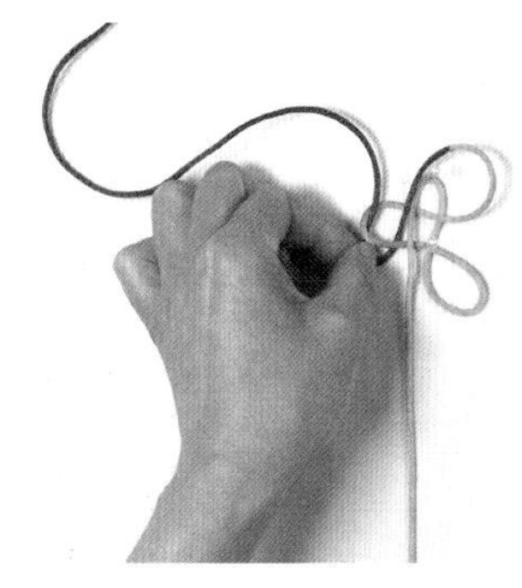

3 红线端再揪出另一个线圈，从左侧黄线线圈中穿过。

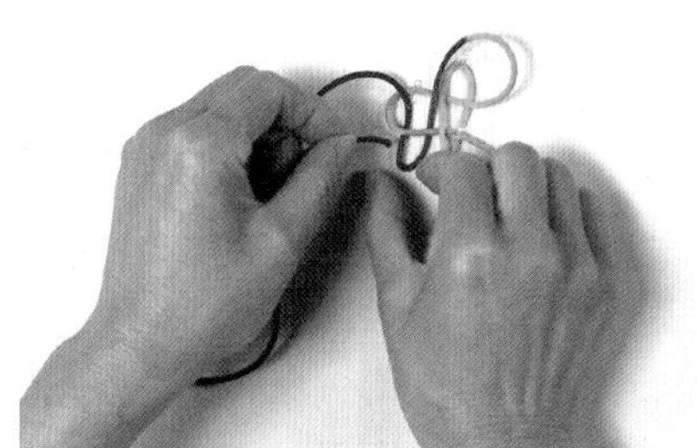

4 红线先压后挑穿过靠左下的红线线圈。

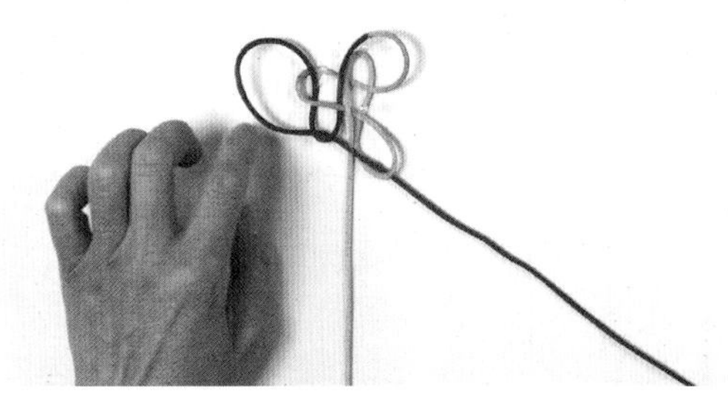

5 压黄线，先压后挑穿过靠右下的黄色线圈。

6 红线向左先挑后压穿回红线线圈。

7 拉紧成结，调整好耳翼大小，完成双耳酢浆草结。

36

酢浆草结

酢浆草结——幸运吉祥

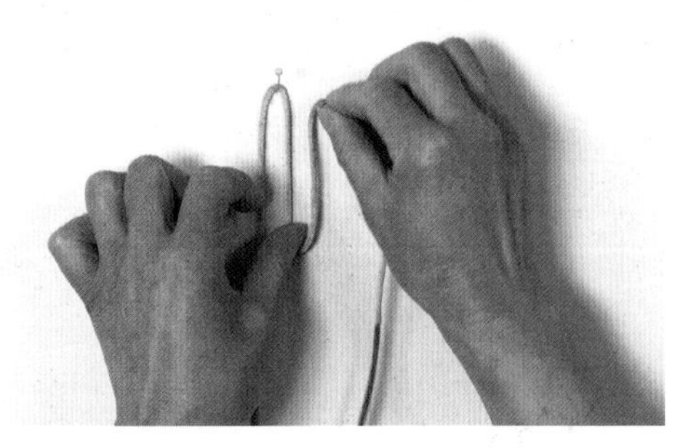

1 黄线做出2个耳翼。

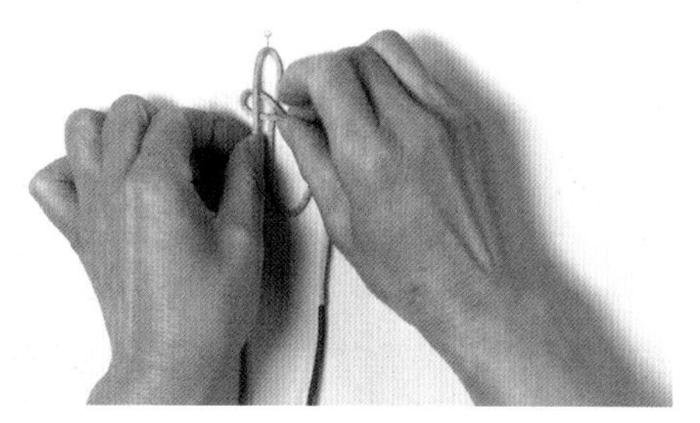

2 第2个耳翼穿入第1个耳翼中。

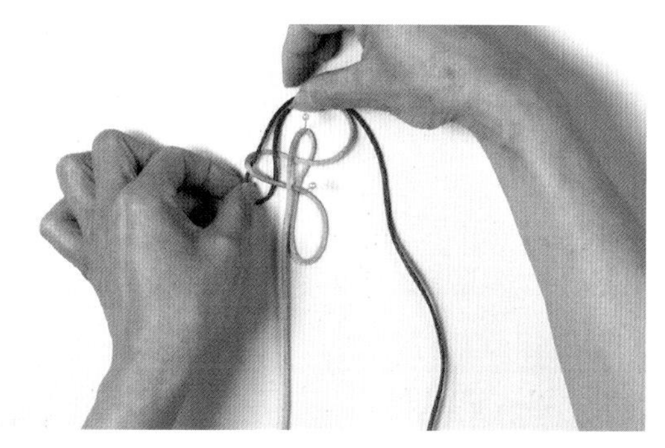

3 红线做第3个耳翼，穿入第2个耳翼中。

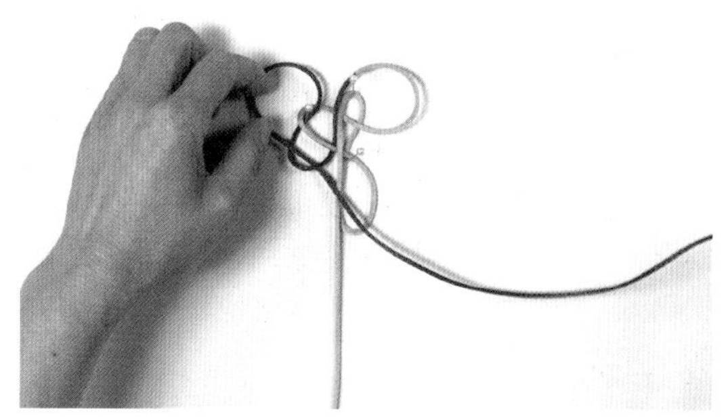

4 红线先压后挑穿过第3个耳翼。

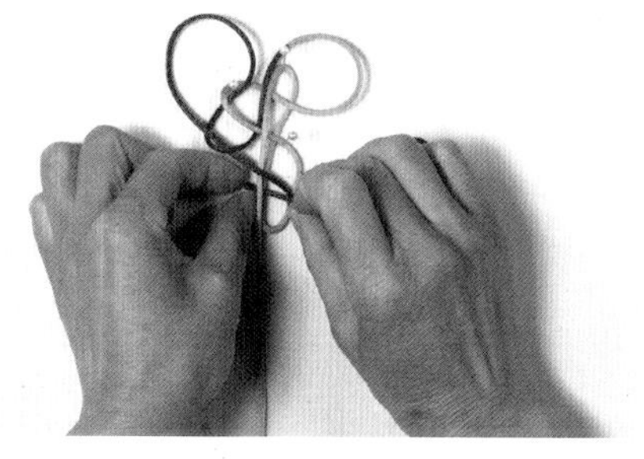

5 向右从黄线圈中穿出。

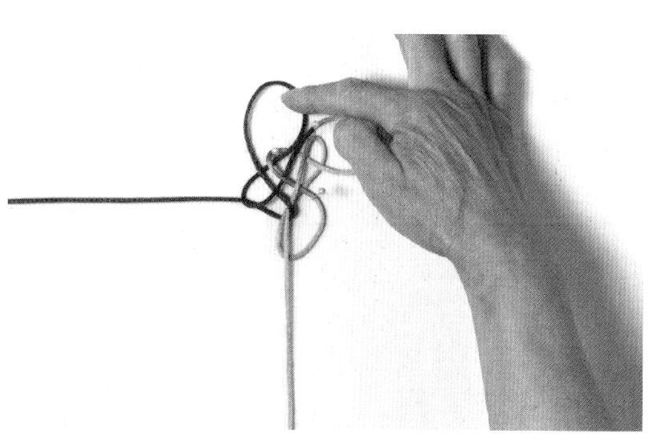

6 红线先挑后压，从第3个耳翼中穿出。

7 拉紧3个耳翼，调整成形，完成酢浆草结。

37

寿字结

寿字结——人寿年丰，寿比南山

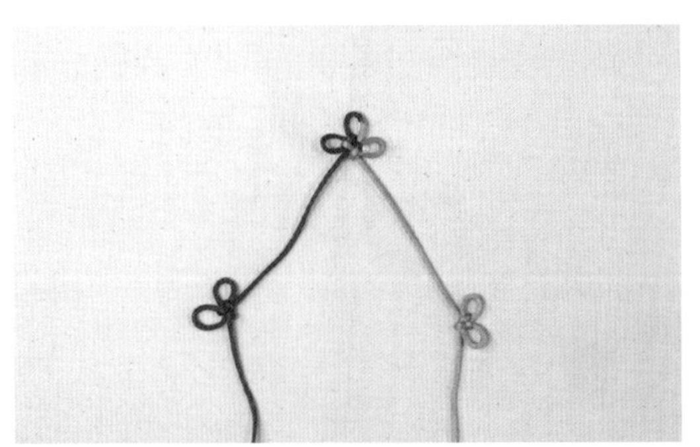

1 首先，在线的中心处编一个酢浆草结，然后在两边分别打一个双环结。

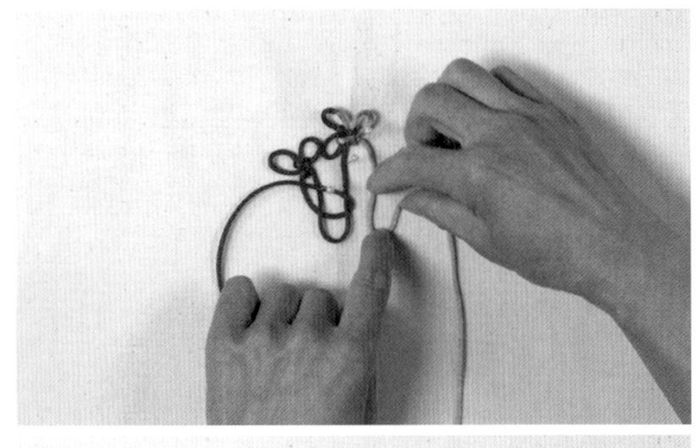

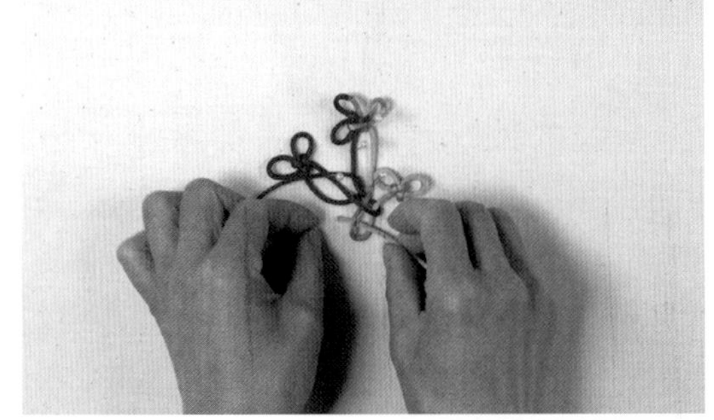

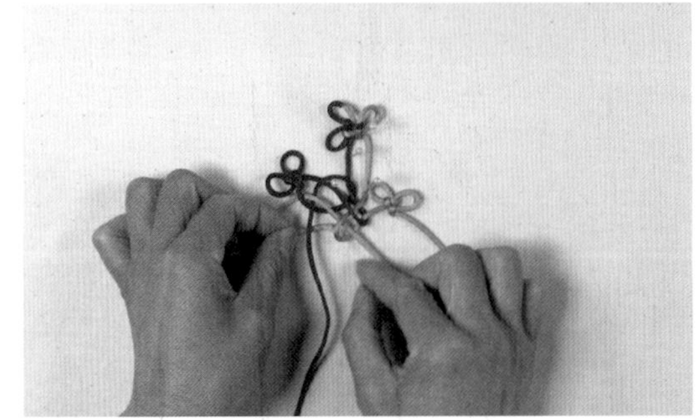

2-4 在中间组合一个酢浆草结。

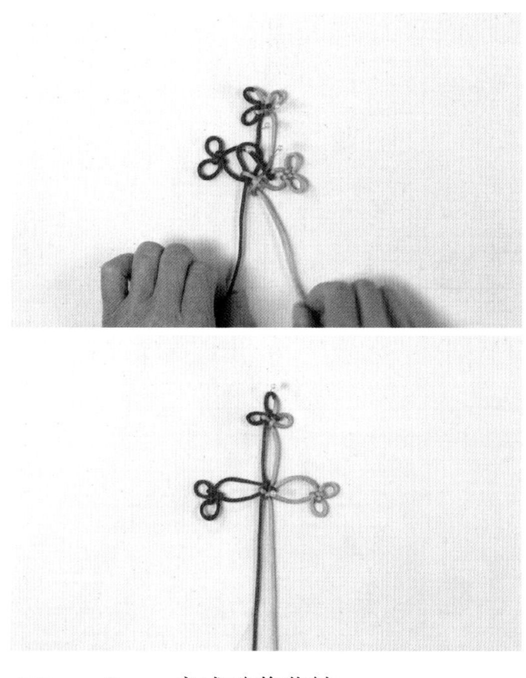

5-6 完成酢浆草结。

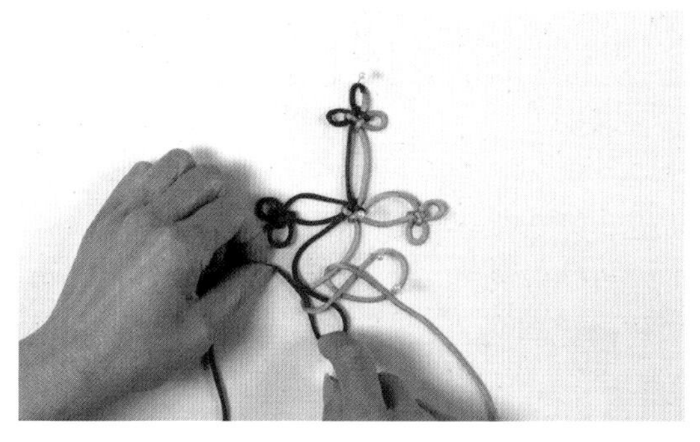

7 在下面接着打一个酢浆草结。

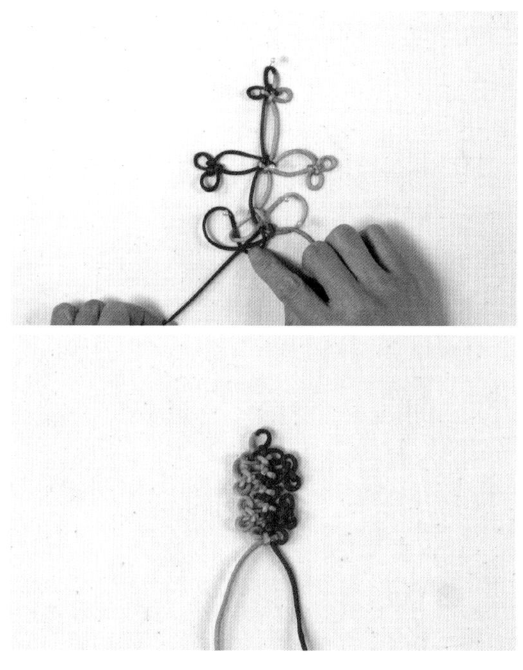

8-9 两边分别再编一个双环结。照前面的步骤再编一个酢浆草结，最后再编一个酢浆草结。完成寿字结。

38

吉祥结

吉祥结——吉人天相，祥瑞美好

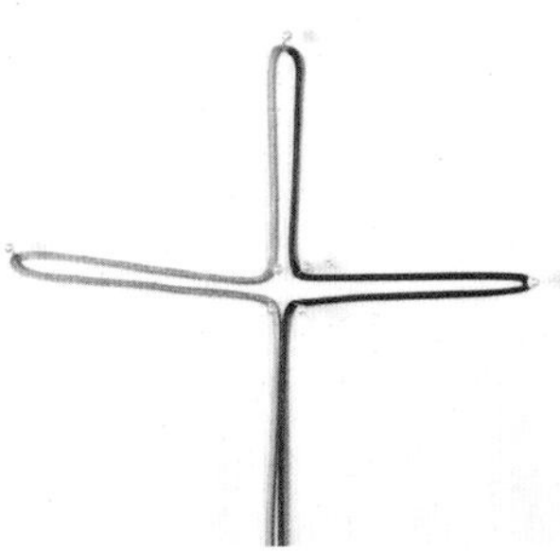

1 准备1根线，对折固定。左右各拉出1个耳翼。

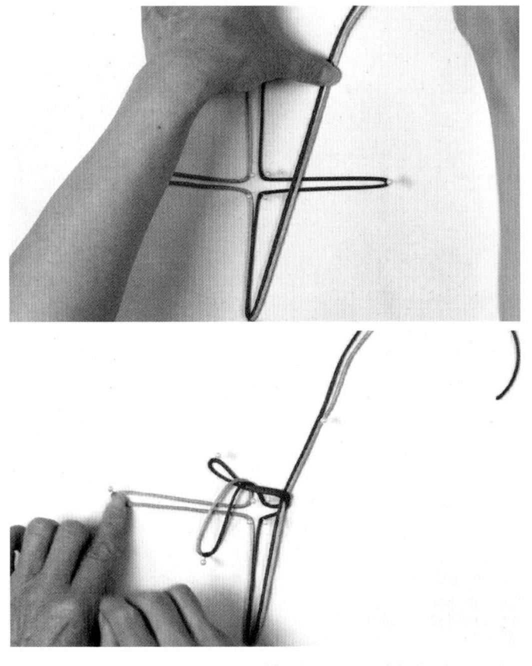

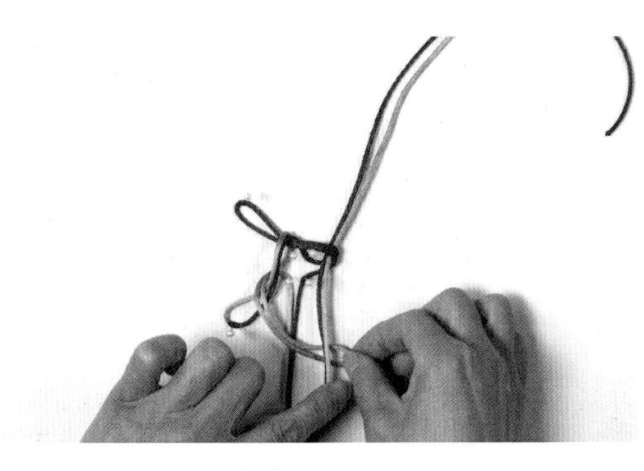

2-3 逆时针依次取耳翼向右压相邻的耳翼。

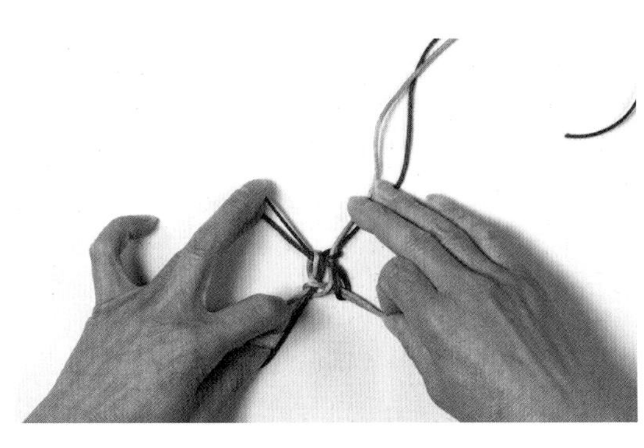

4 从右下圈中穿出。

5 收紧结体。

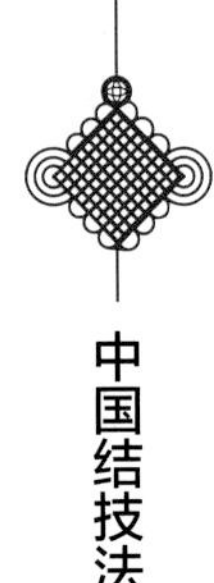

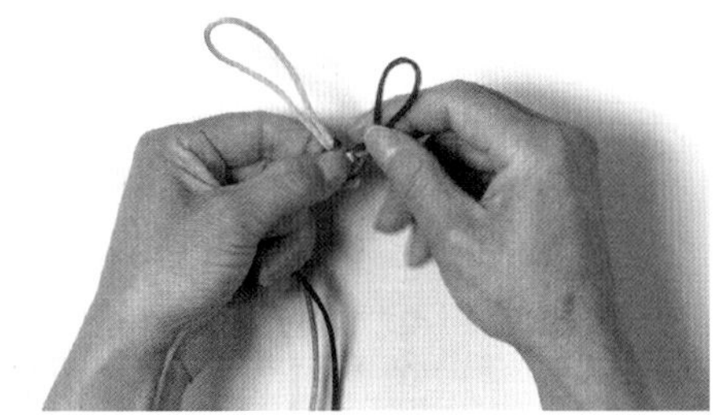

6 将结体翻过来，再将耳翼依次叠压。

7 调整好结体。

8 完成吉祥结。

39

六耳团锦结

团锦结——团圆美满，前程似锦

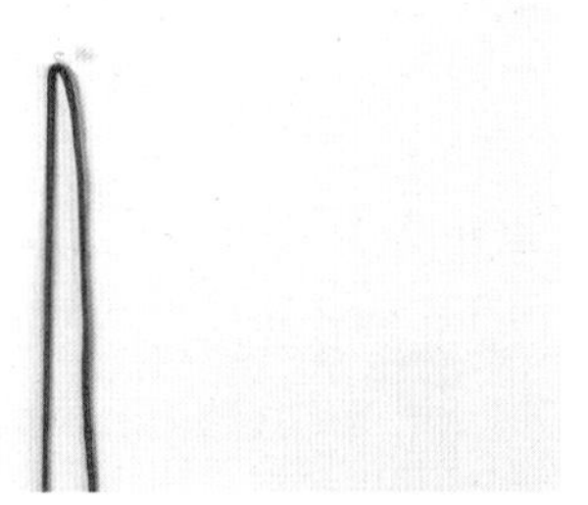

1 将线对折，顶端固定，形成耳翼1。

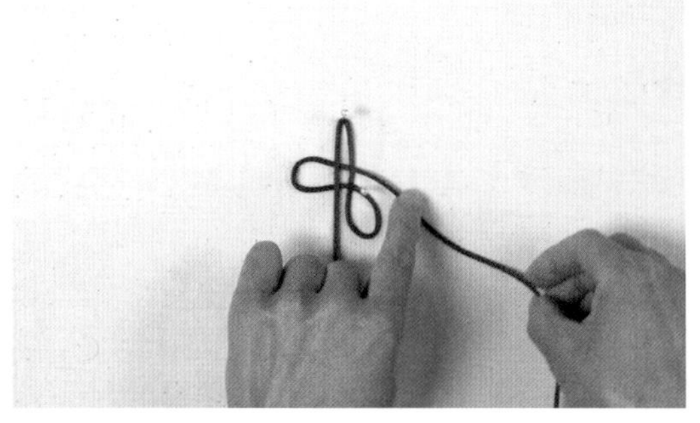

2 将右侧红线做出一个耳翼2，然后挑左侧红线插入耳翼1中。

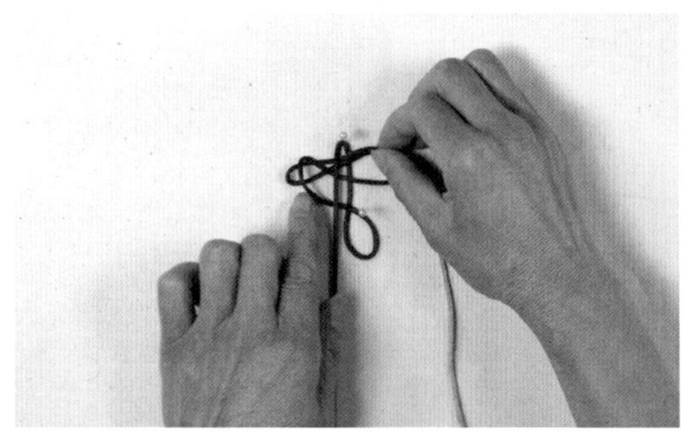

3 右侧红线再做出一个耳翼，向左同时插入耳翼1和耳翼2中，同时形成耳翼3。

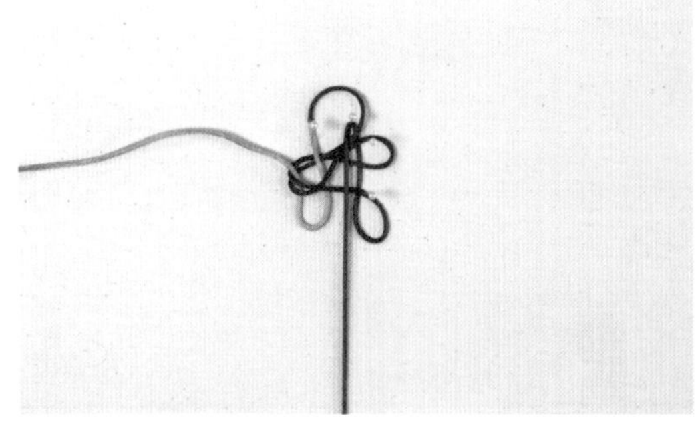

4 用线继续做出耳翼4，同时穿过耳翼2和耳翼3。

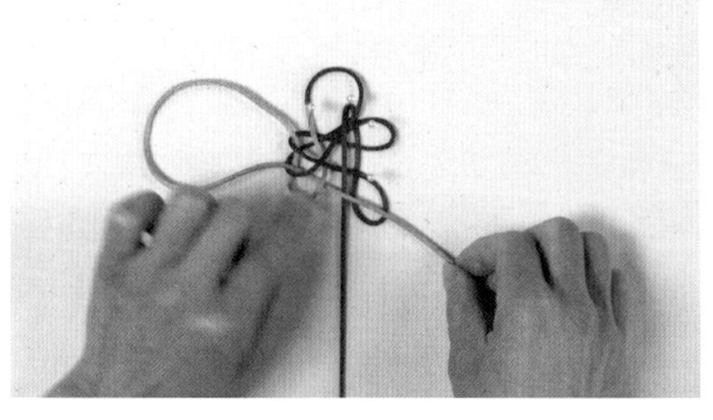

5 用黄线线端同时穿过最下面的红线圈和黄线圈。

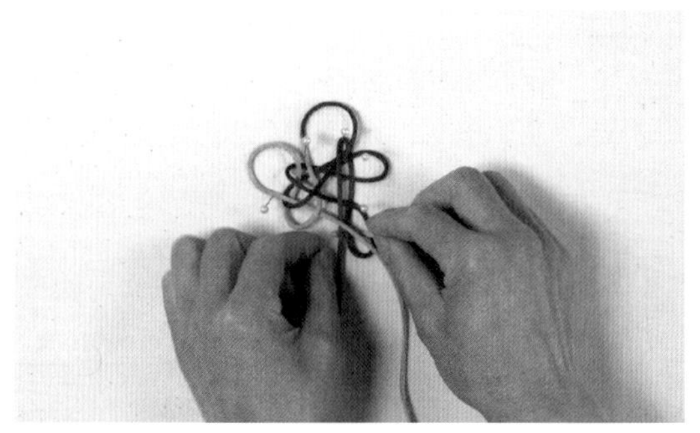

6 再从右侧最下面的线圈中穿出来。

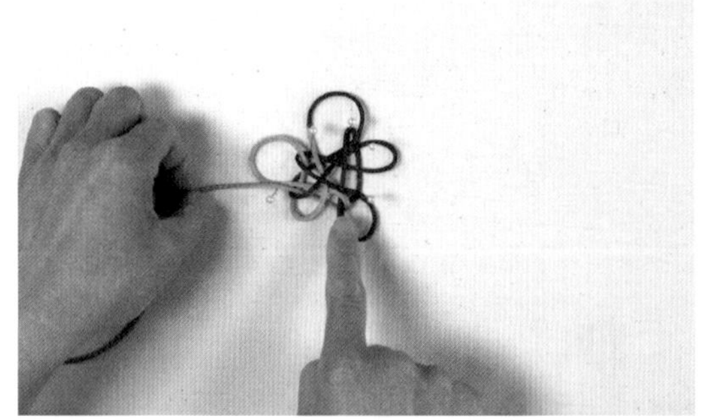

7 从左侧两个线圈中穿回来。

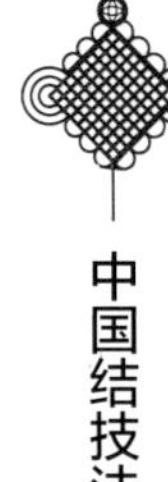

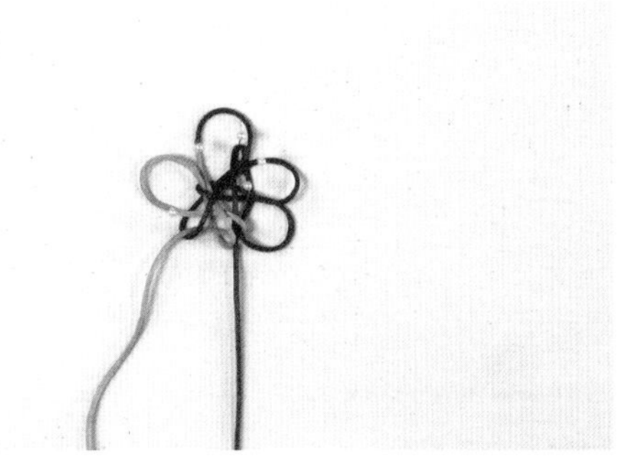

8 穿出来后的样子。

9 挑2根黄线从右侧中间的那个线圈中穿入。

10 绕过右侧最下面的红线圈从2黄线内穿出来。

11 调整结形。

12 完成。

40

龟结

龟结——年年富足，吉庆有余

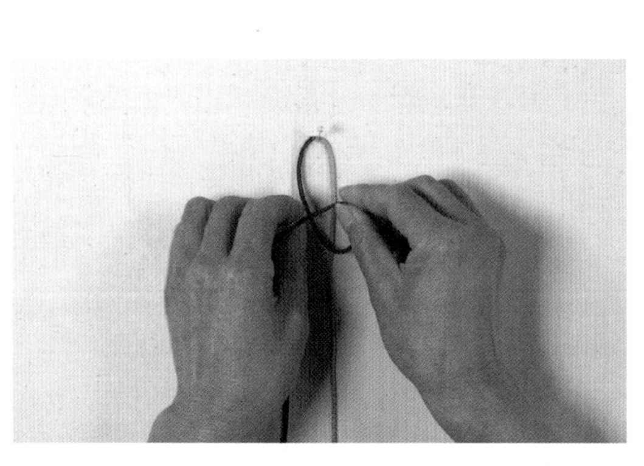

1 将线对折。红线绕出右圈。

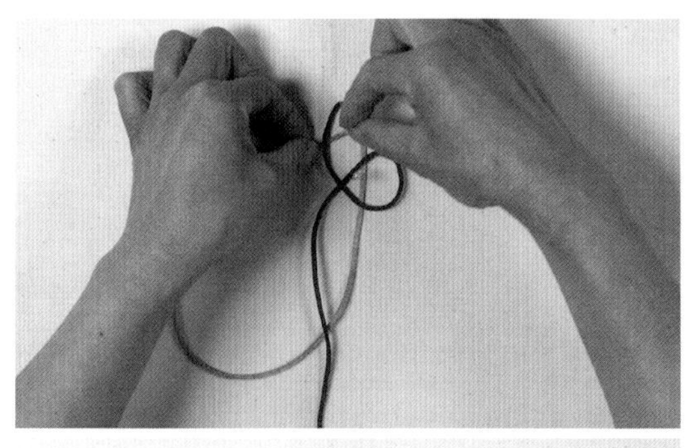

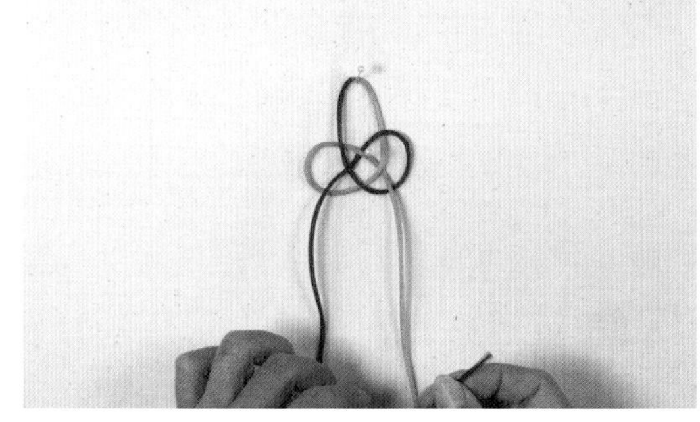

2-3 黄线向上绕，穿线做一个双钱结。

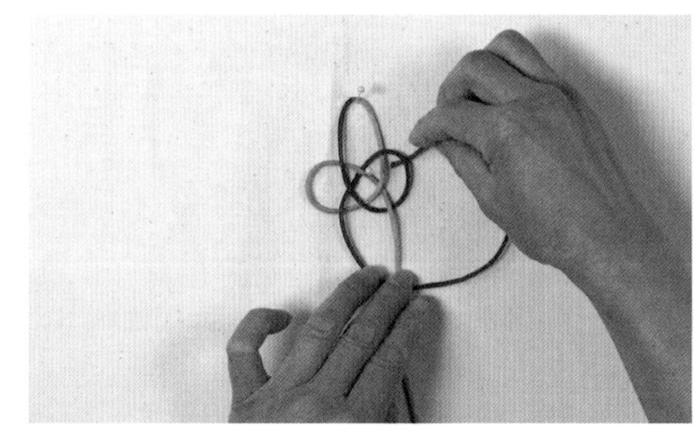

4 红线做挑压，压右圈，再做出1个圈。

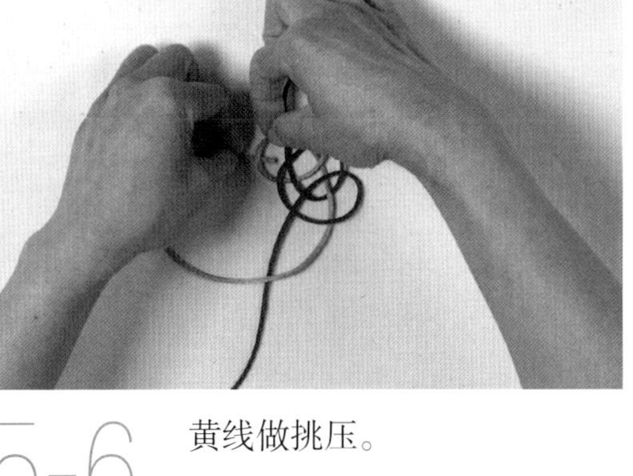

5-6 黄线做挑压。

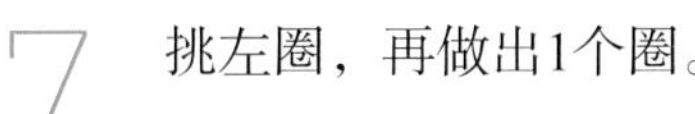

7 挑左圈，再做出1个圈。

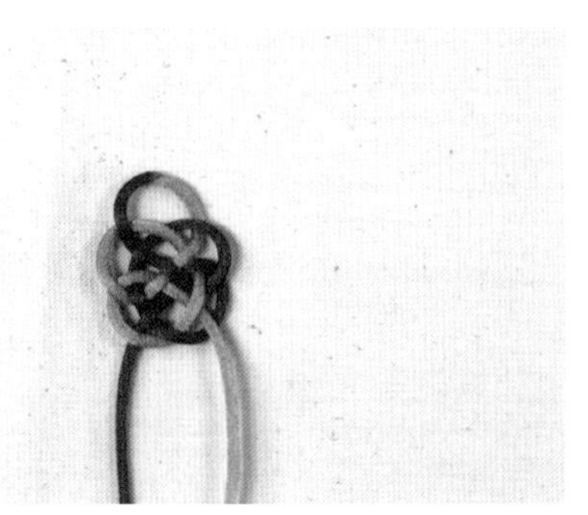

8 调整结体，完成龟结。

41

菠萝头流苏

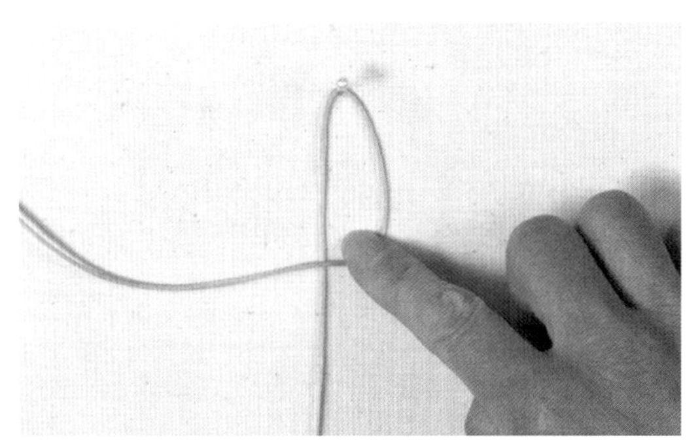

1 准备1条线对折，用右线绕1个圈。

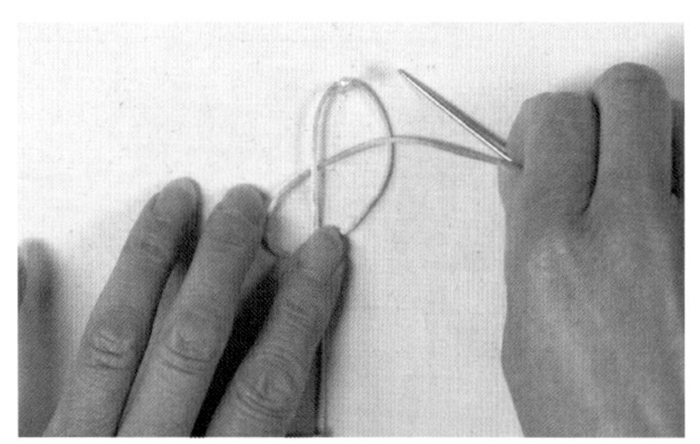

2 右线以左线为轴，连续打2个结。

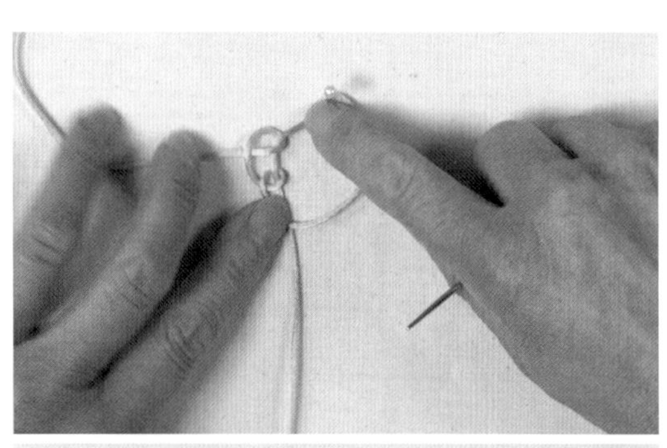

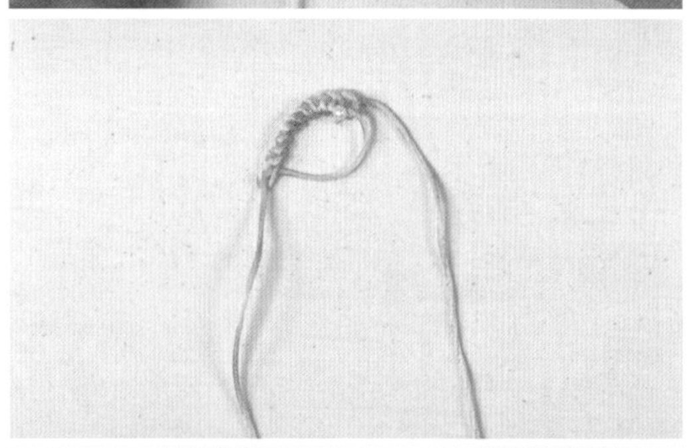

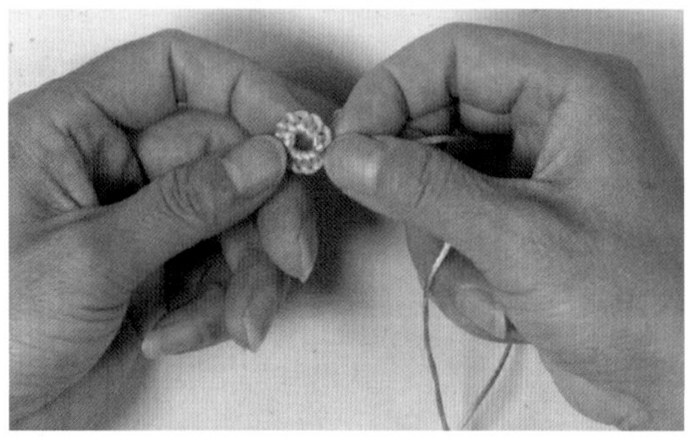

3-5 仿照上述步骤，顺时针连续编结，抽紧线端。形成1个圆形。

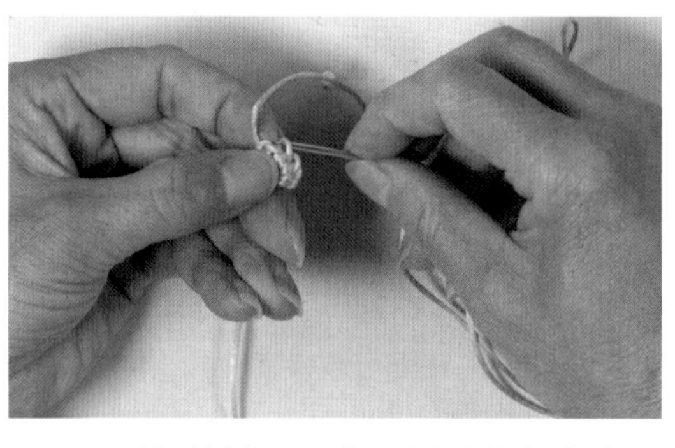

6 用长线端逐一穿入圆形的每个小圈中，顺时针编结。

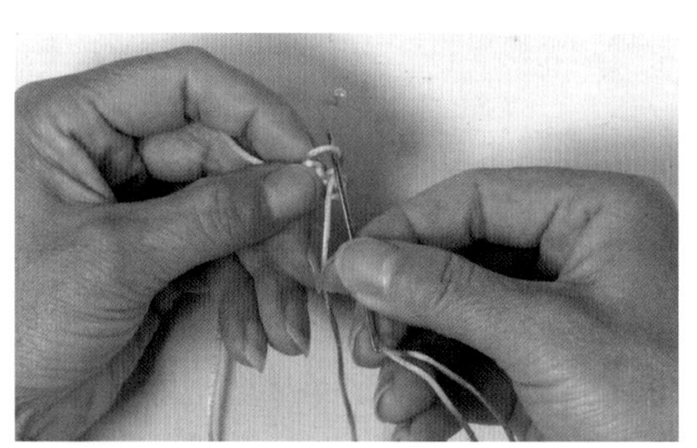

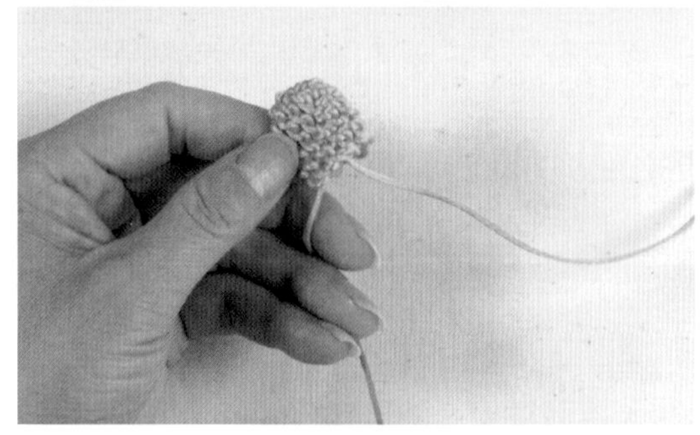

7-8 继续如此打结，形成螺旋状的菠萝头。约编8圈即可。

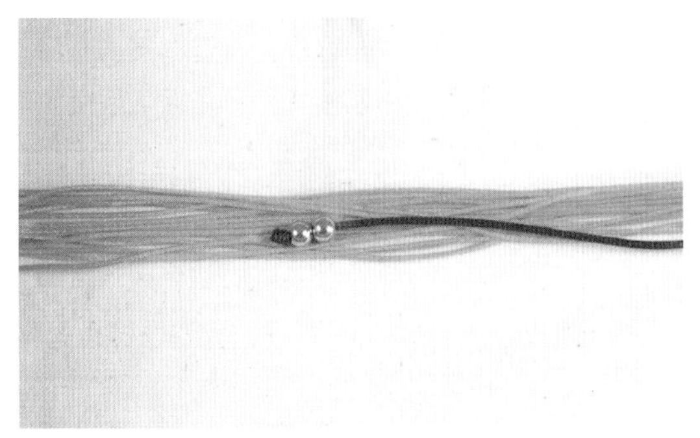

9 准备1束流苏，另外用1根线绳串2颗大小适中的珠子。

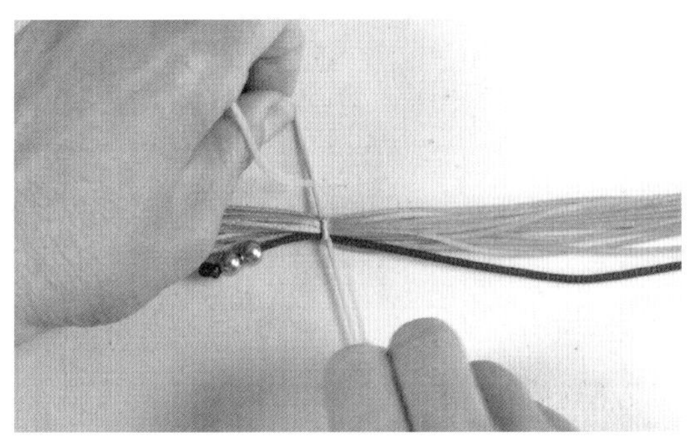

10 把流苏和线绳绑在一起。

11 提起线绳的上端，让所有流苏线自然下垂。

12 将线绳穿过菠萝头，把菠萝头套在线绳上。

13 剪掉多余的尾线，然后处理好线头，完成菠萝头流苏。

42

空心八耳团锦结

团锦结——团圆美满，前程似锦

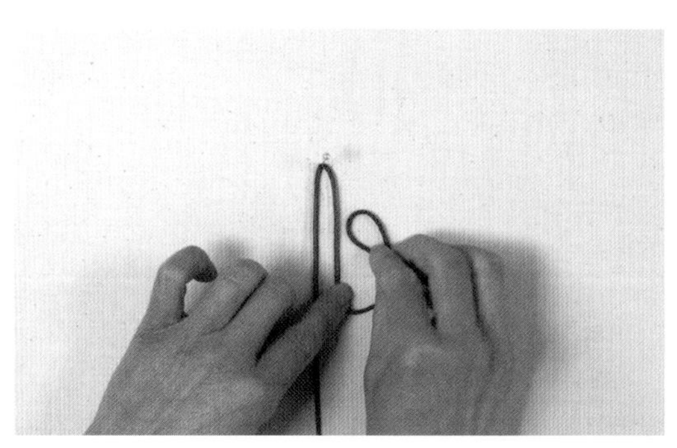

1 将线对折，形成最上面的耳翼1。用右侧红线做出一个耳翼2。

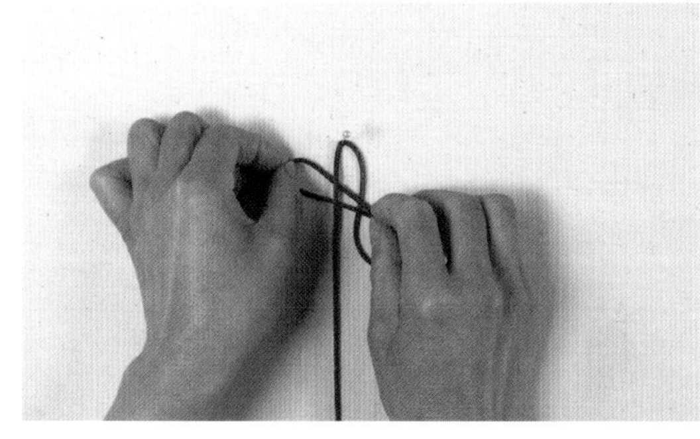

2 挑左侧红线穿入耳翼1中。

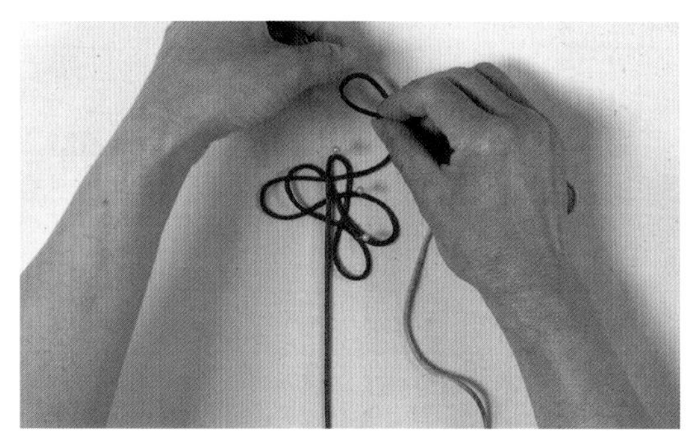

3 右侧红线再做出耳翼3，穿过耳翼1和耳翼2。

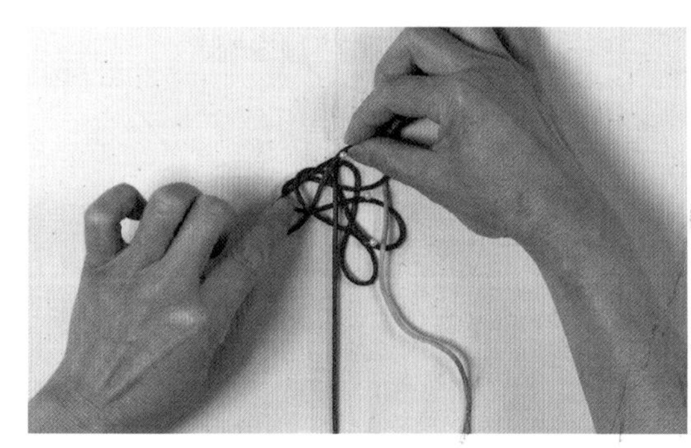

4 右侧红线做出耳翼4，穿过耳翼2和耳翼3。

5 黄线做出耳翼5，穿过耳翼3和耳翼4。

6 黄线再做出耳翼6，穿过耳翼4和耳翼5。

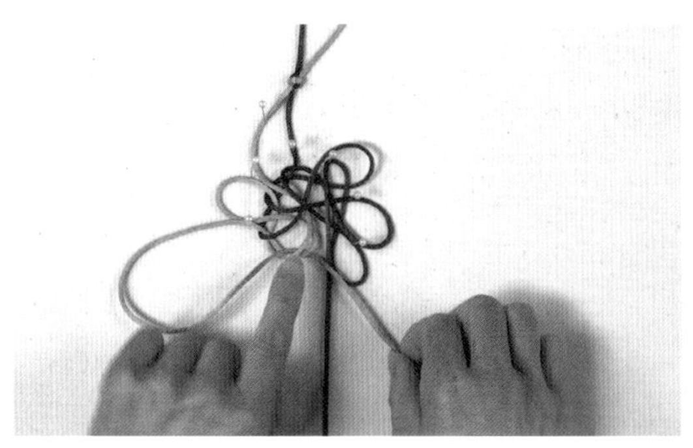

7 黄线线端穿过最后2个耳翼。

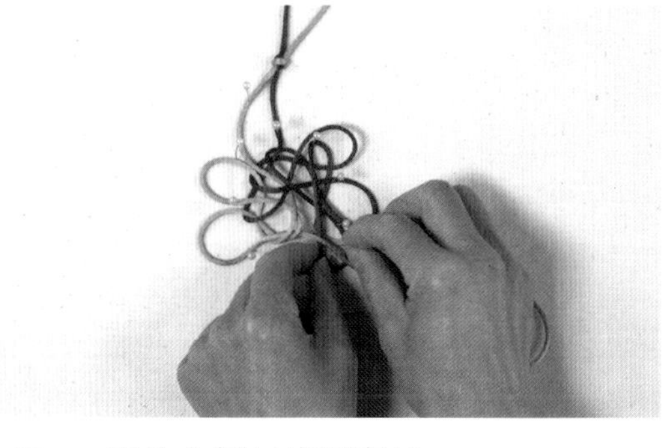

8 再从右侧红线圈穿过。

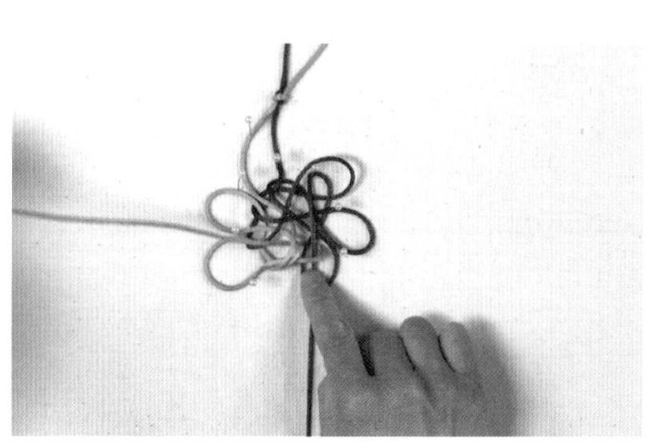

9 穿回左侧2个耳翼中。

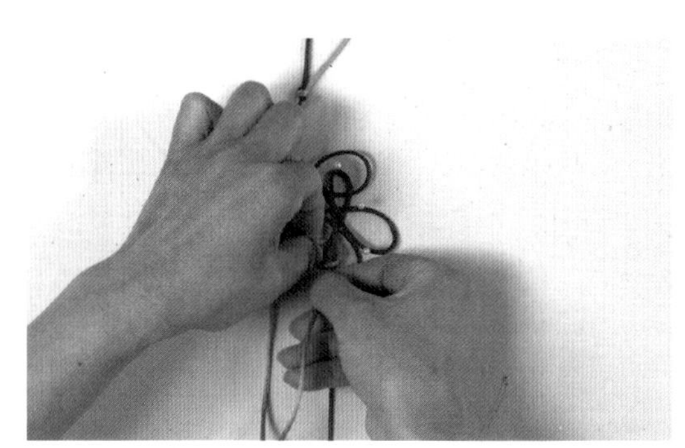

10 继续挑2根黄线。

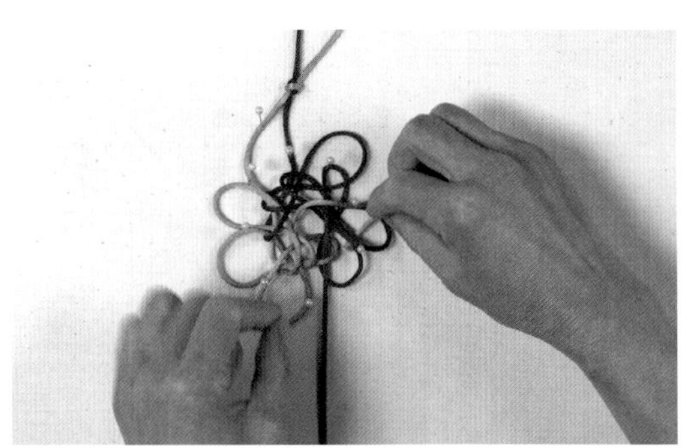

11 从右侧下数第2个红线圈内穿出。

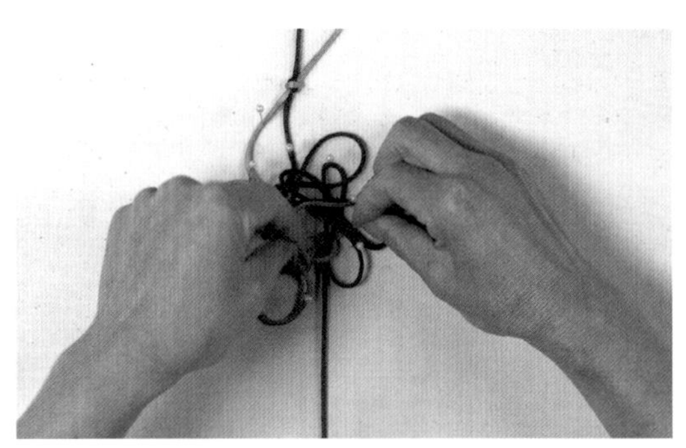

12 绕过右侧下数第1个红线圈。

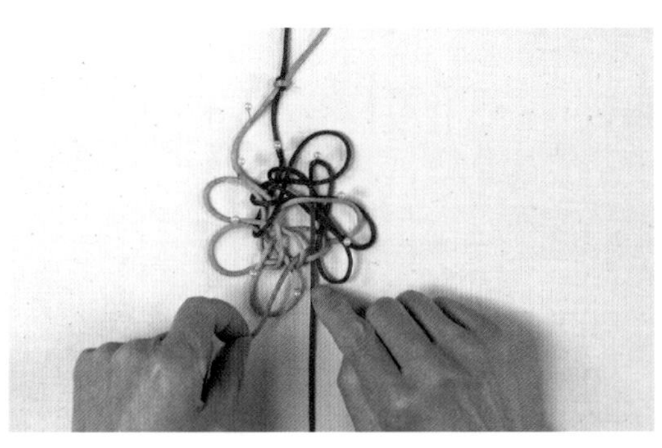

13 从2根黄线内穿出来。

14 调整耳翼，收紧内圈。

15 完成空心八耳团锦结。

43

实心八耳团锦结

团锦结——团圆美满，前程似锦

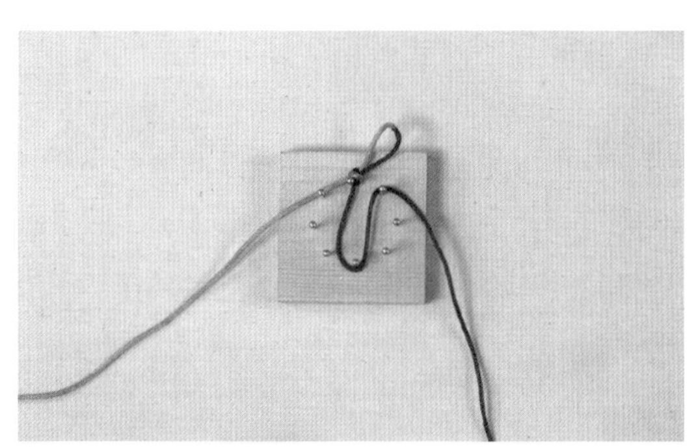

1 先走红线，在大头针上绕出第1个耳翼。

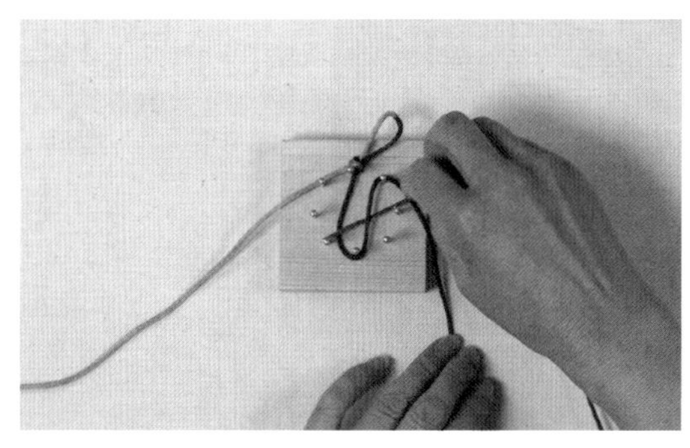

2 如图示走线，绕出第2个耳翼。

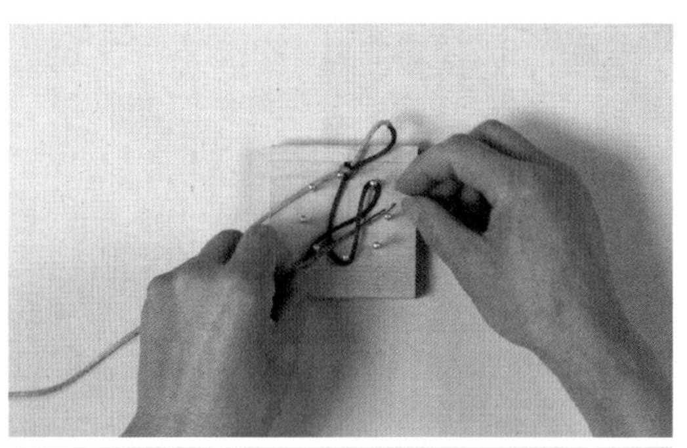

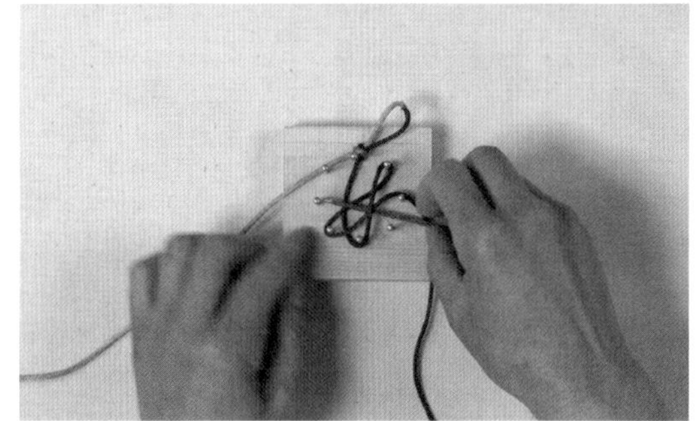

3-4 绕出第3个耳翼。

5-6 再绕出第4个耳翼。

7 接下来走黄线，同样绕出第1个耳翼。

8 如图示走线，绕出第2个耳翼。

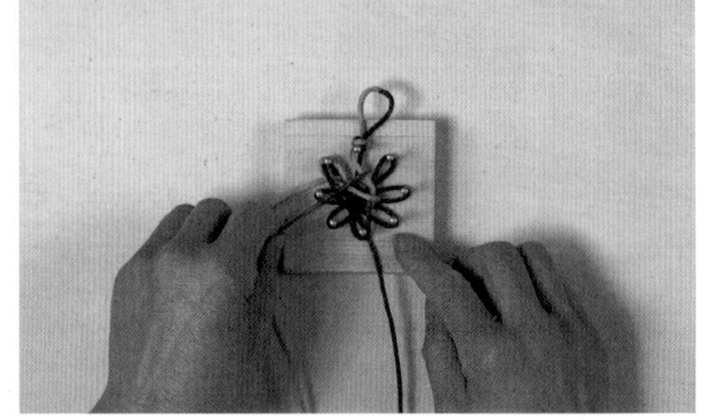

9-10 绕出第3个耳翼。

11-13 绕出第4个耳翼。

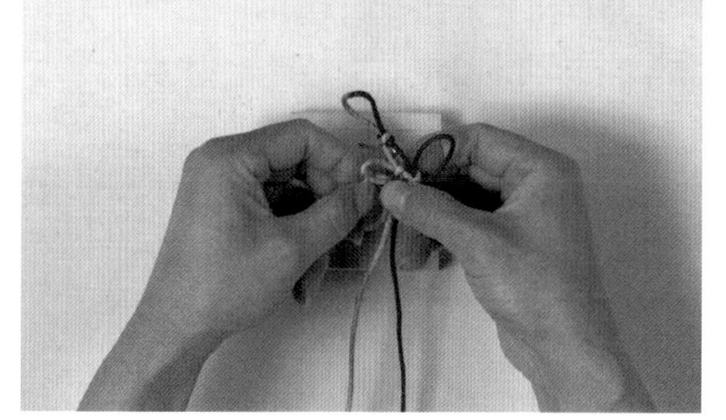

14-15 拉出耳翼，调整好结体。

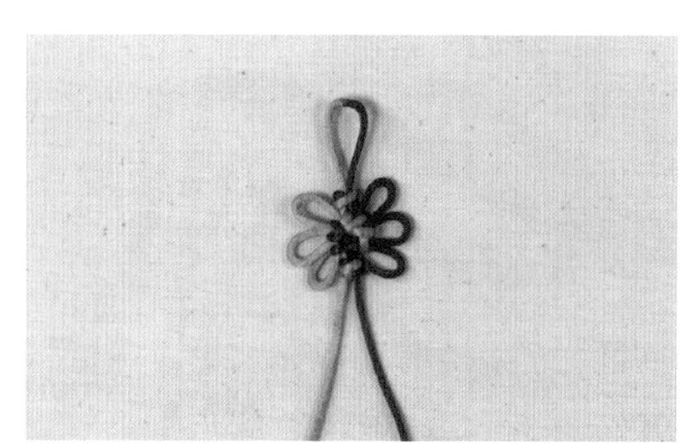

16 完成实心八耳团锦结。

44 如意结

如意结——万事称心，吉祥如意

1 做3个酢浆草结，结与结之间留出适当的长度。

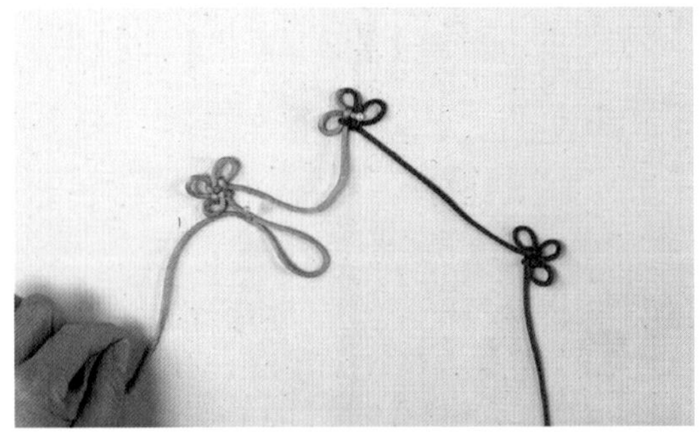

2 用左侧黄线做1个耳翼。

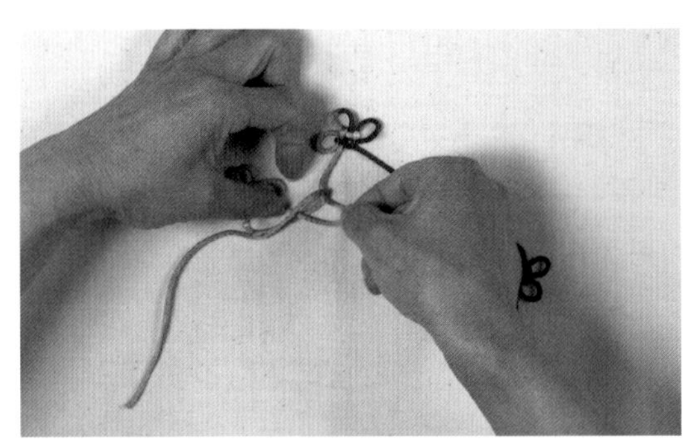

3 用下面耳翼包住上面耳翼。

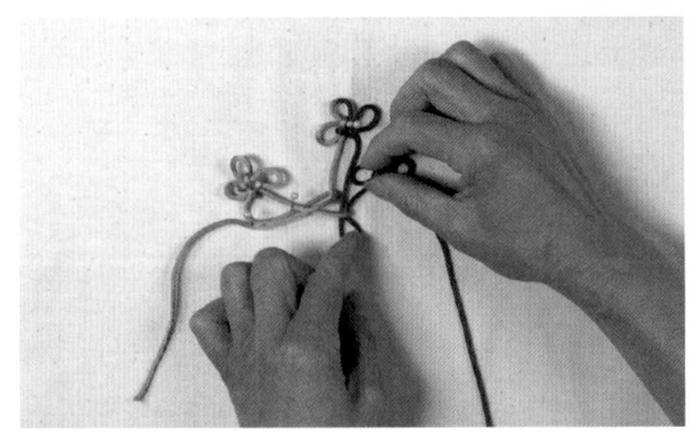

4 用红色耳翼穿进上面黄色耳翼中。

5 将红线穿进红色耳翼。

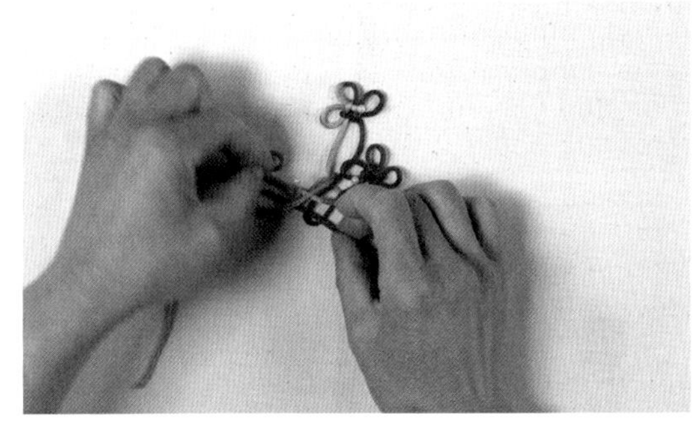

6 再包住第2个黄色耳翼。

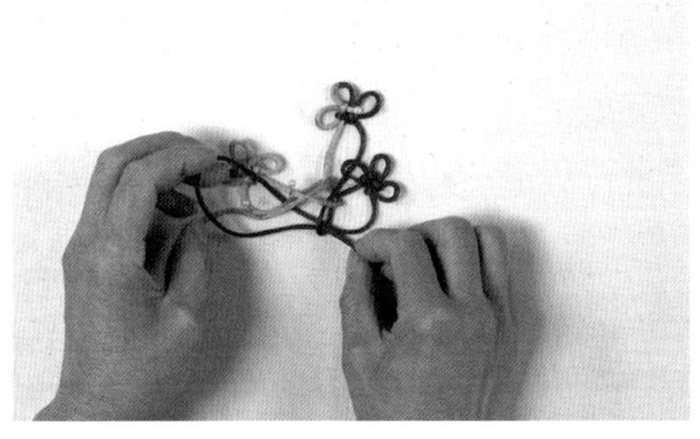

7 红线从红色耳翼中穿出。

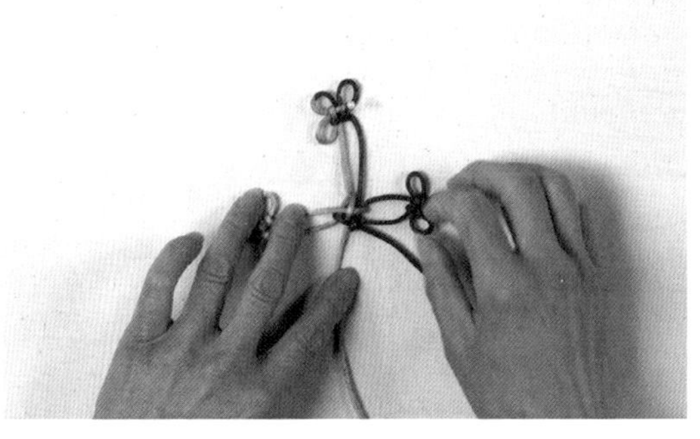

8 把酢浆草结收紧。

9 调整，完成如意结。

45

攀援结

攀援结——为情所系

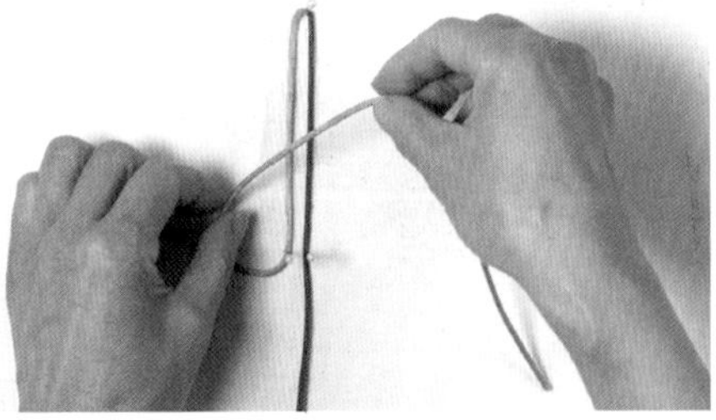

1 将线对折。黄线向上压2根线，绕出第1个圈。

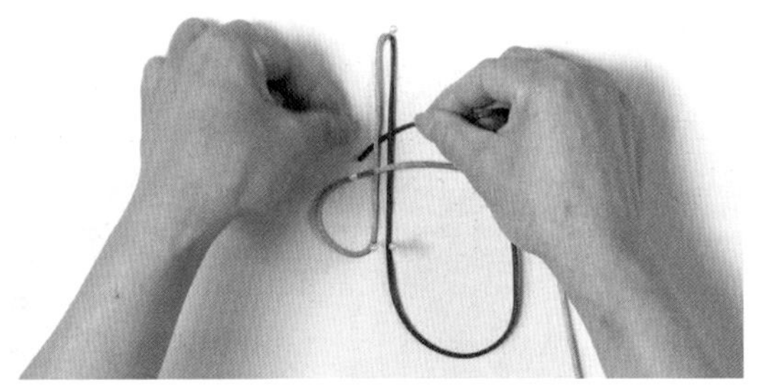

2 红线向上挑2根线，绕出第2个圈。

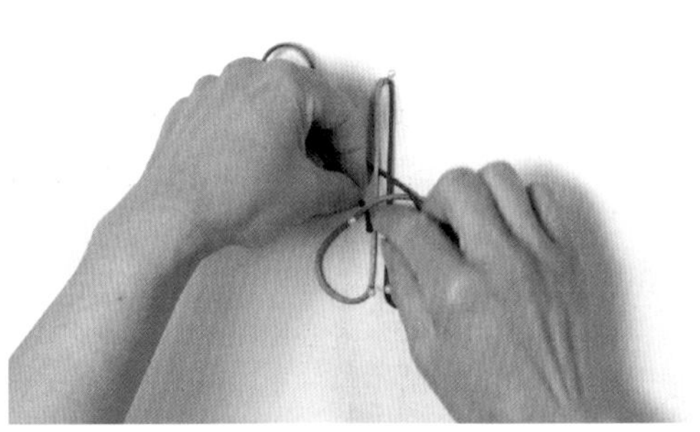

3 红线从第1个黄色线圈穿出。

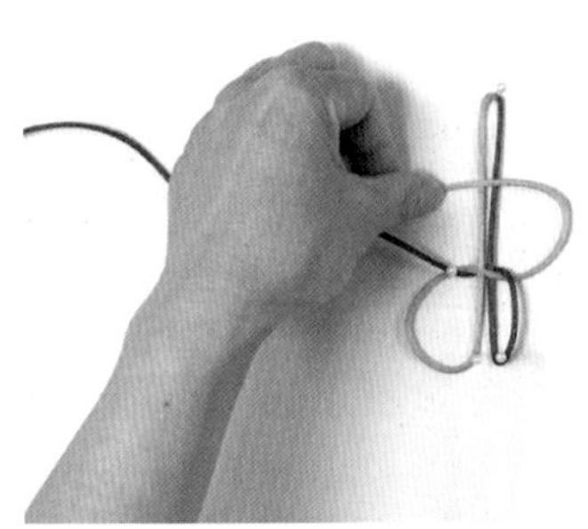

4 黄线向上压2根线，绕出第3个圈。

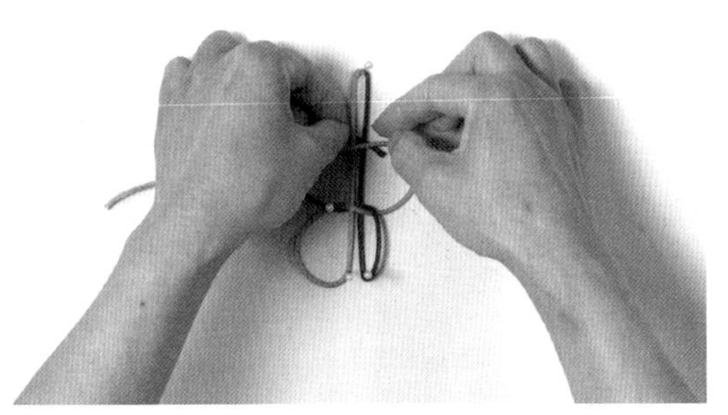

5 红线向上挑红黄2根线，绕出第4个圈。

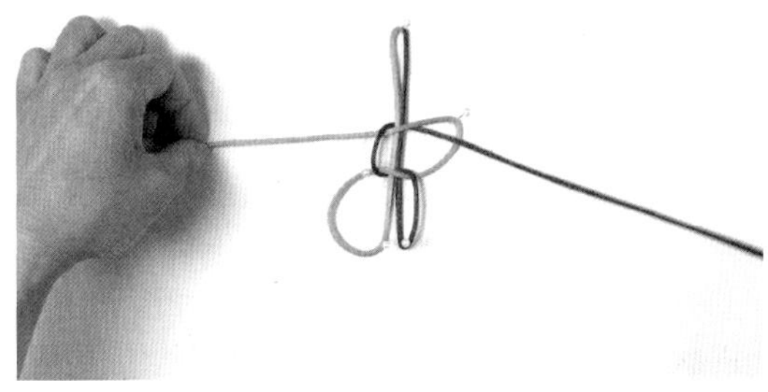

6 红线从第3个黄色线圈穿出。

7-8 收紧线，拉出3个耳翼。完成攀援结。

46

二回盘长结

盘长结——相依相随，长长久久

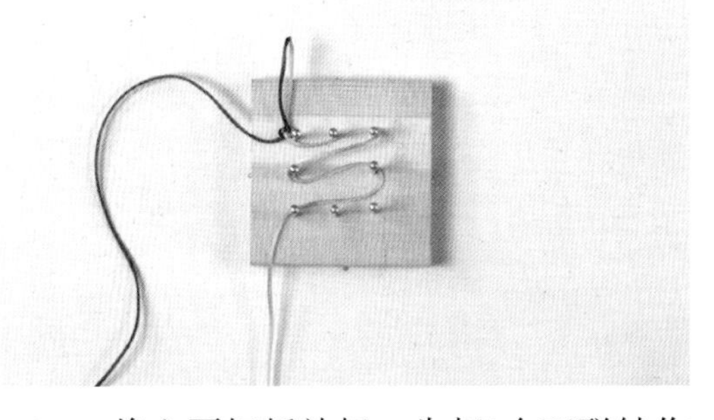

1 将六耳钉板放好。先打1个双联结作为开头，用黄线走4行横线。

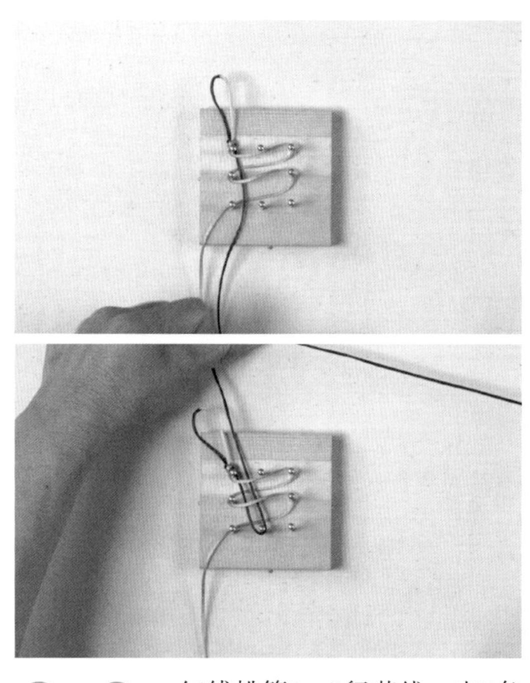

2-3 红线挑第1、3行黄线，走2条竖线。

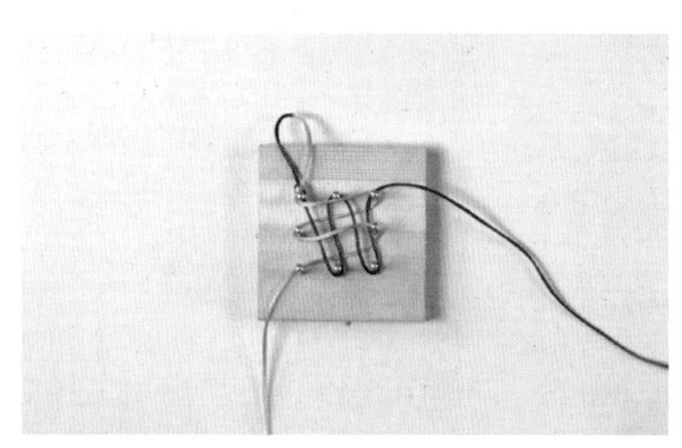

4 红线再走2条竖线。

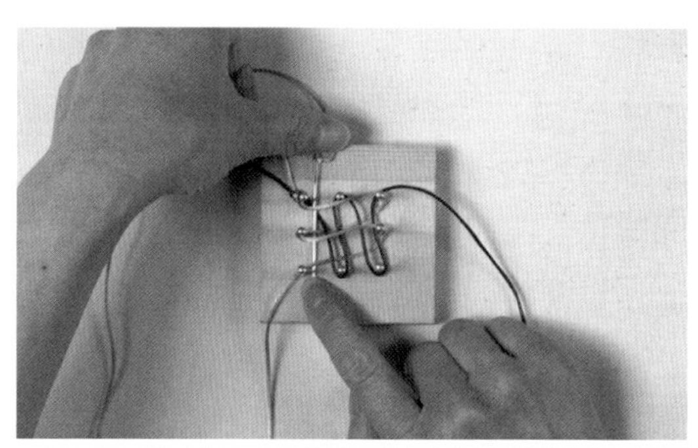

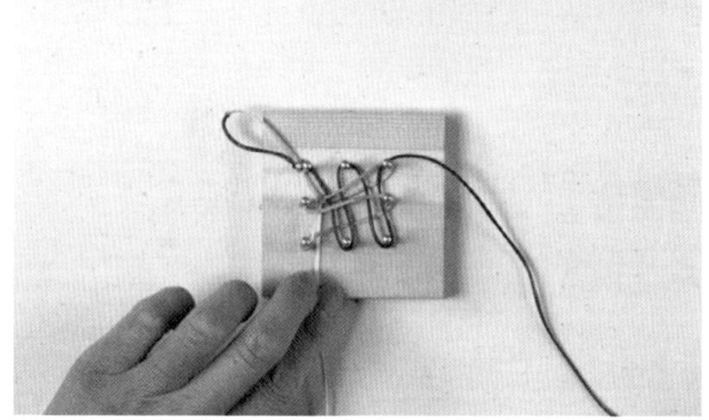

5-6 黄线从上向下从4行黄横线的下面穿过走2条竖线。

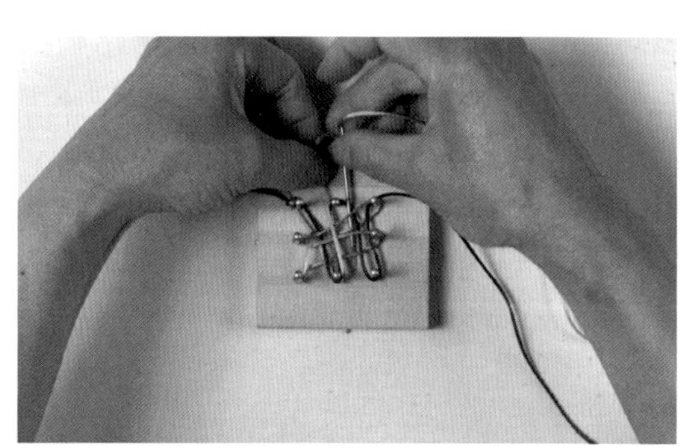

7 黄线仿照之前步骤再一来一回走2条竖线。

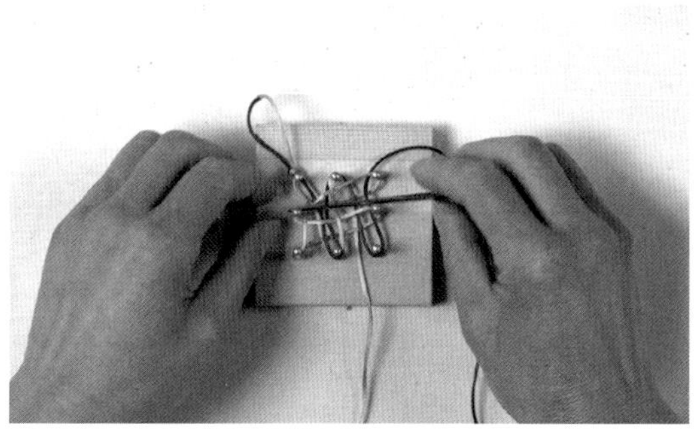

8 红线挑第2、4条红竖线（其余压线）穿出。

9 红线向右，红线压第1、3条红竖线（其余挑线）穿出。

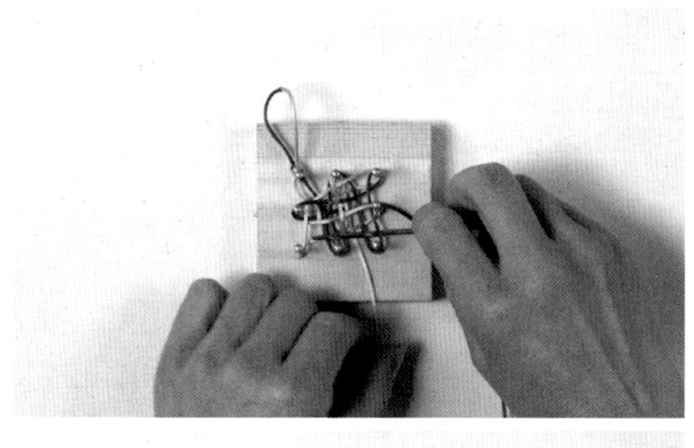

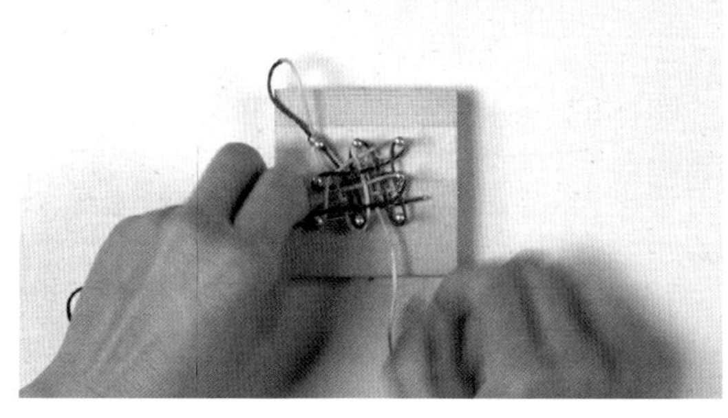

10-11 红线向左，按照前面两步一来一回走2条横线。

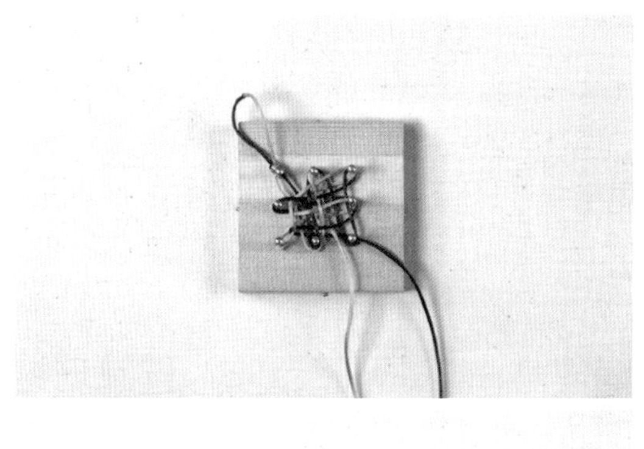

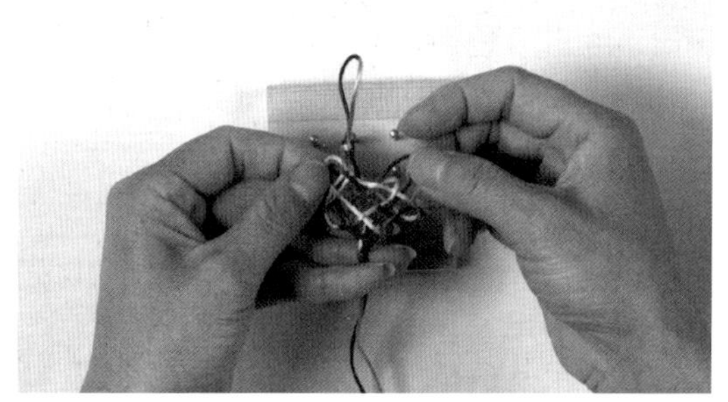

12-13 取下结体。

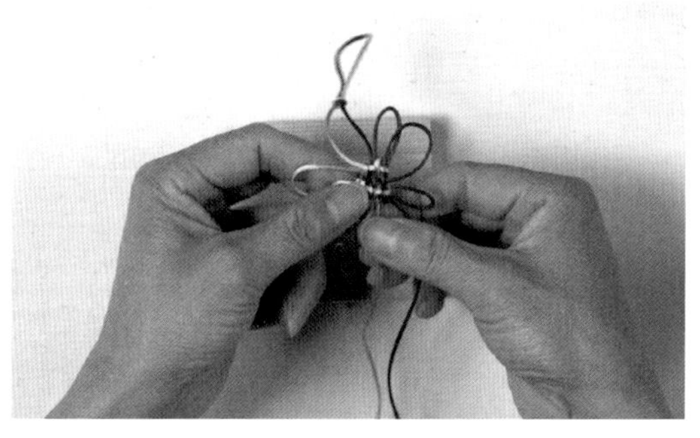

14 拉出6个耳翼，把结体调整好。完成二回盘长结。

47

雀头结

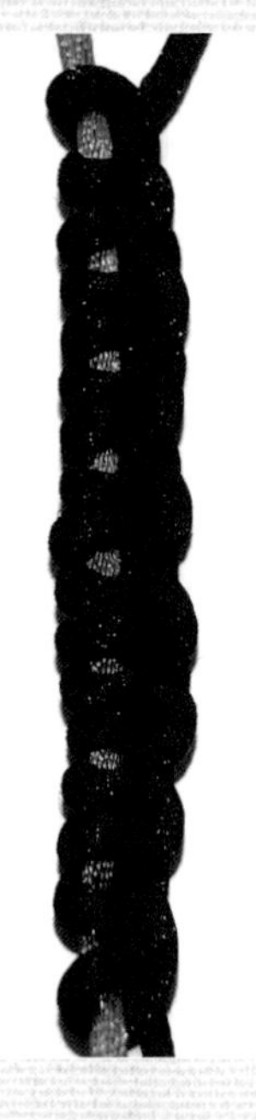

雀头结——喜上眉梢，心情雀跃

1 取1根线对折，红线从黄线下穿出来。

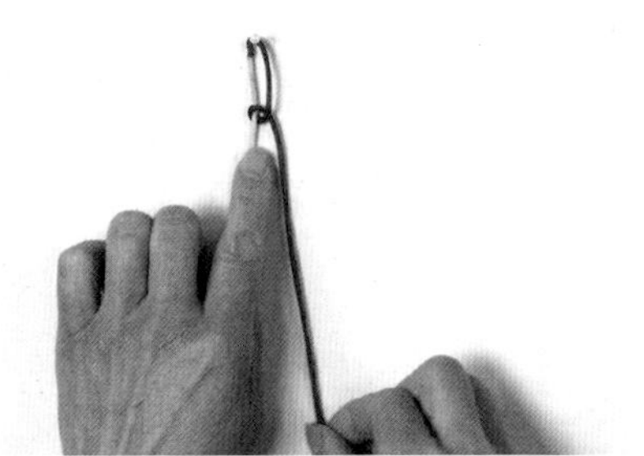

2 以黄线为轴，将红线顺时针绕一圈。

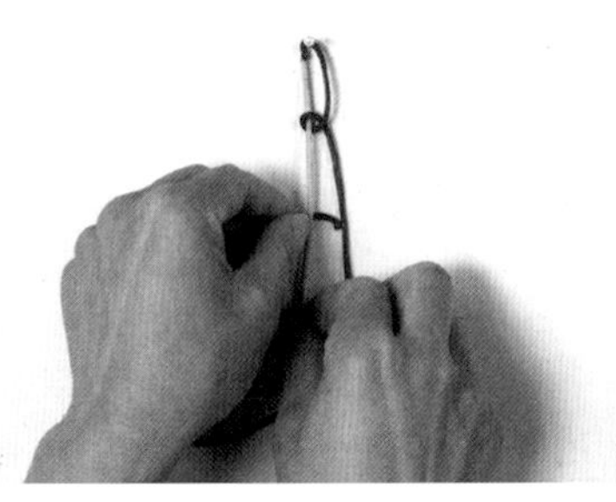

3 红线在黄线上再绕一圈，注意挑、压的方式。

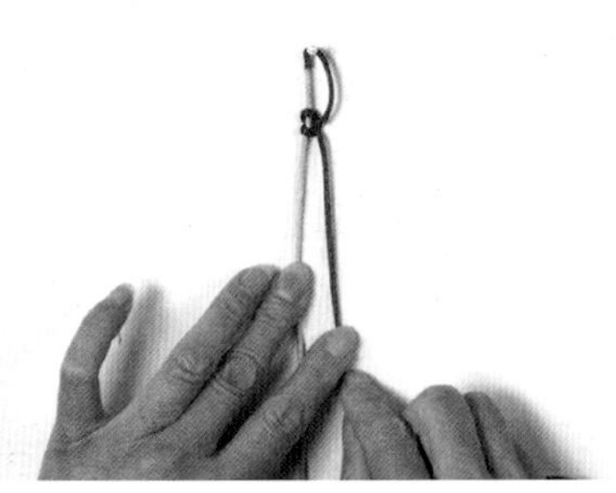

4 拉紧红线，把结收紧。

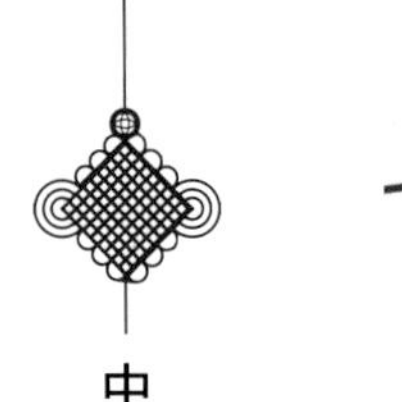

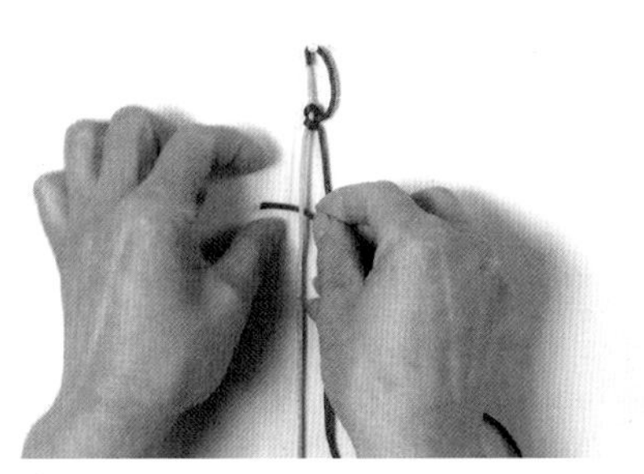

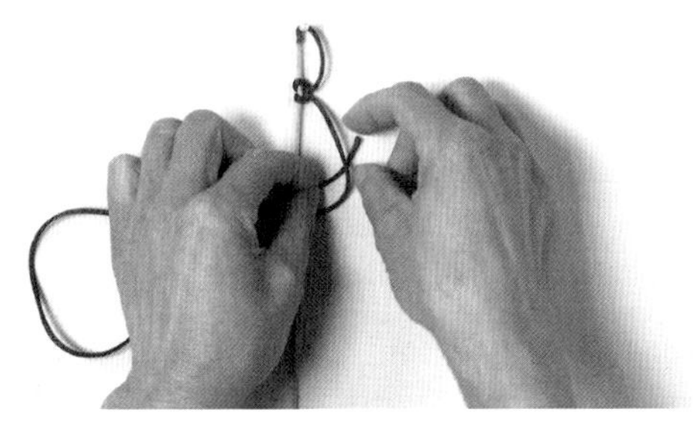

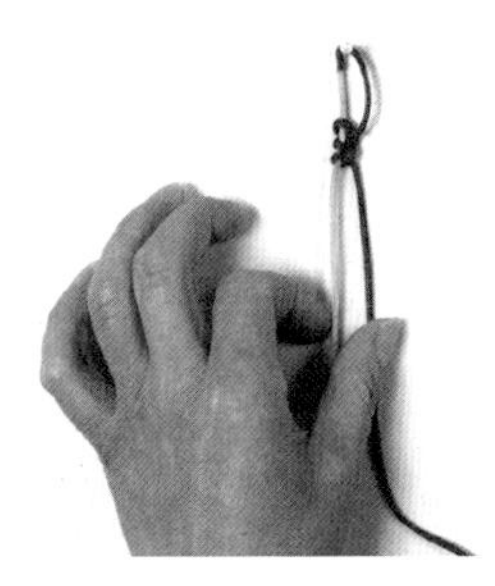

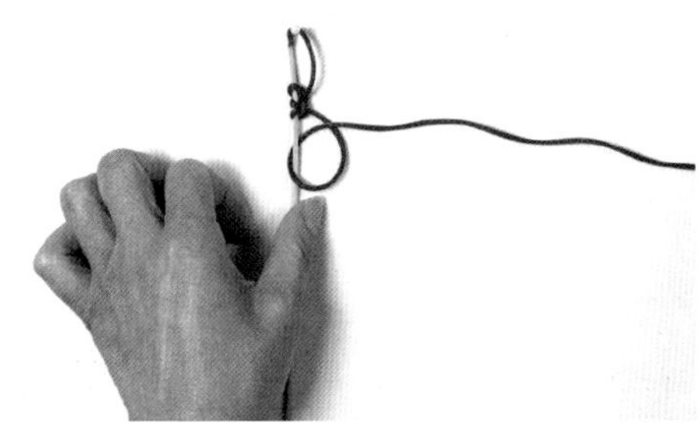

5-8 重复上述步骤。交替红线先在黄线下或先在黄线上打结。

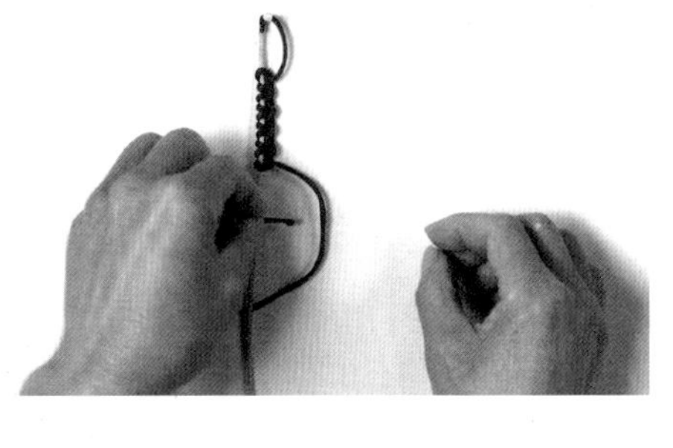

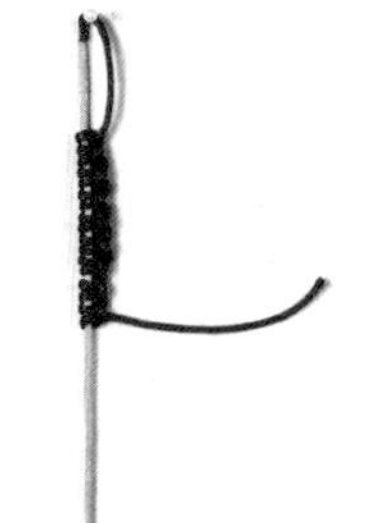

9-10 完成多个雀头结。

48

左斜卷结

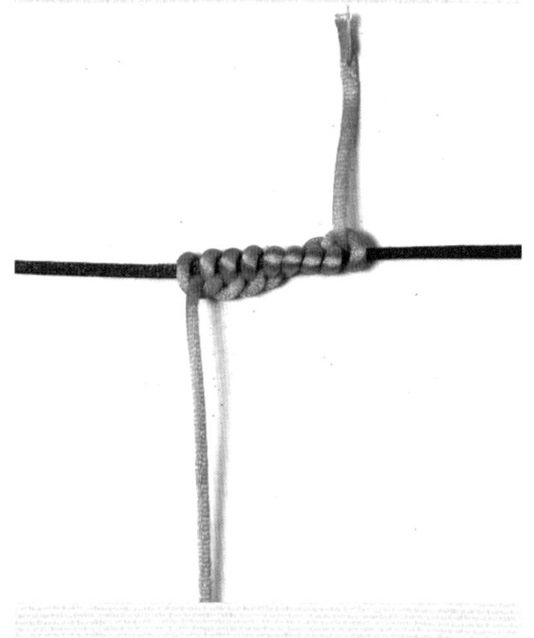

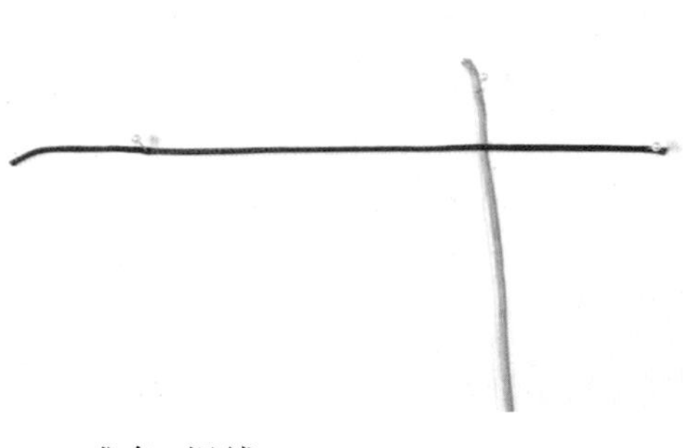

1 准备2根线。

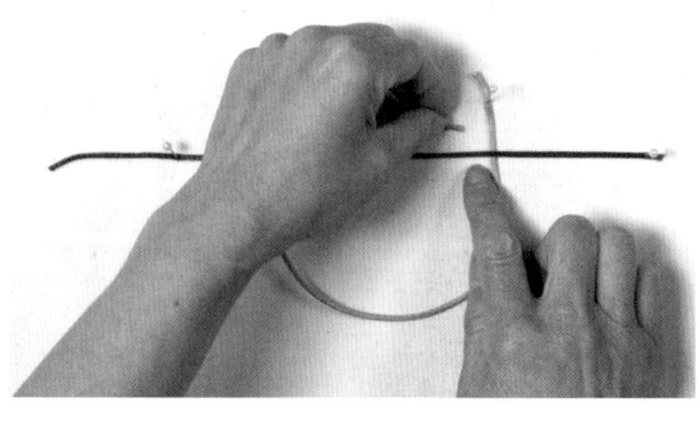

2 以红线为中心线，黄线在中心线上向左侧绕1个圈。

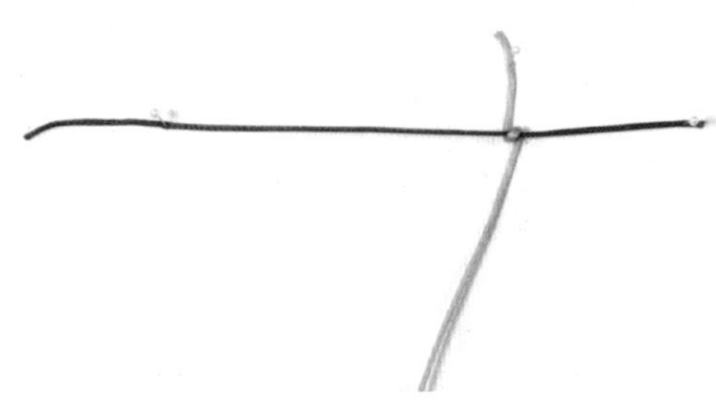

3 拉紧线。

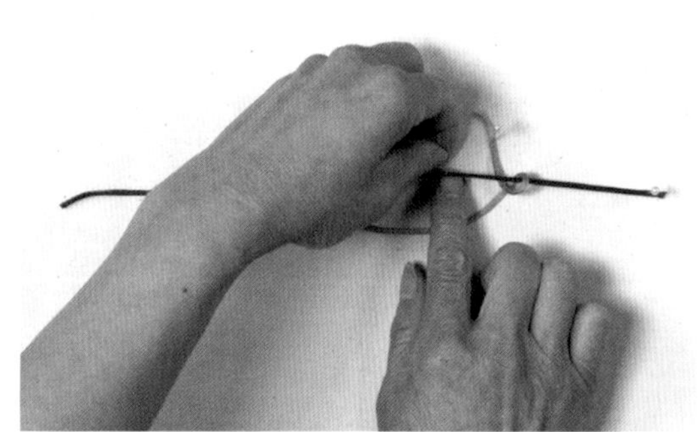

4 黄线在中心线的上面再向左侧绕1个圈。

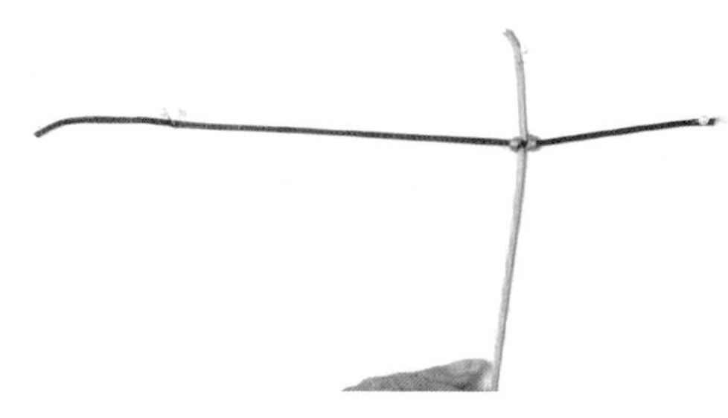

5 再次拉紧两端，完成1个斜卷结。

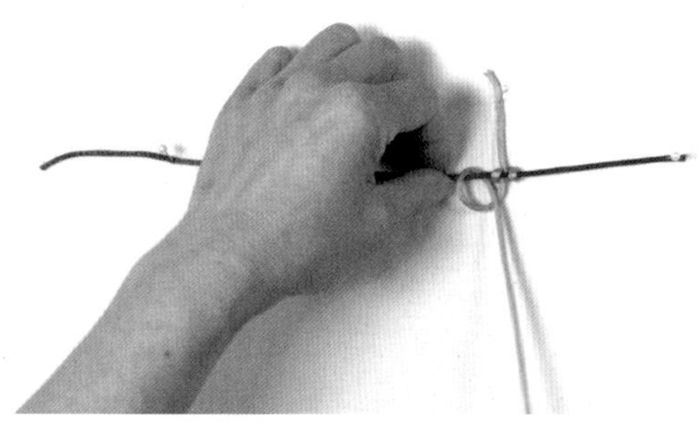

6 黄线如图向左侧绕1个圈。

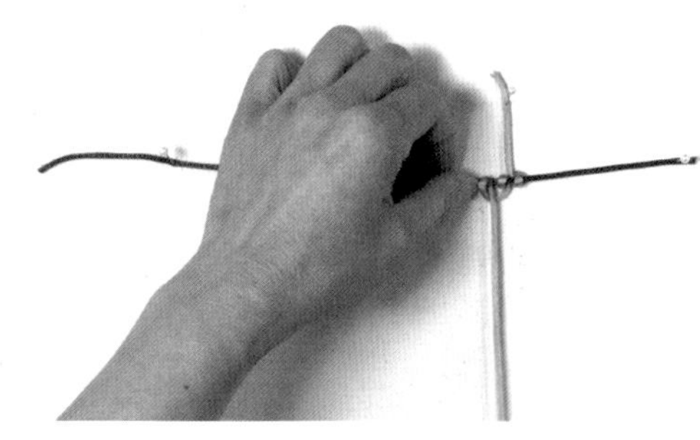

7 拉紧。

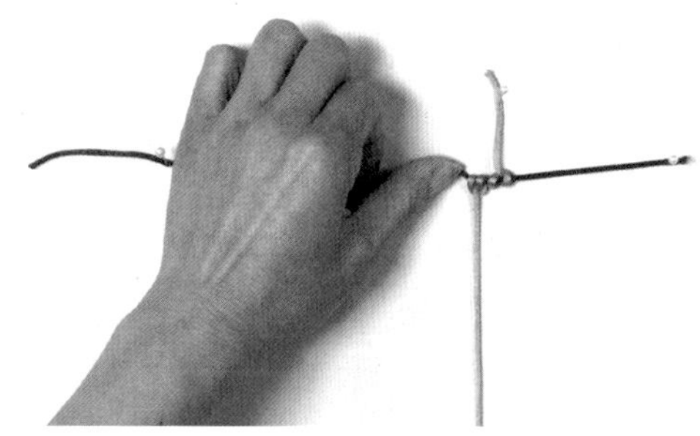

8 黄线再次向左侧绕1个圈。

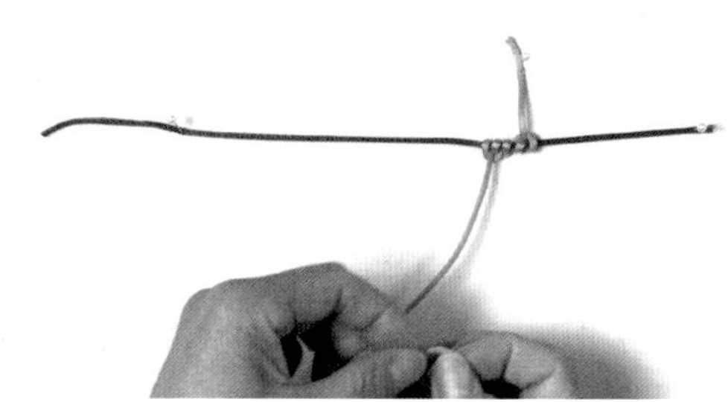

9 重复这样的操作。

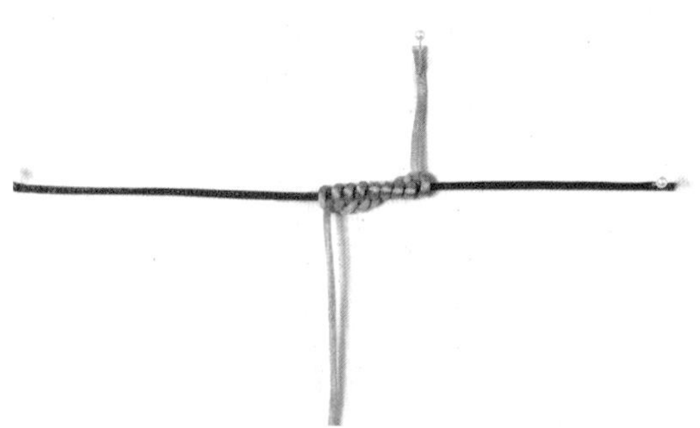

10 完成左斜卷结。

49

右斜卷结

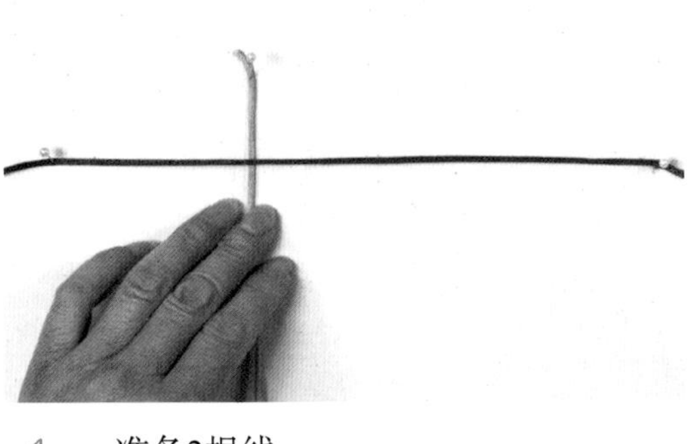

1 准备2根线。

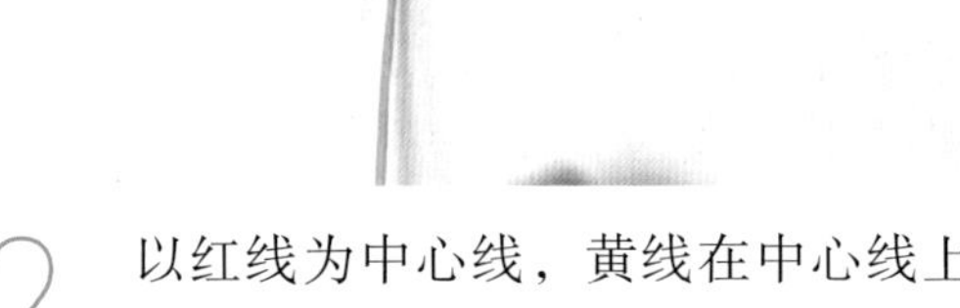

2 以红线为中心线，黄线在中心线上向右侧绕1个圈。

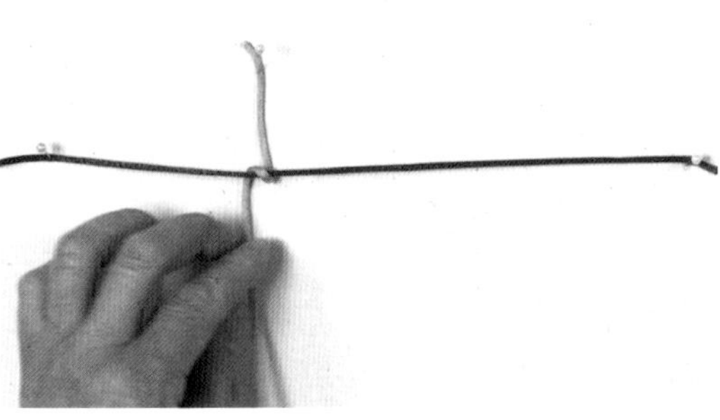

3 拉紧线。

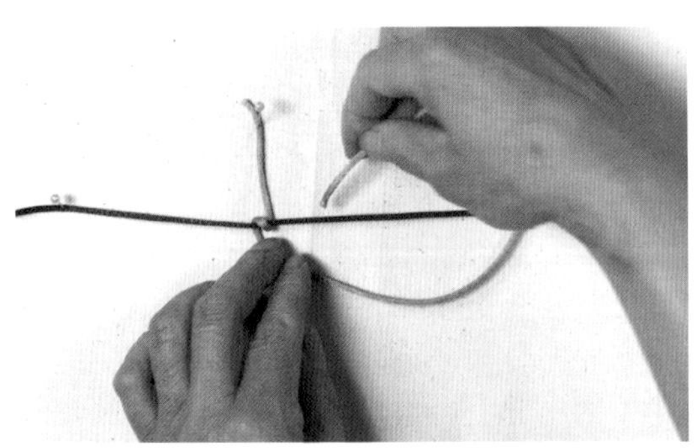

4 黄线在中心线上再向右侧绕1个圈。

5 拉紧线端。

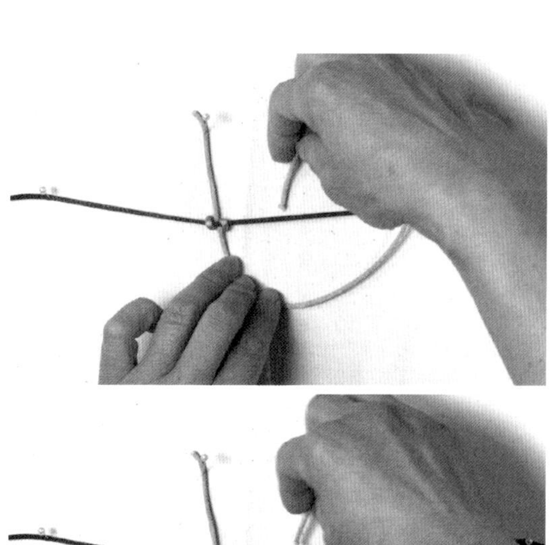

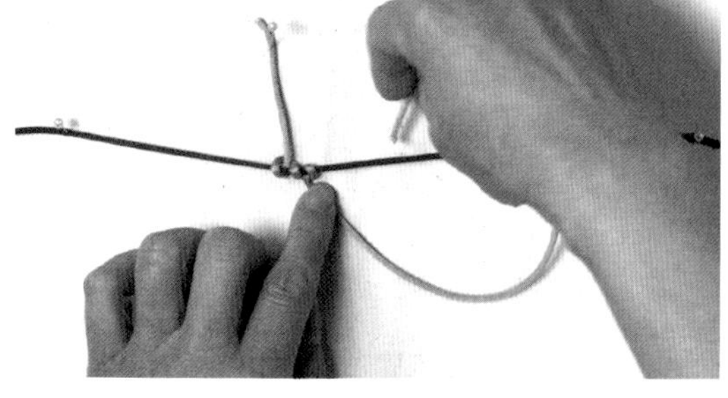

6-7 重复上述步骤。

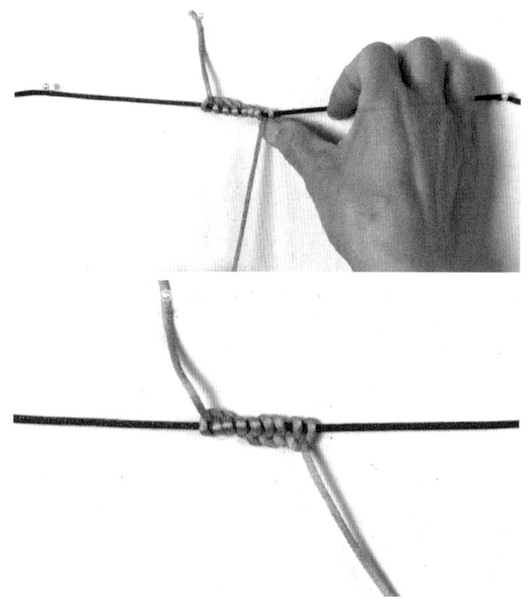

8-9 完成右斜卷结。

50

连续编斜卷结

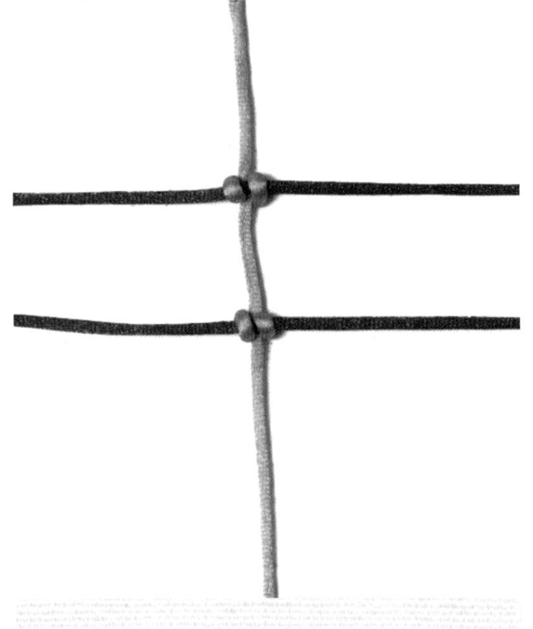

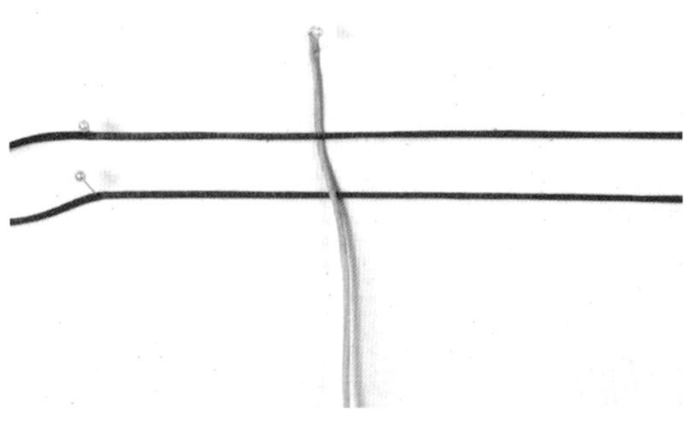

1 准备2根红线，先使用第1根红线。

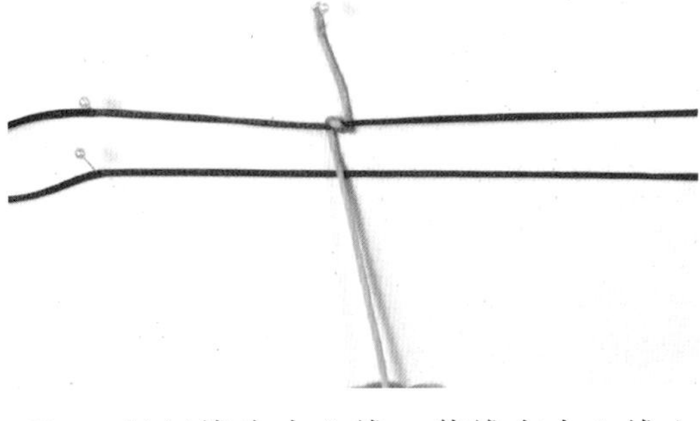

2 以红线为中心线，黄线在中心线上向左侧绕1个圈。

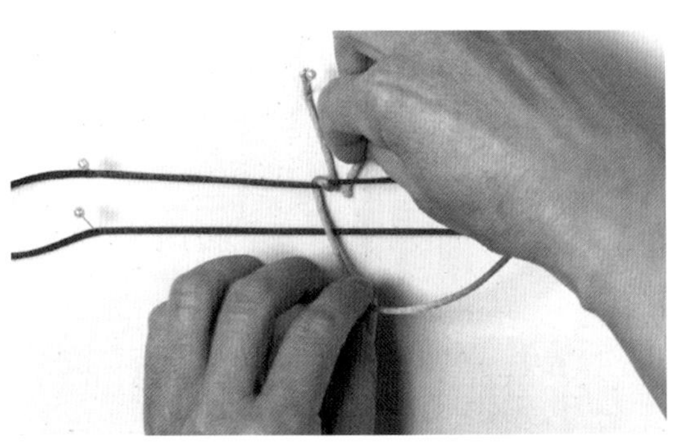

3 用黄线在之前形成的圈的右边再绕1个圈。

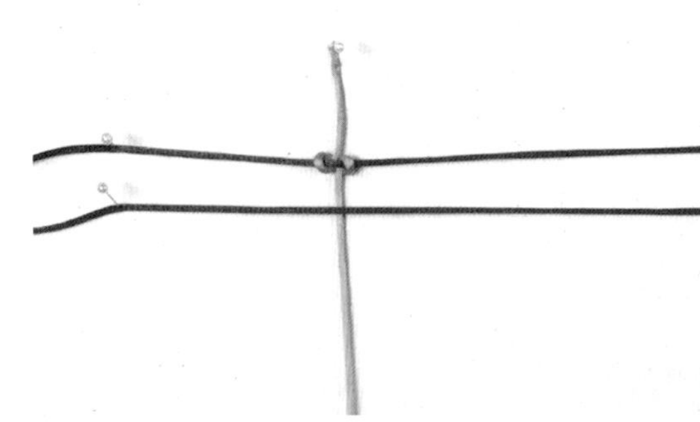

4 拉紧黄色线的两端，形成一个斜卷结。

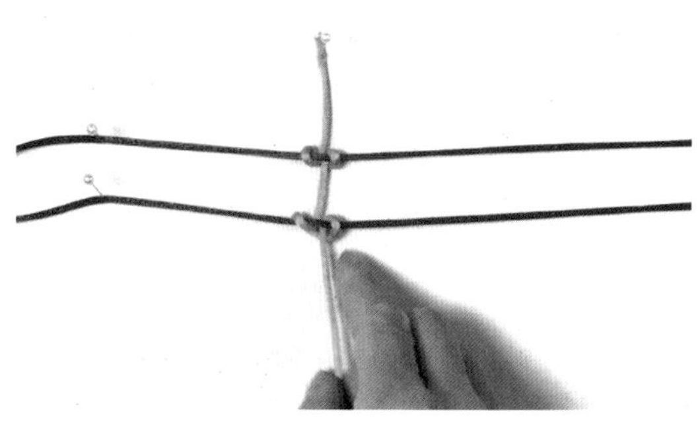

5 将黄线放在第2根红线下方。

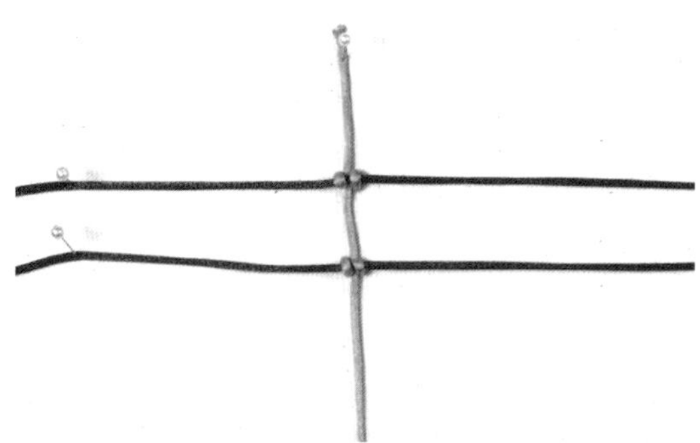

6 黄线以第2根红线为中心线，按照之前的步骤再编1个斜卷结。

拉紧黄线，调整好结体，重复上述步骤，完成连续编斜卷结。

7

51

复翼一字盘长结

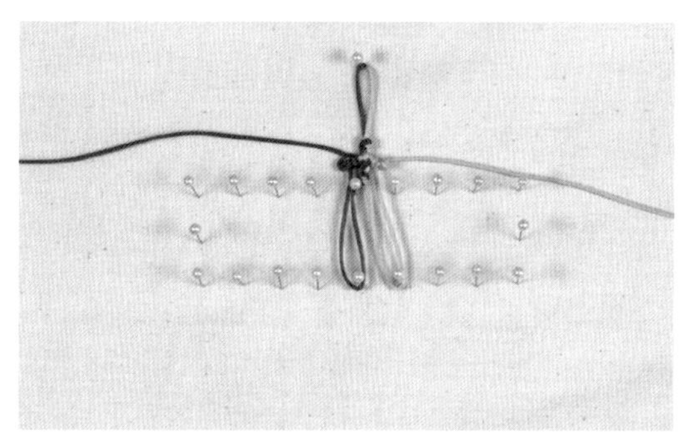

1 用20根珠针插成“一”字形。先打双联结、酢浆草结、双联结作为开头。两边分别打一个双环结，把双环结下面的耳翼拉出挂在珠针上面。

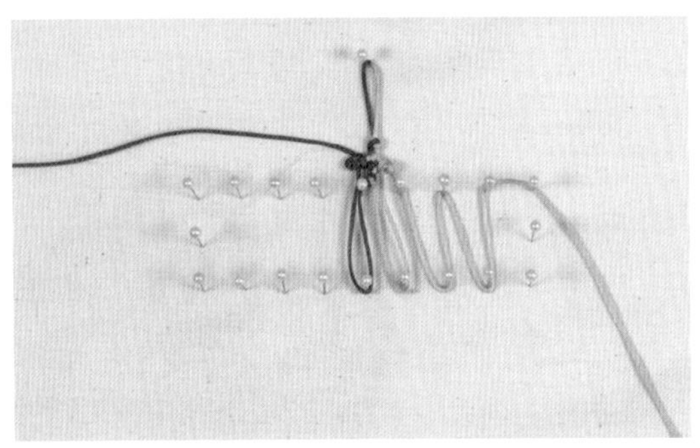

2 黄线走4条竖线，红线照此也走4条竖线。

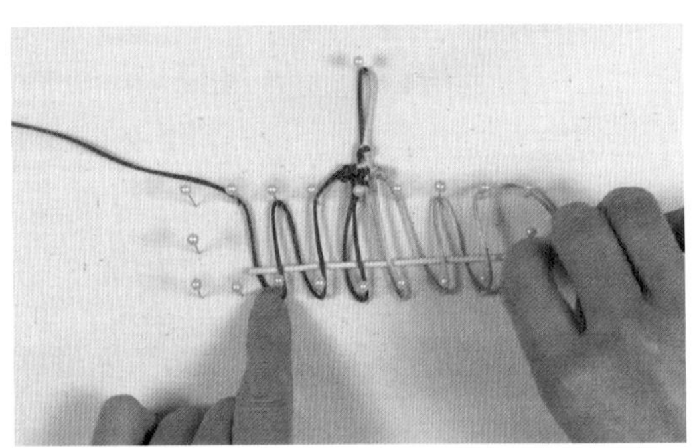

3 黄线绕出右侧第1个耳翼，连续做挑、压。

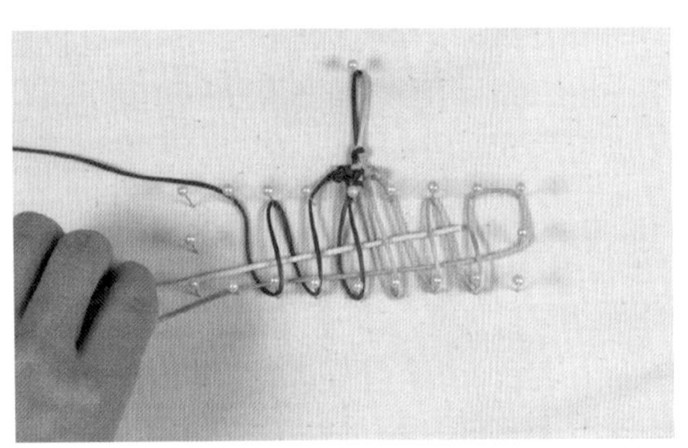

4 走2行长的横线。

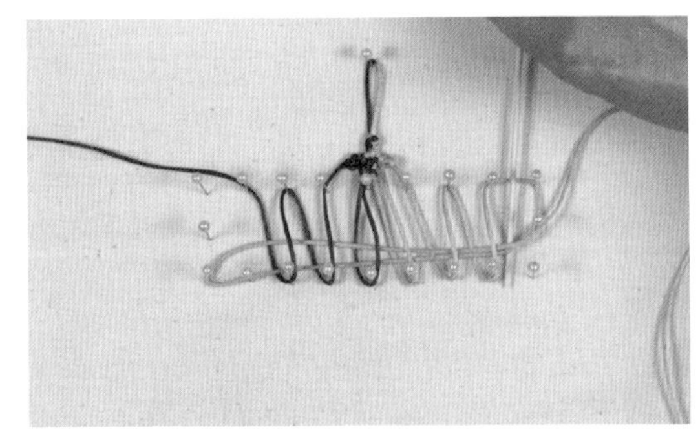

5 黄线从2条黄横线下穿过，同时绕出右侧第2个耳翼。

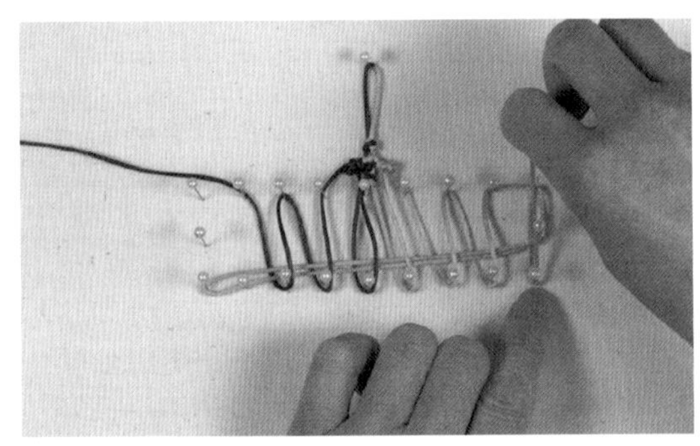

6 黄线向上绕线。

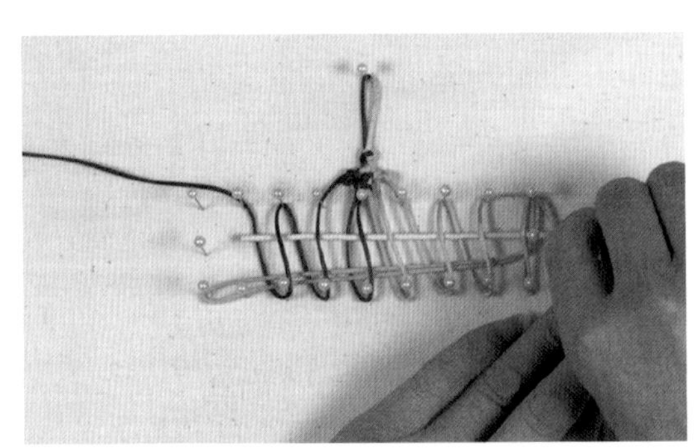

7 黄线连续做挑、压。

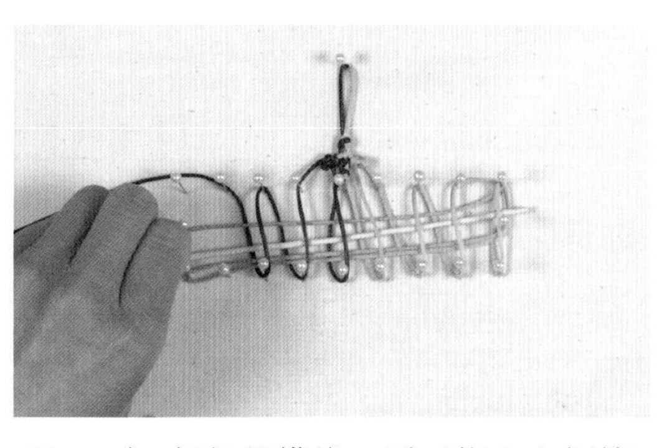

8 走2行长的横线，同时绕出右侧第3个耳翼。

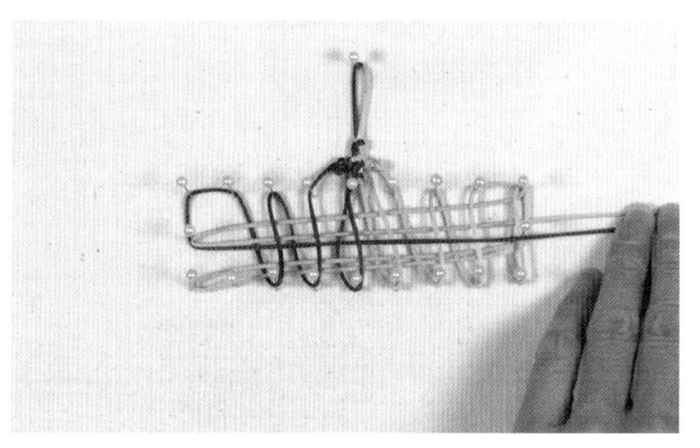

9 红线绕出左侧第1个耳翼。

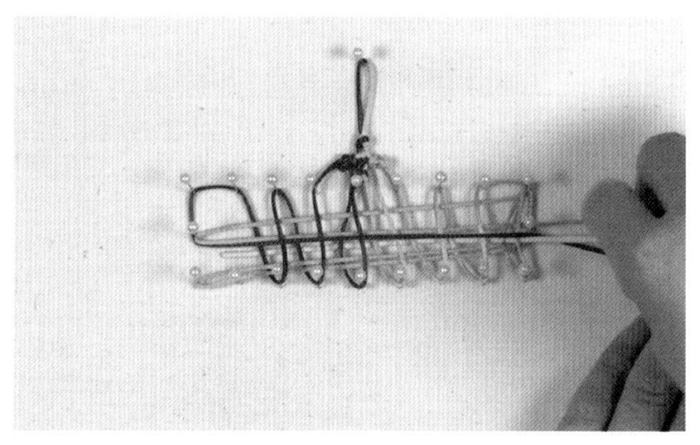

10 红线从右向左，从所有竖线下穿过，走2行长的横线。

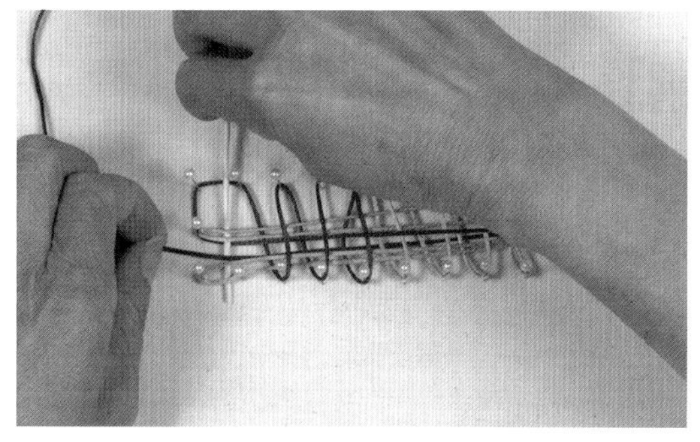

11 红线压第1条红线（其余挑线）。

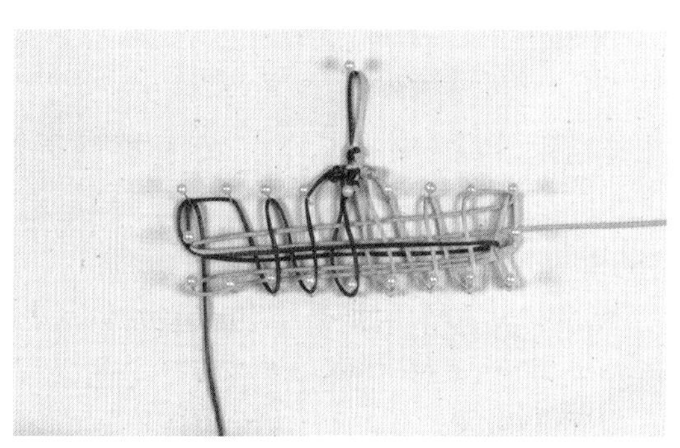

12 同时绕出左侧第2个耳翼。

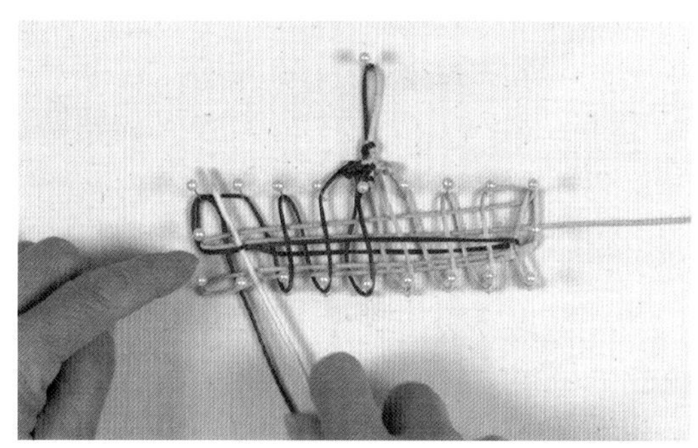

13 红线挑第2条红线（其余压线）穿出。

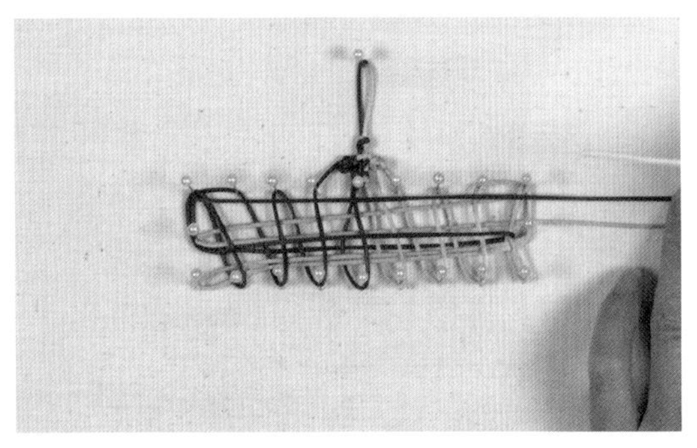

14 红线从右向左。

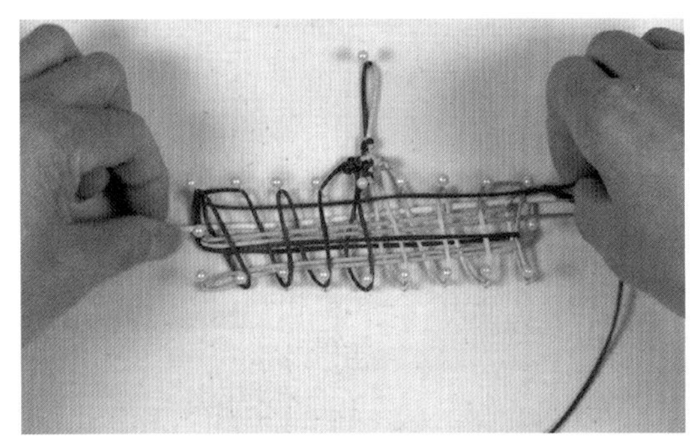

15 从所有竖线下穿过，如图走2行长的横线，绕出左侧第3个耳翼。

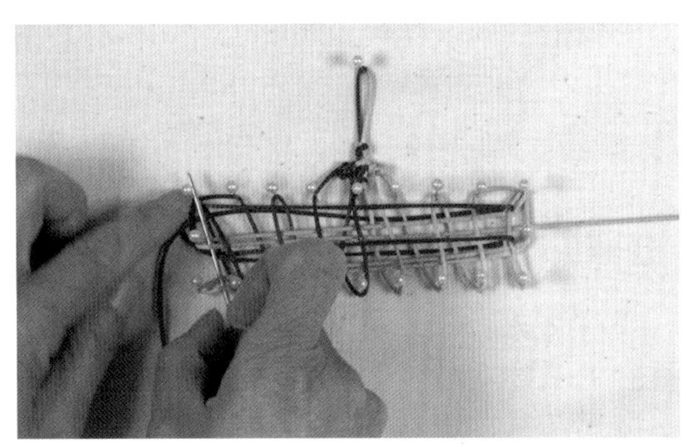

16 红线从下向上，挑第2、4条黄线（其余压线）。

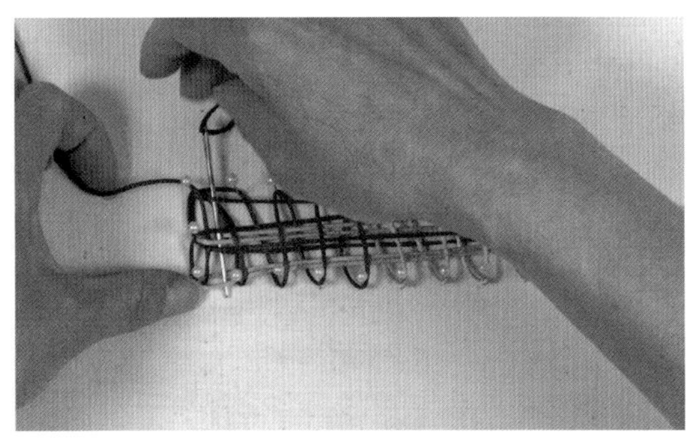

17 红线从上向下，压第1、3条黄线（其余挑线）。

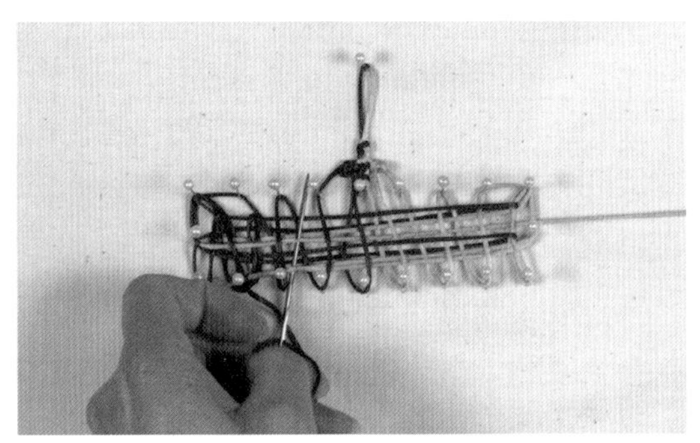

18 红线重复操作，走6条竖线。

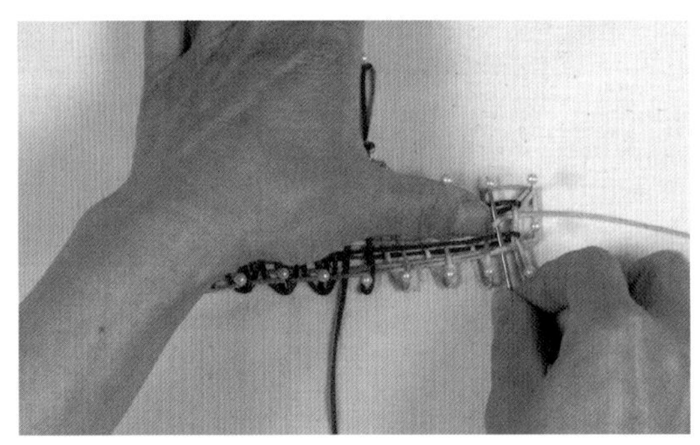

19 黄线从下向上，挑第2、4条黄线（其余压线）。

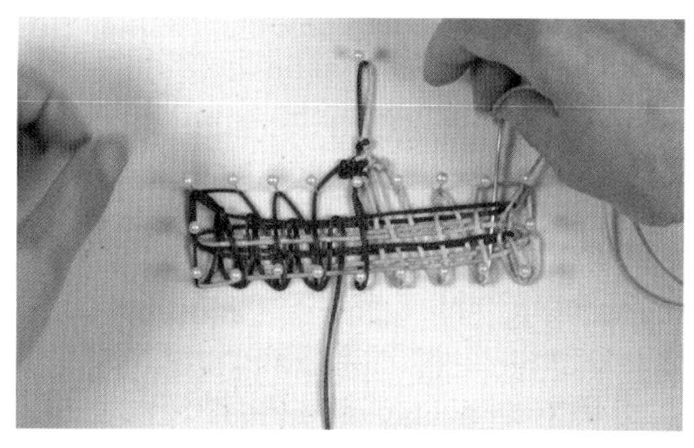

20 黄线从上向下，压第1、3条黄线（其余挑线）。

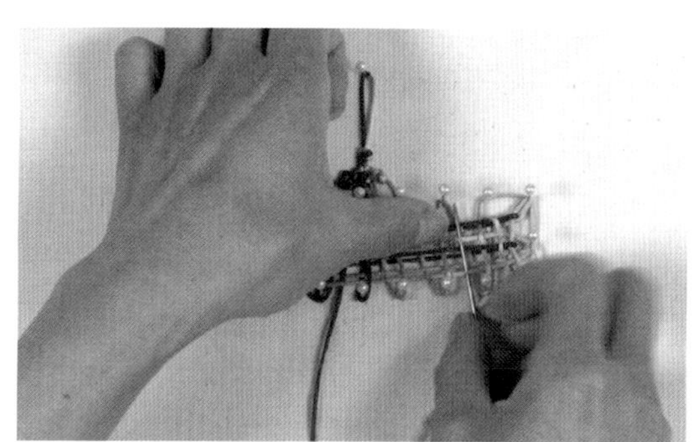

21 黄线重复操作。

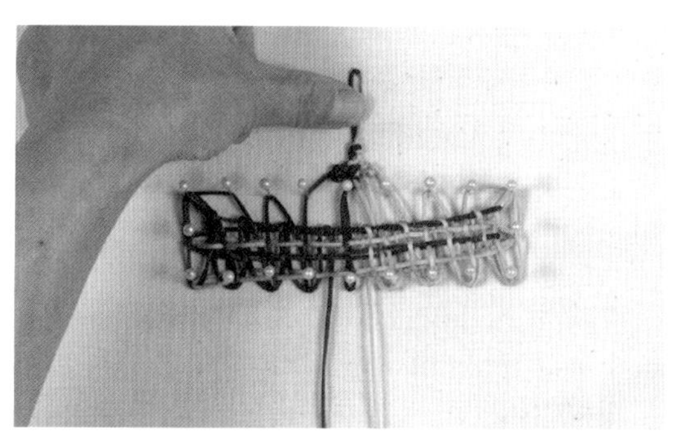

22 走6行竖线。

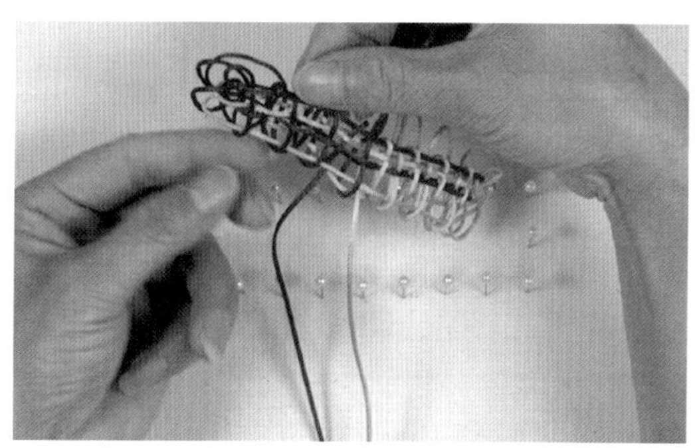

23 取下结体，调整成形。

24 完成复翼一字盘长结。

52 三回盘长结

盘长结——相依相随，长长久久

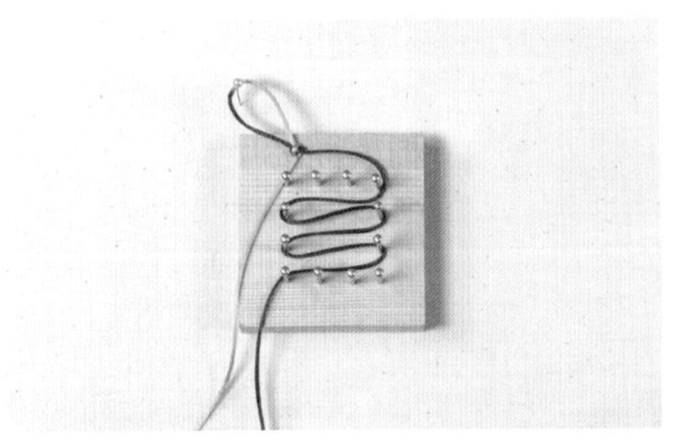

1 将十耳钉板放好。打1个双联结，红线绕6行横线。

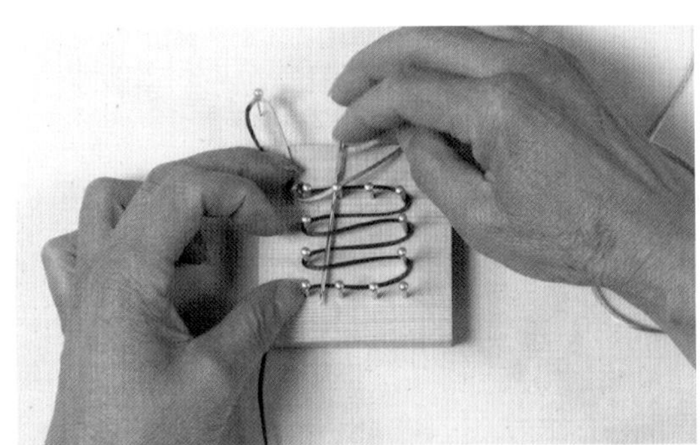

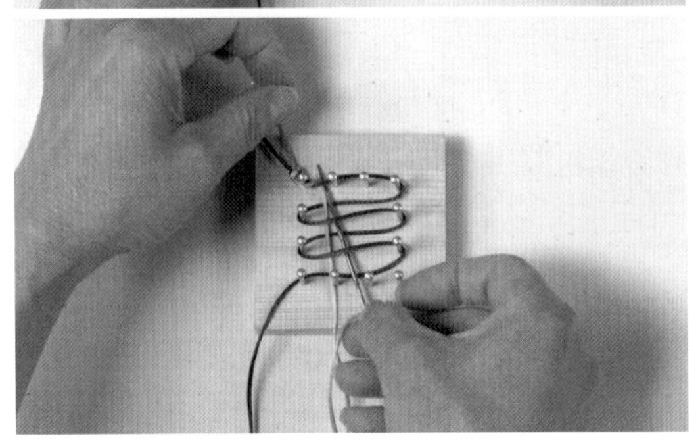

2-3 黄线从上向下挑第1、3、5行红横线，走2条竖线。

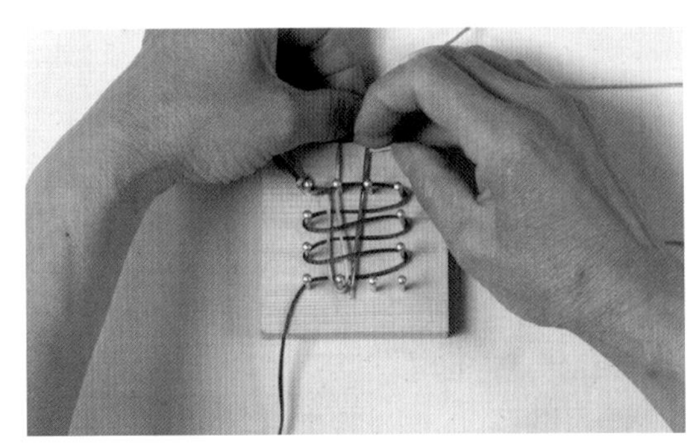

4 黄线仿照上面的步骤再做2次。

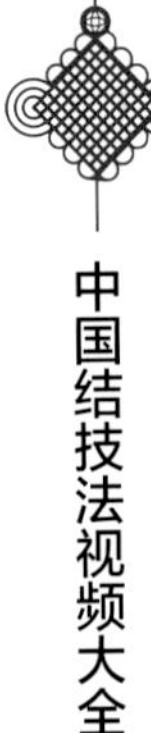

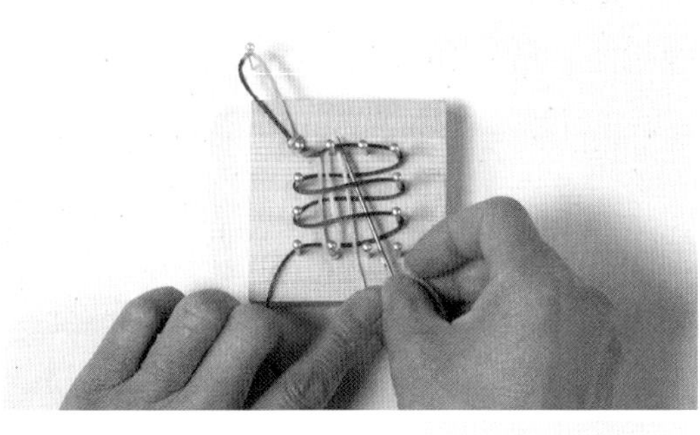

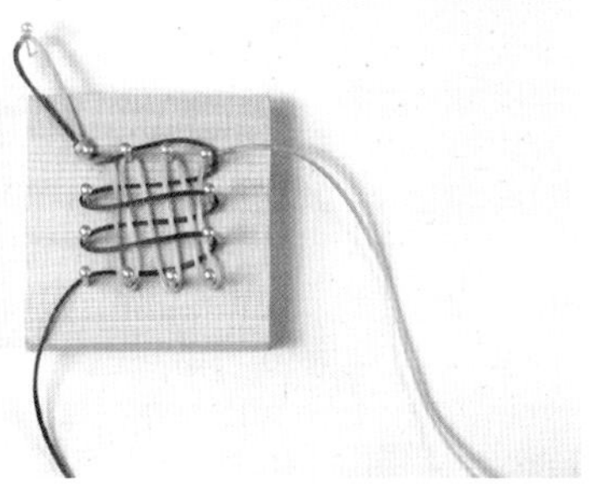

5-6 走完6条竖线后，黄线向上。

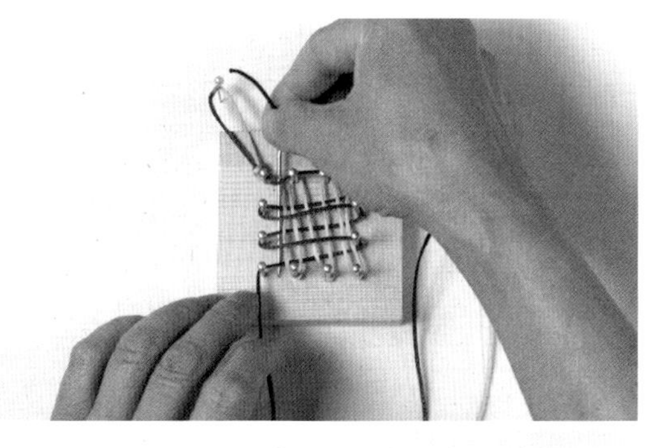

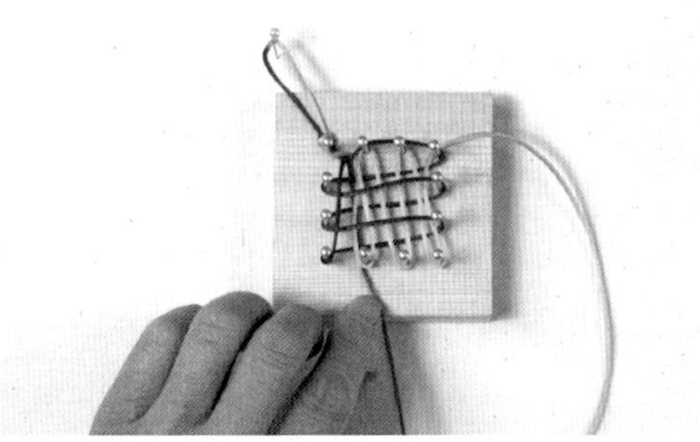

7-8 红线由上至下从所有横线下面穿过。

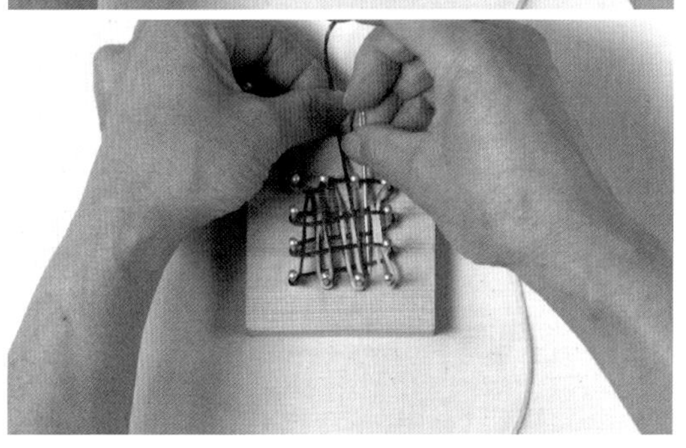

9-10 红线仿照之前步骤，再做2次。最后红线向下。

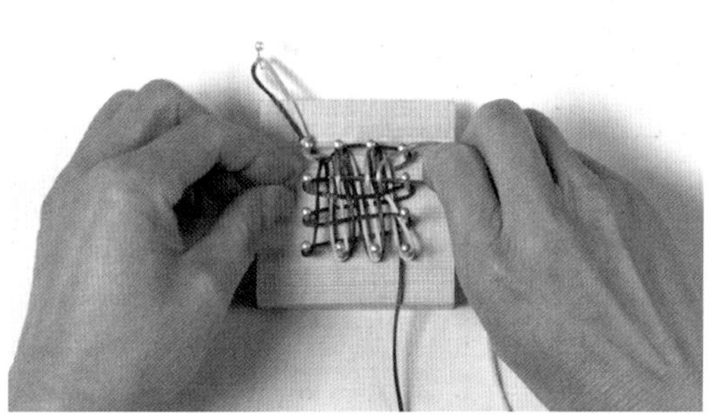

11 黄线由右向左挑第2、4、6列黄竖线（其余压线）穿出。

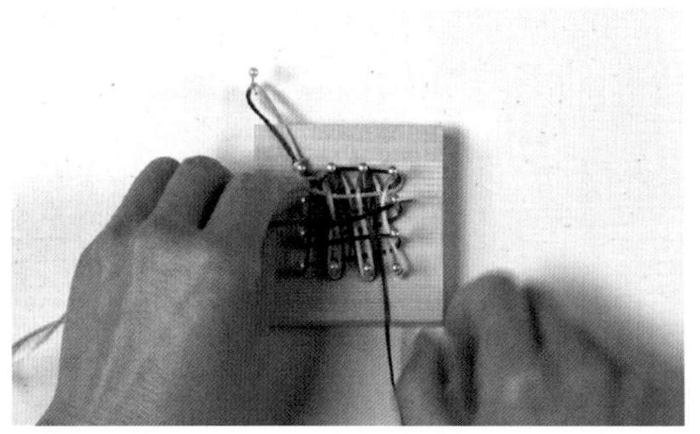

12 黄线由左向右压第1、3、5列黄竖线（其余挑线）穿出。

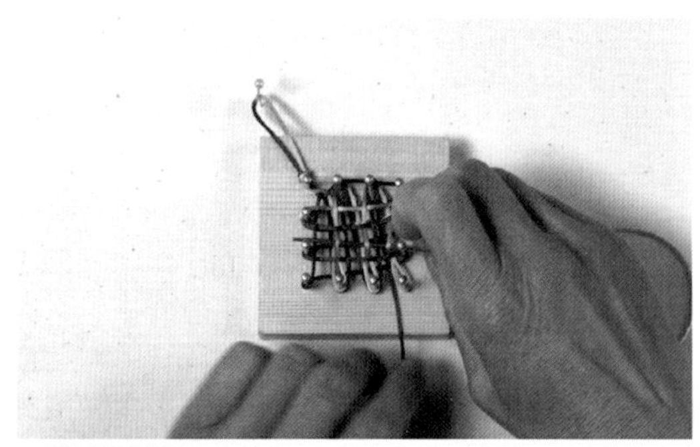

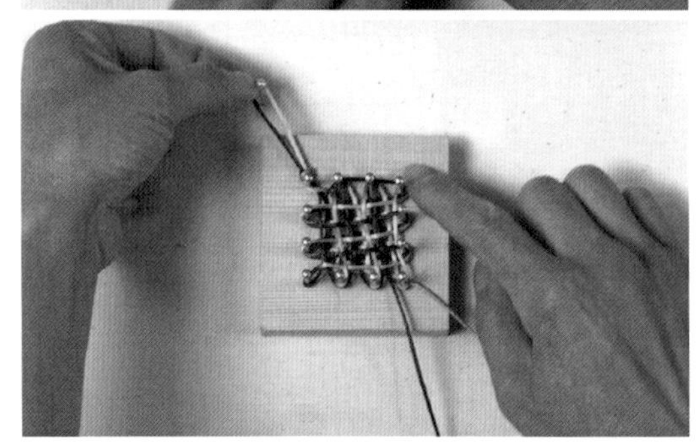

13-14 黄线仿照之前的步骤再做2次。

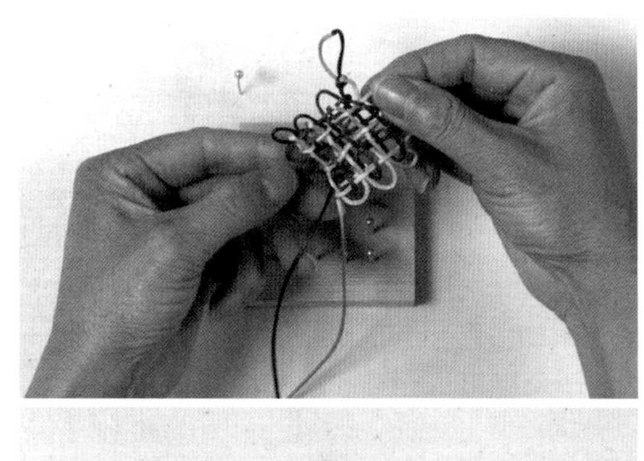

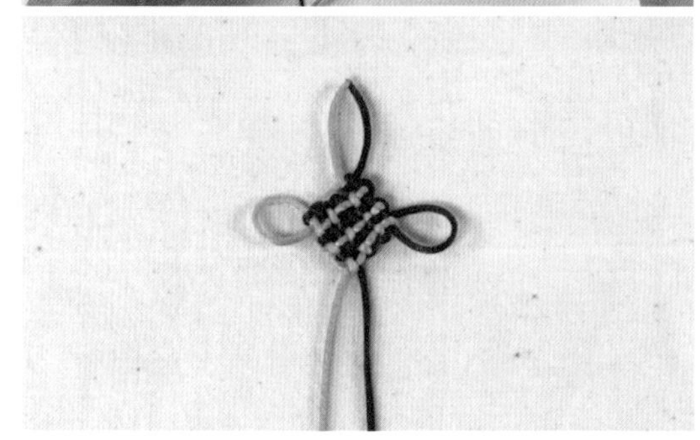

15-16 取下结体，整理成形。

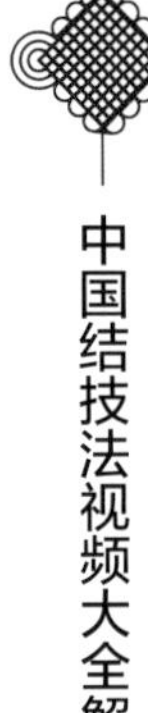

53

蝴蝶盘长结

盘长结——相依相随，长长久久

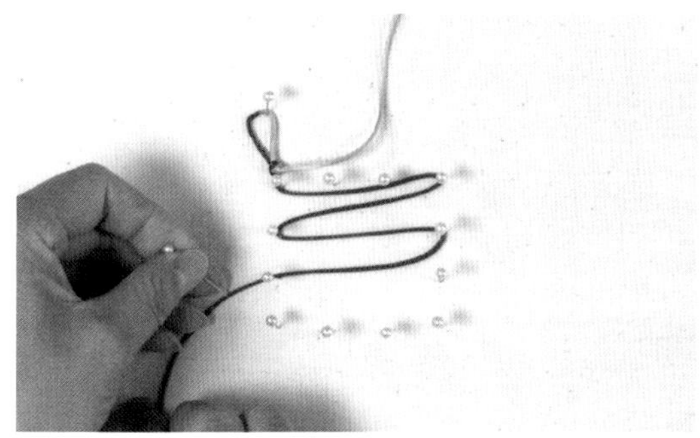

1 用12个珠针插成1个正方形。先用红线绕出4行横线。

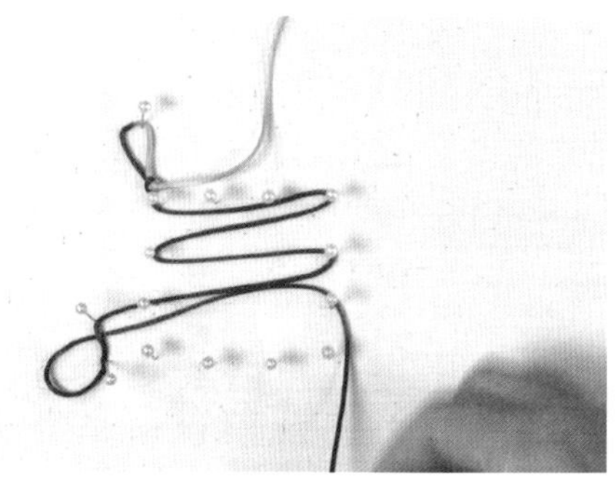

2 在左下角位置做1个小圈。

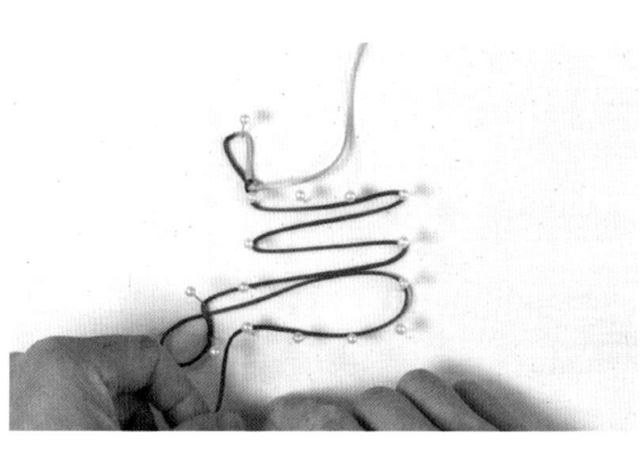

3 红线再走2行。

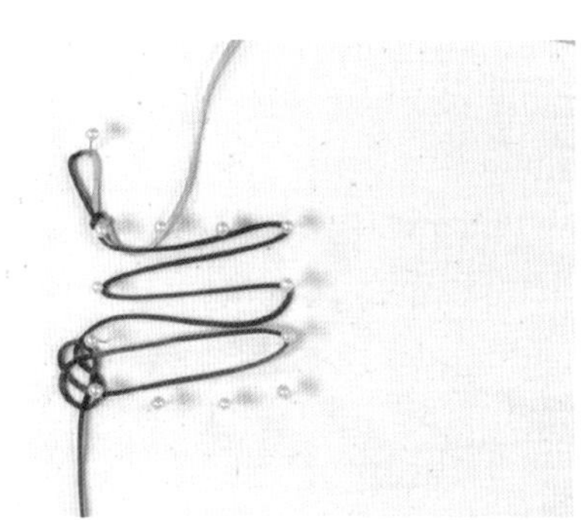

4 用红线在左下角做1个双钱结。

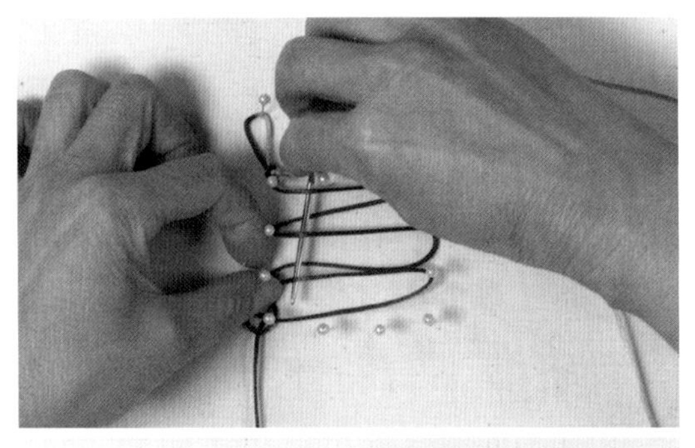

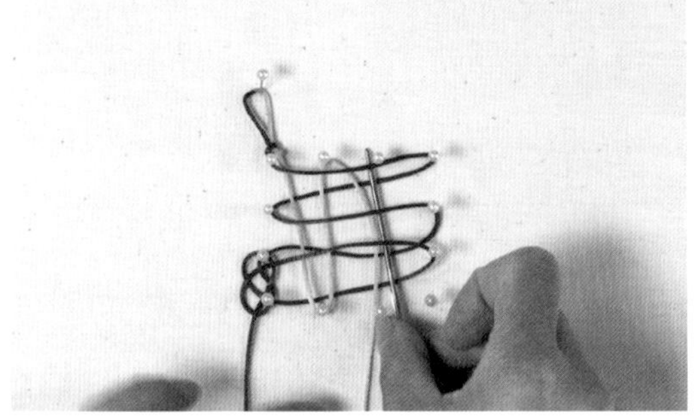

5-6 黄线挑第1、3、5行红线，走4条竖线。

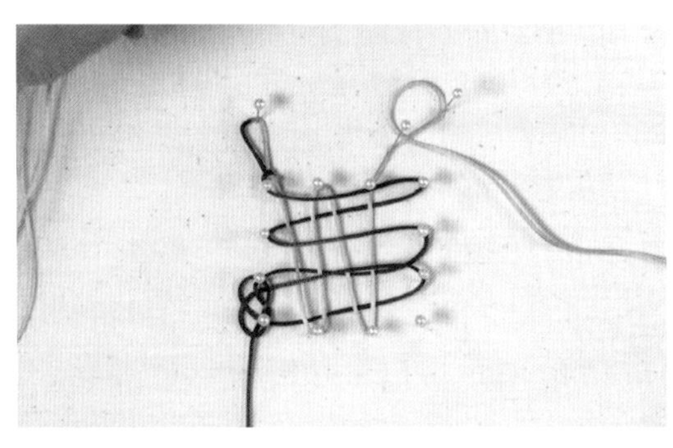

7 在右上角位置做1个小圈。

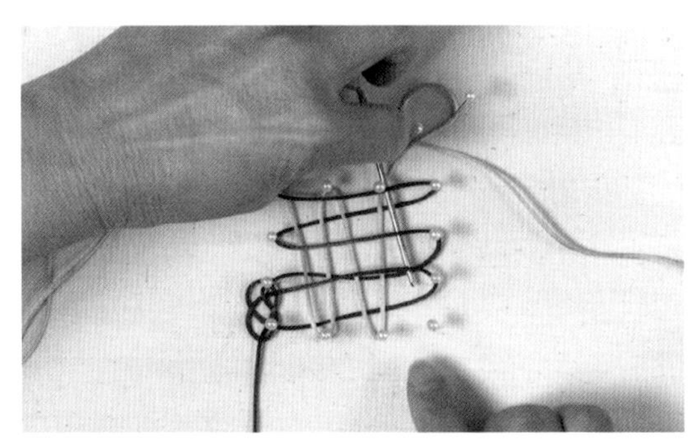

8 黄线再走2条。

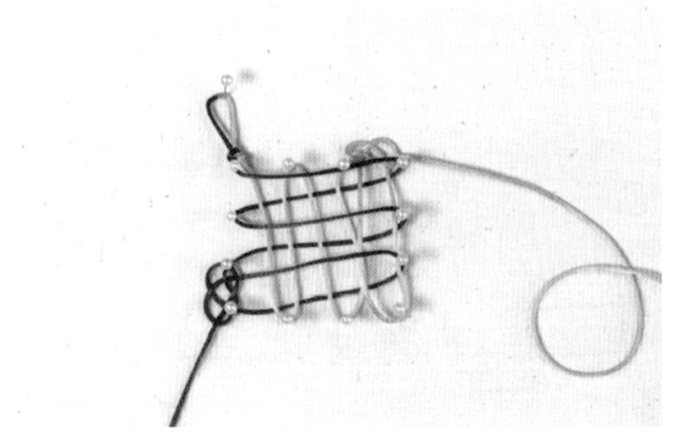

9 用黄线在右上角做1个双钱结。

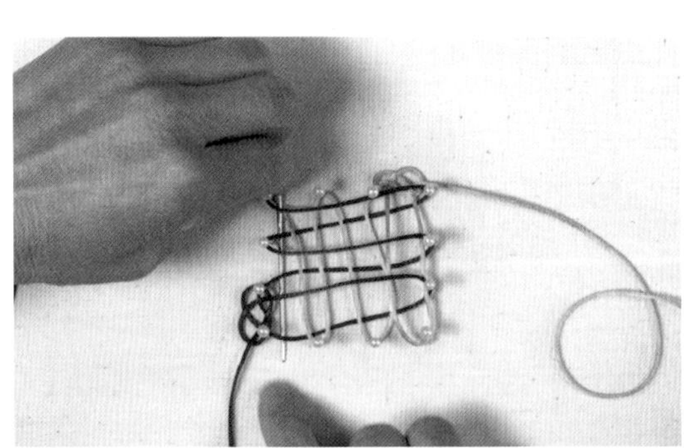

10 红线从上向下从所有横线下穿过。

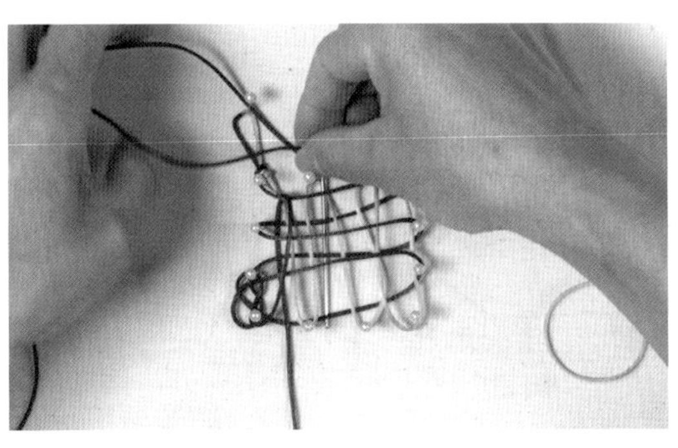

11 再重复2次。

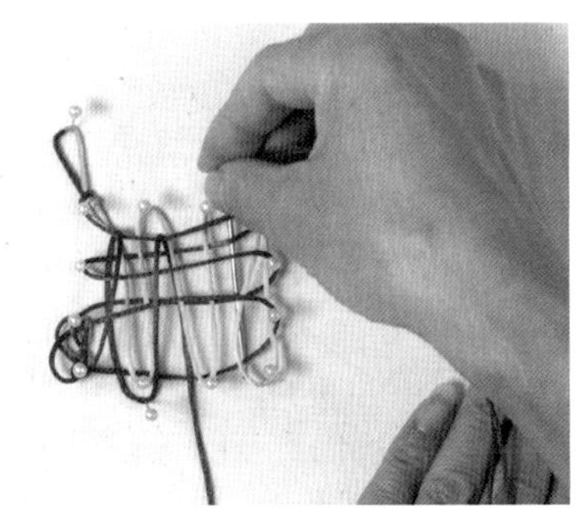

12 红线一共走6条竖线。

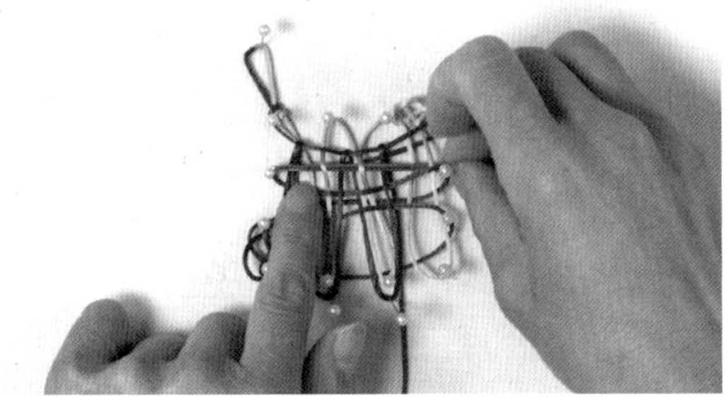

13 黄线从右向左挑第2、4、6条黄竖线（其余压线）。

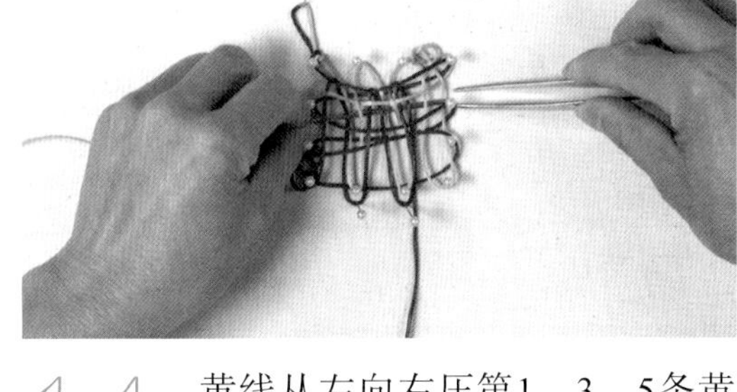

14 黄线从左向右压第1、3、5条黄竖线（其余挑线）。

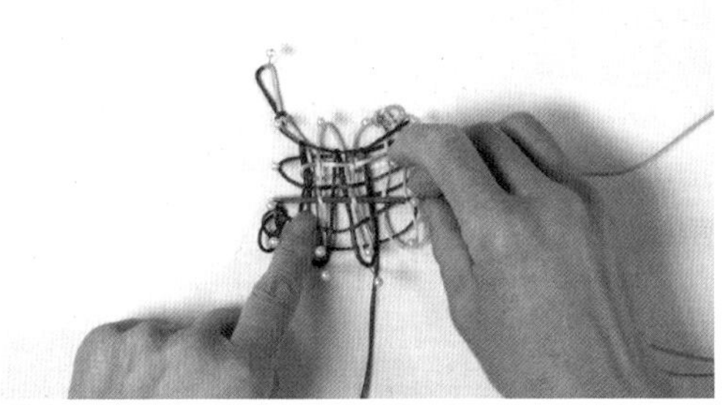

15 重复上面两步。

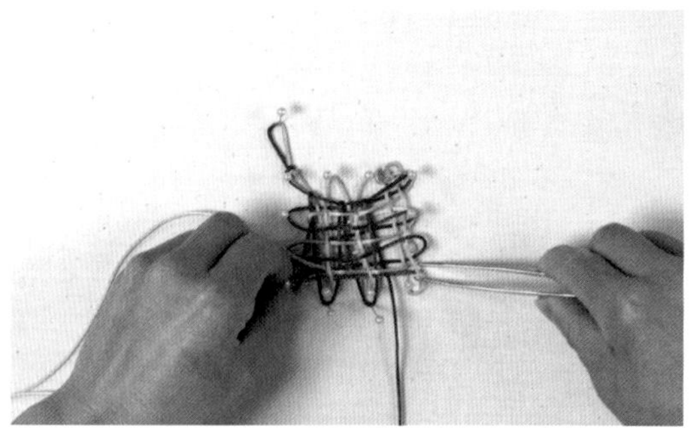

16 一共走6行黄的横线。

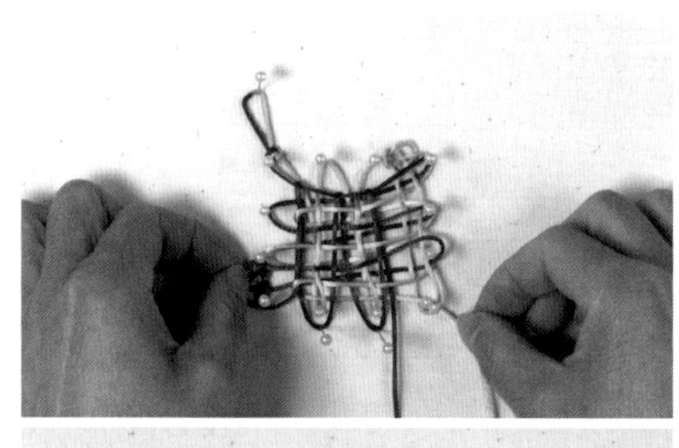

17-18 从珠针上取下结体，确定并拉出耳翼，调整好结体，完成蝴蝶盘长结。

54

倒翼磬结

磬结——吉庆祥瑞，普天同庆

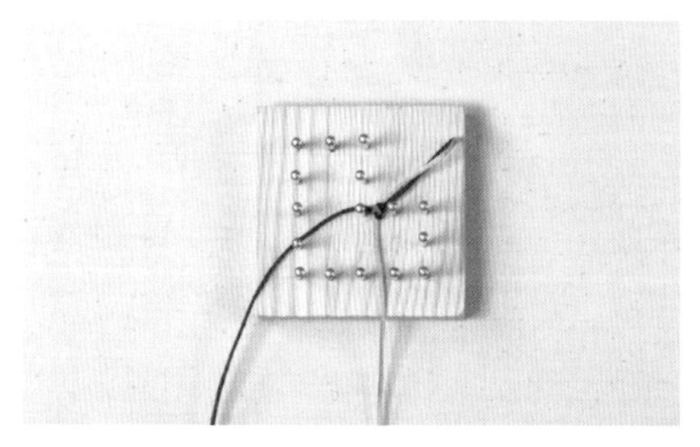

1 准备好心形钉板，先打一个双联结。

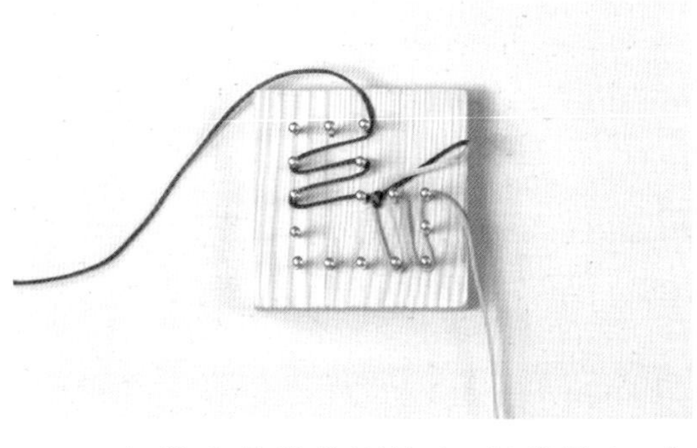

2 红线和黄线分别绕出4行横线和4条竖线。

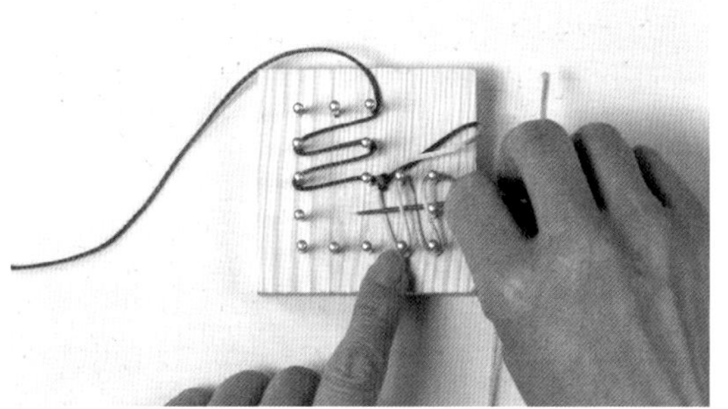

3 黄线挑第2、4条竖线。

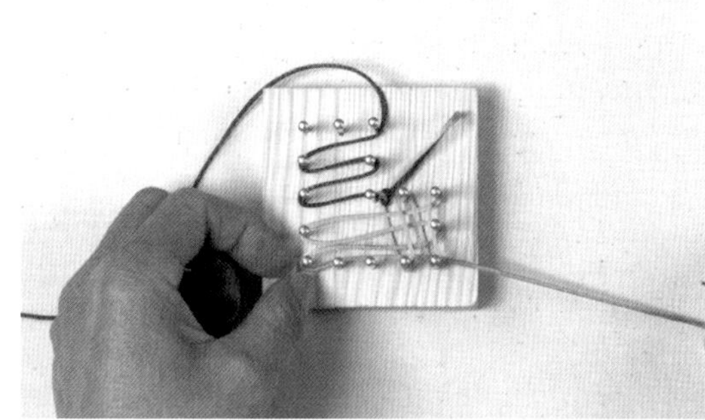

4 走4行横线。

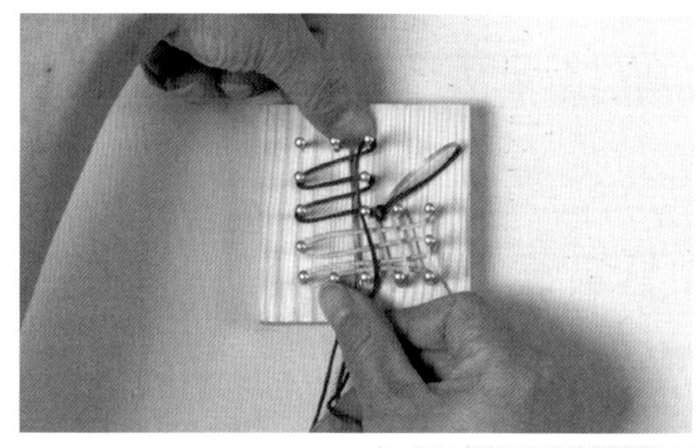

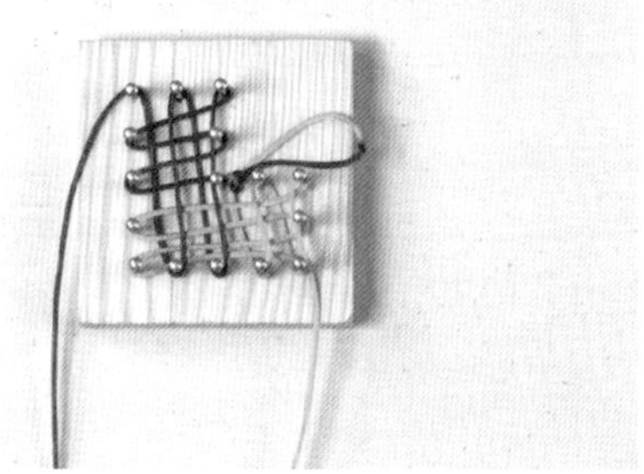

5-6 红线走4条竖线，包住所有的横线。

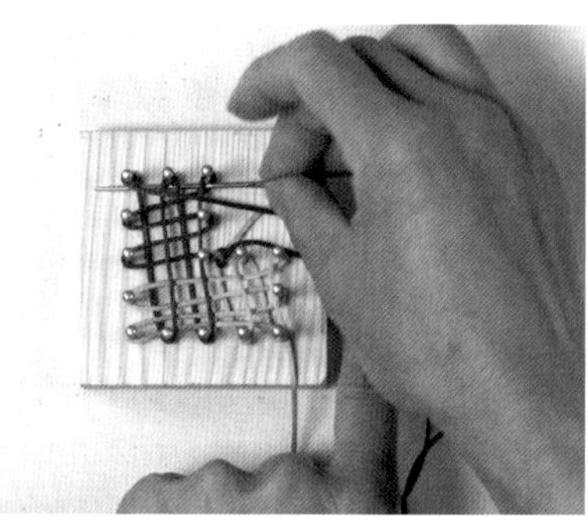

7 红线走8行横线。

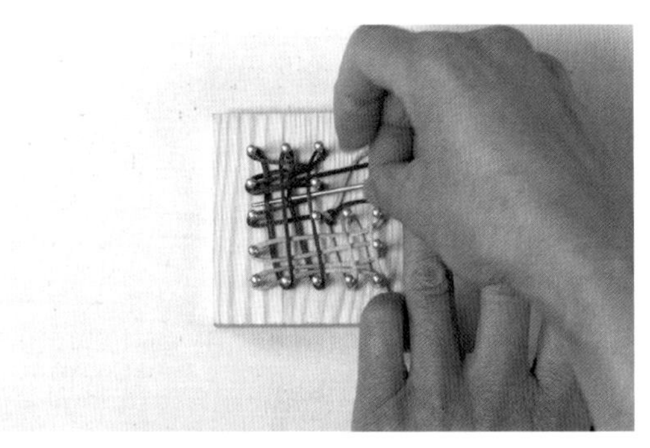

8 前4条包住所有红竖线。

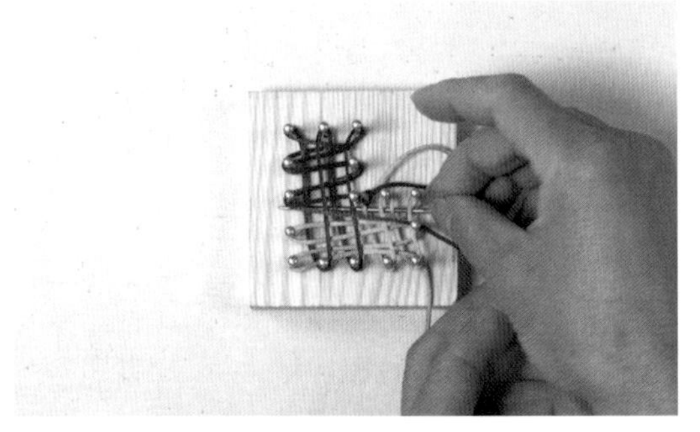

9 后4条包住所有竖线。

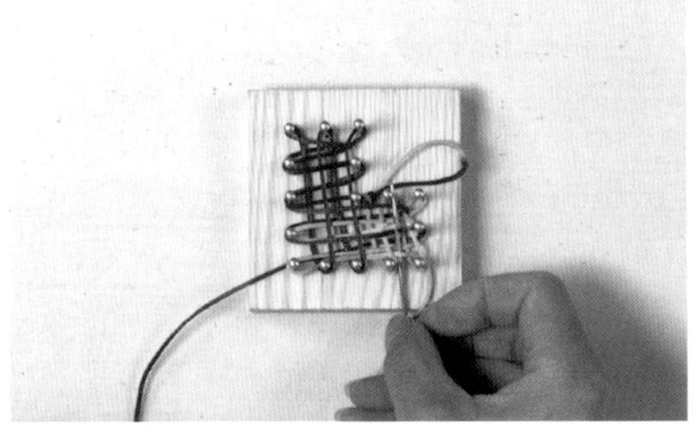

10 黄线从下向上挑第2、4条黄横线（其余压线）。

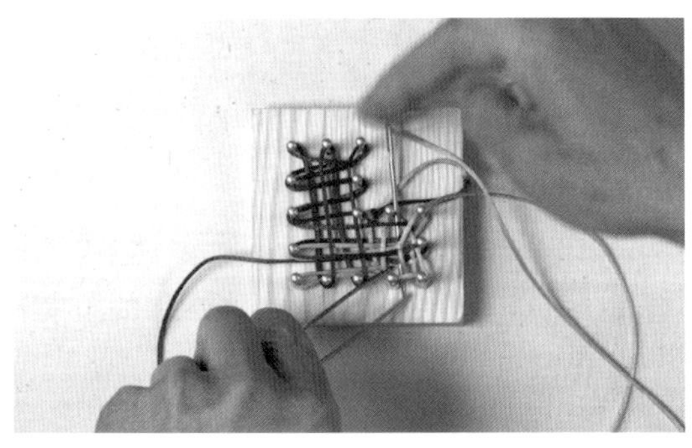

11 然后从上向下压第1、3条黄横线（其余挑线）。

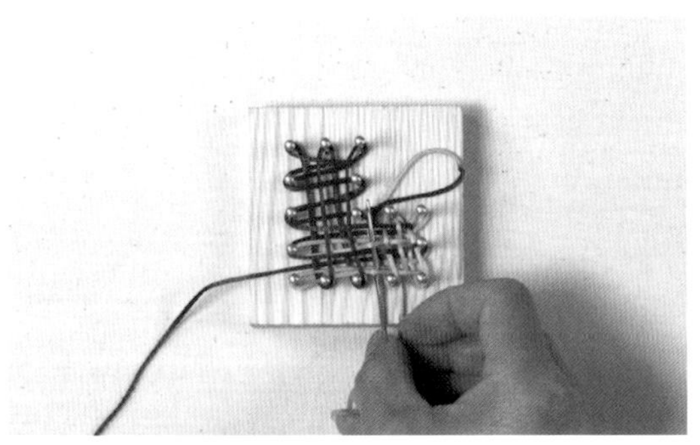

12 黄线再重复操作1次。

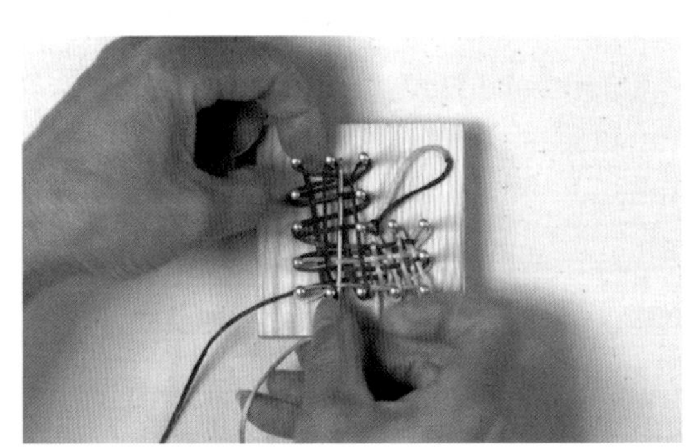

13 黄线挑第2、4、6、8条横线（其余压线）。

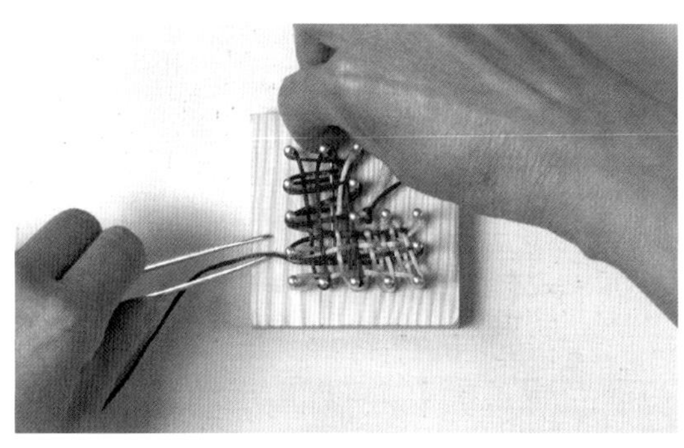

14 黄线压第1、3、5、7条横线（其余挑线）。

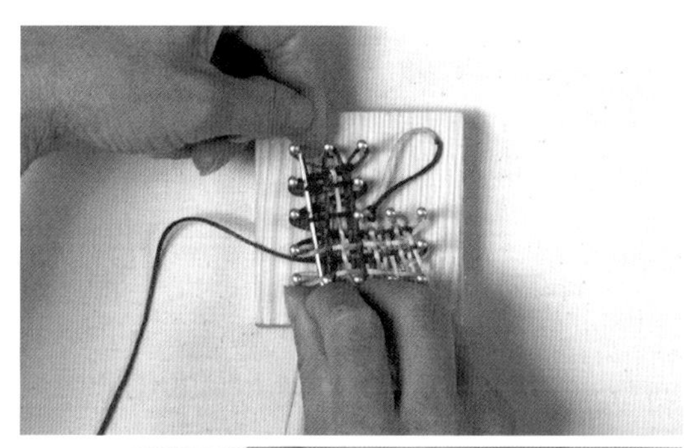

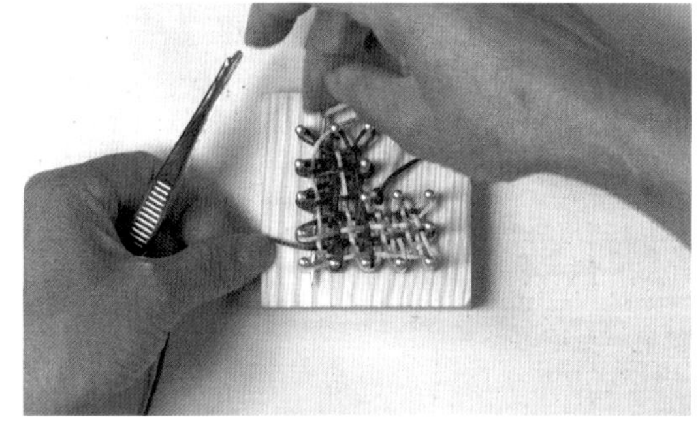

15-16 黄线重复上面的操作，再走2条竖线。

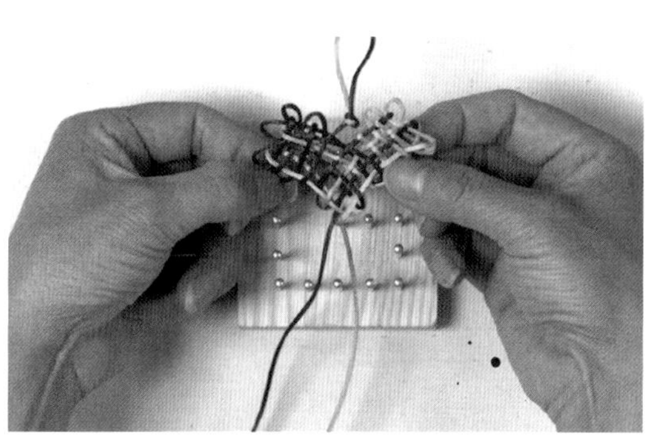

17 取下结体，将线收紧，调整成形。

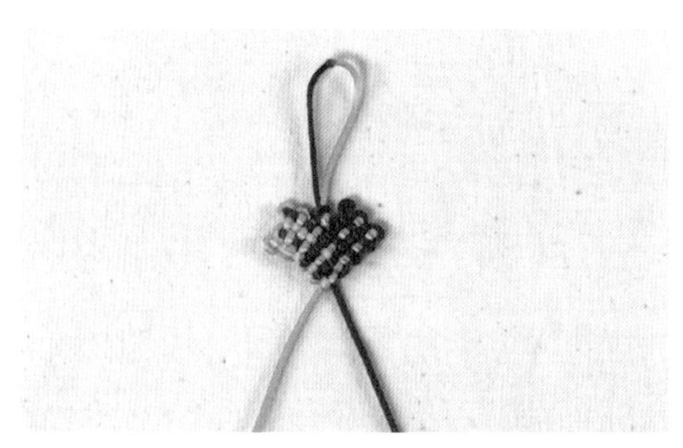

18 完成倒翼磬结。

55

藻井结

藻井结——方正平整，井然有序

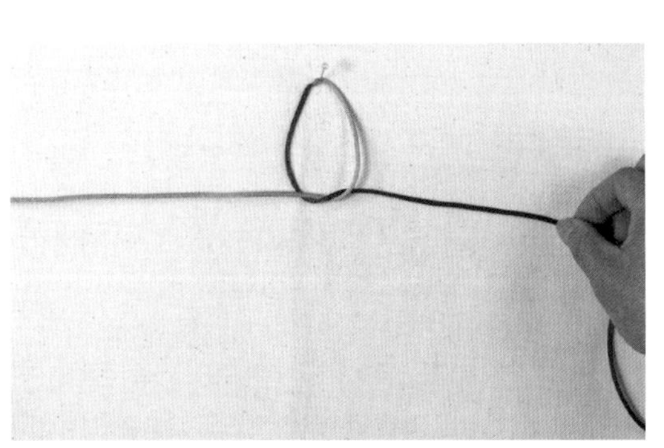

1　将线对折。打1个松松的结。

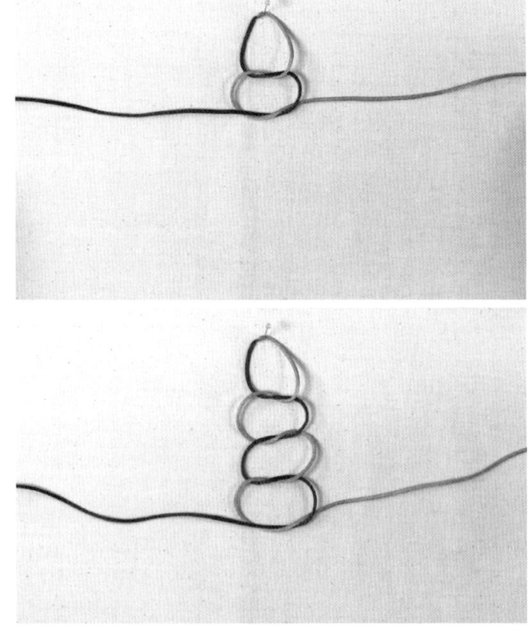

2-3　在下面再连续打3个结，一共打4个结。

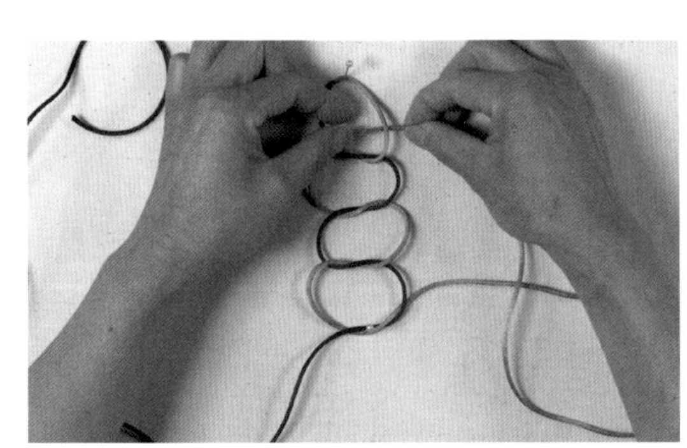

4　黄线向上穿过第1个圈。

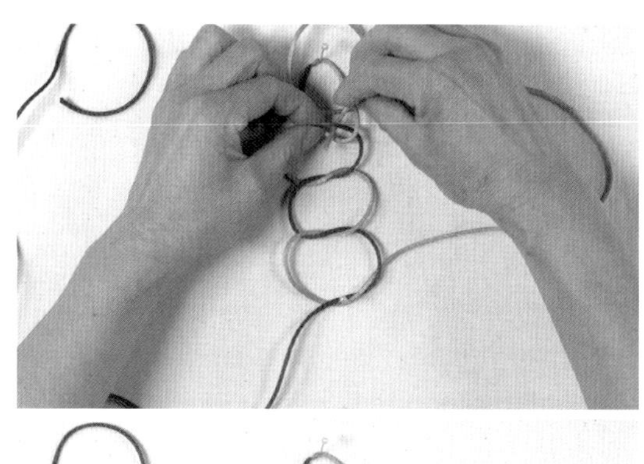

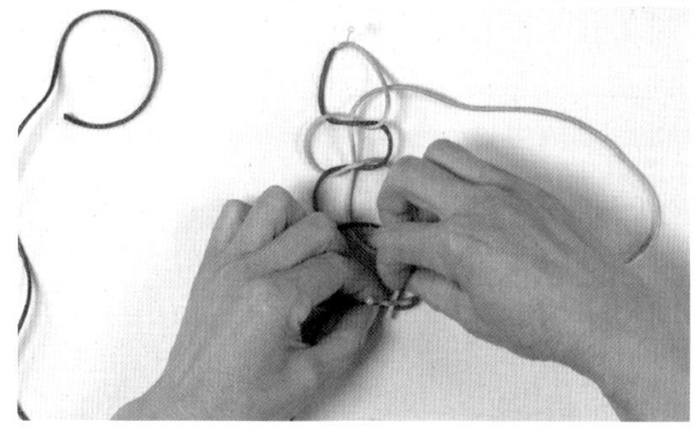

5-6 黄线再向下从4个结的中间穿过。

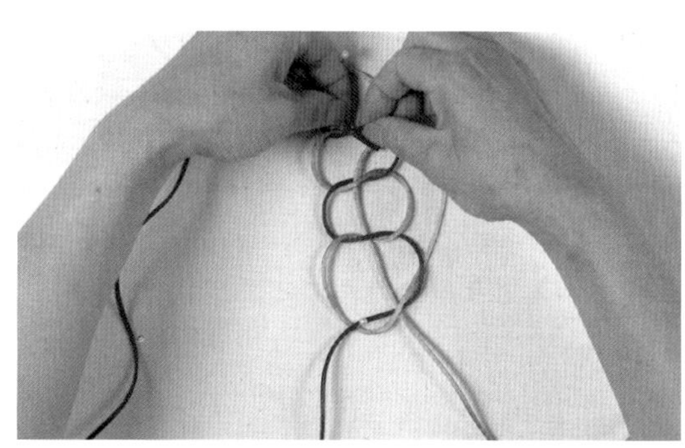

7 红线用同样的方法从4个结的中间穿过。

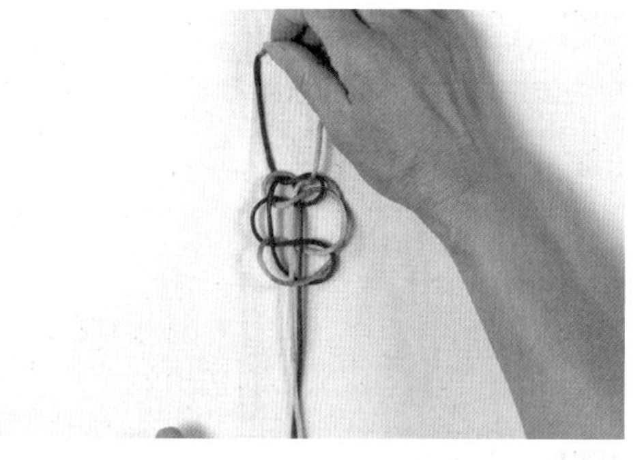

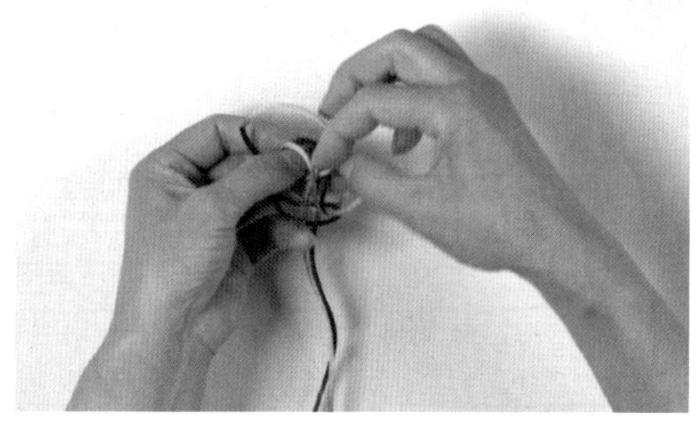

8-9 最下面的红圈往上翻，把上面的线收紧，最下面的线圈再向上翻。

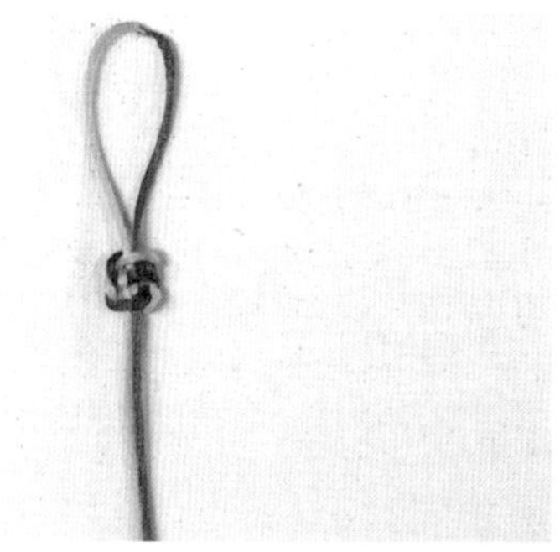

10 收紧结体，完成藻井结。

56

复翼盘长结

盘长结——相依相随，长长久久

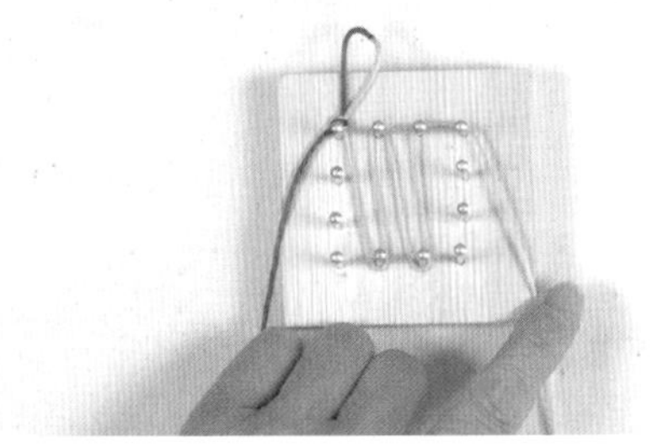

2 黄线在大头针上绕出4条竖线。

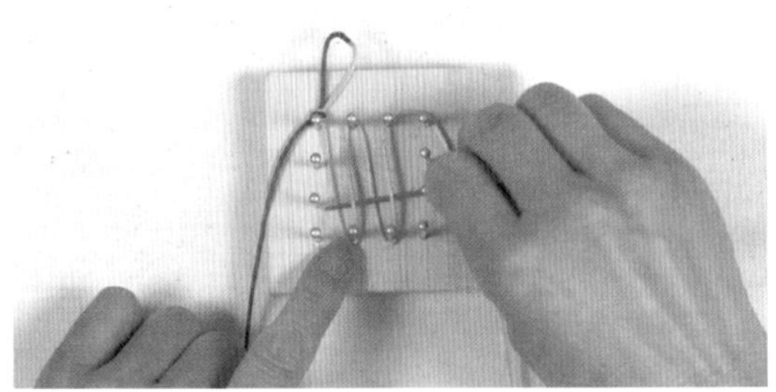

3 黄线绕出右边第1个耳翼，然后挑第2、4条竖线。

1 将12针的方形钉板放好。先打1个双联结。

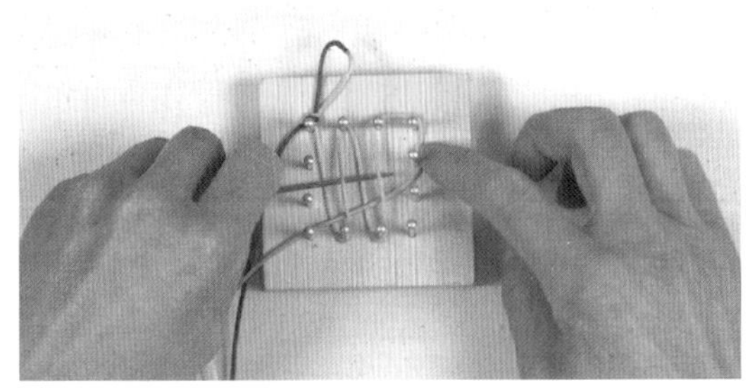

4 走2行横线。

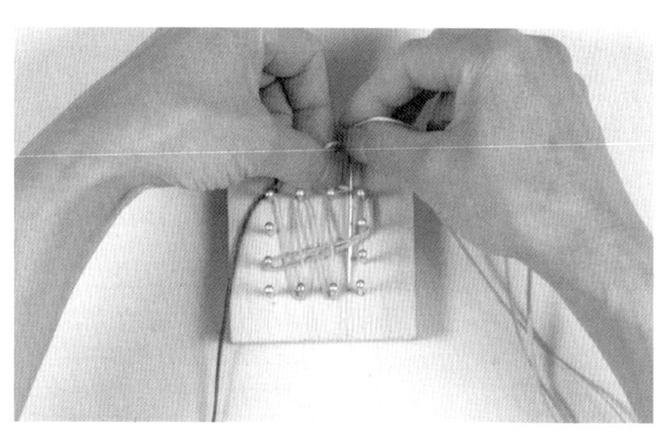

5 黄线如图在第1个耳翼内绕出第2个耳翼。

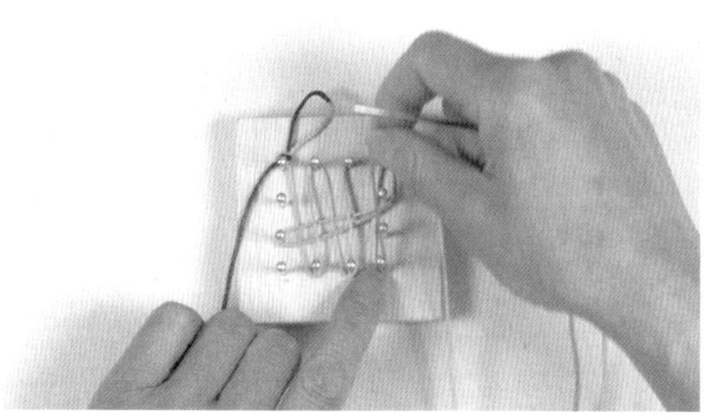

6 黄线走第5、6条竖线。

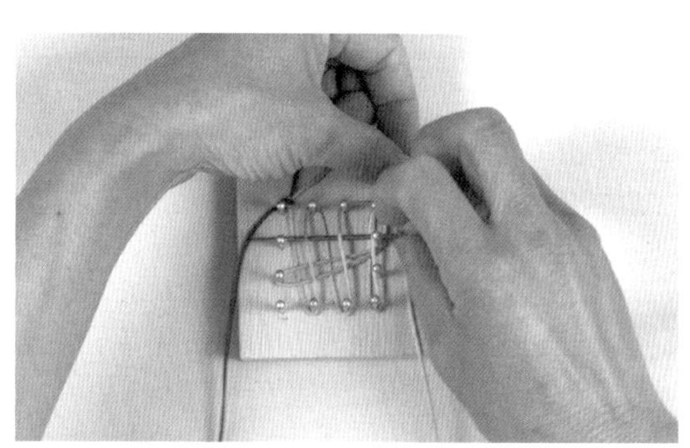

7 黄线挑第2、4、6条黄竖线。

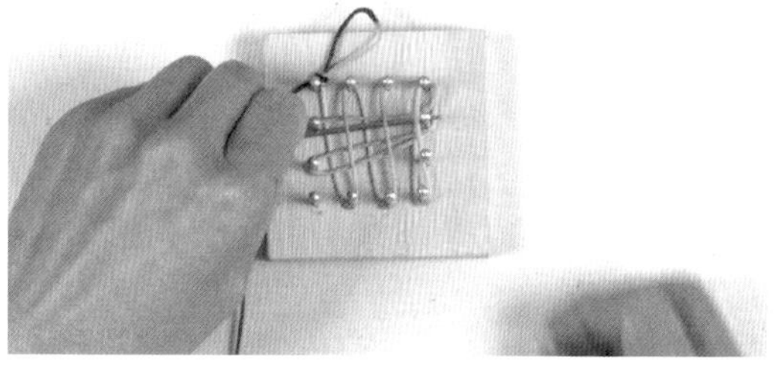

8 一来一回走2行横线，绕出第3个耳翼。

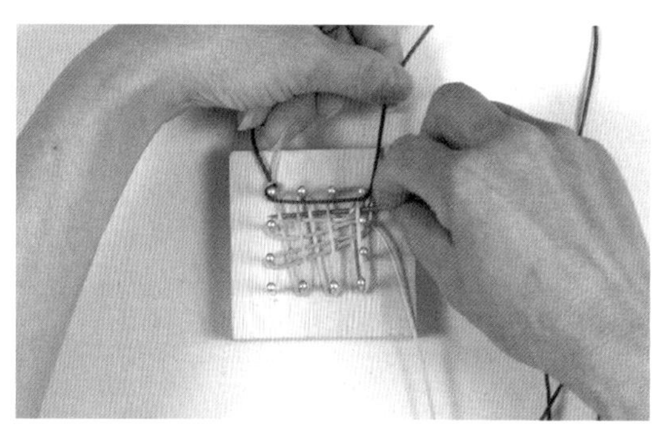

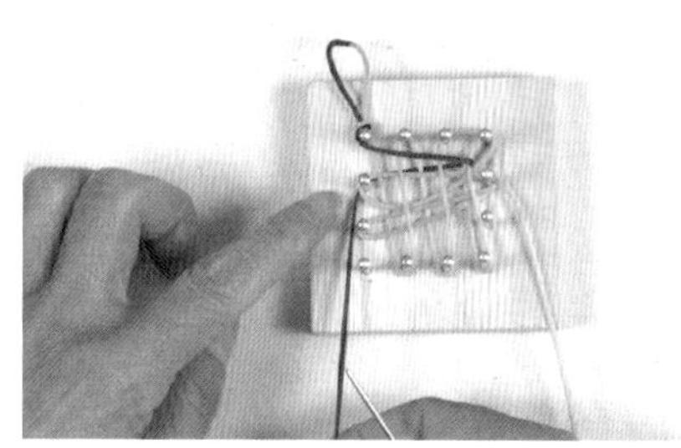

9-10 红线从右向左，从6条黄竖线下穿过，走2行横线。

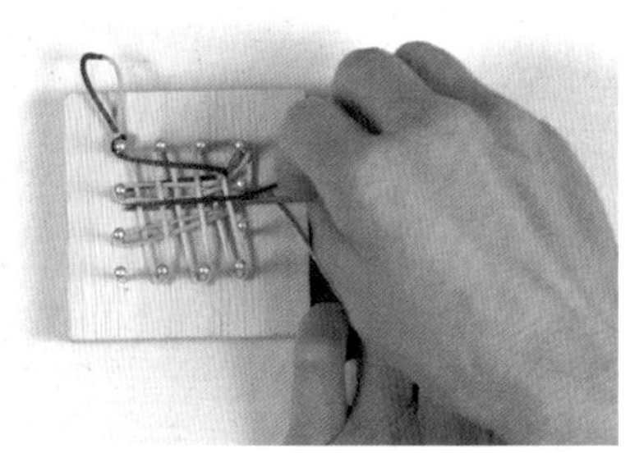

11 红线重复步骤9，再走2行横线。

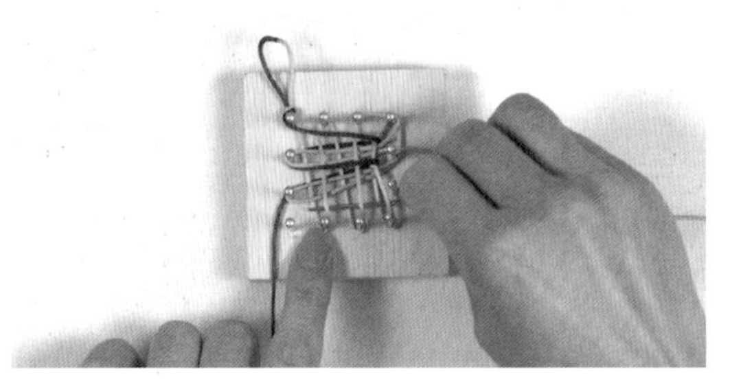

12-13 黄线重复步骤7，再走2行横线。

14 红线如图，从下向上挑2、4、6行黄横线（其余压线）。把红线拉向上，绕出左边第1个耳翼。

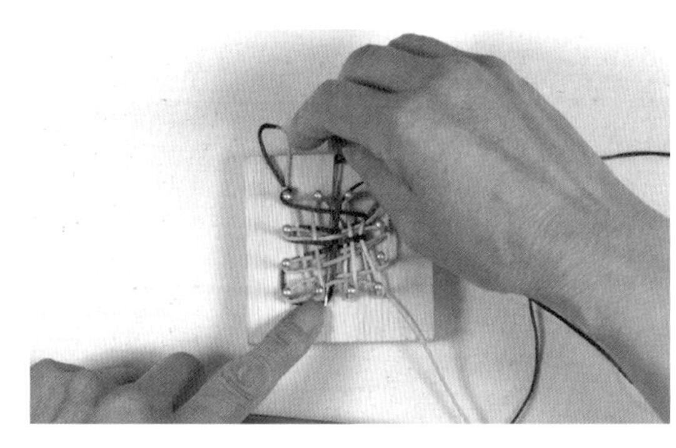

15 红线从上向下压第1、3、5行黄横线（其余挑线）。

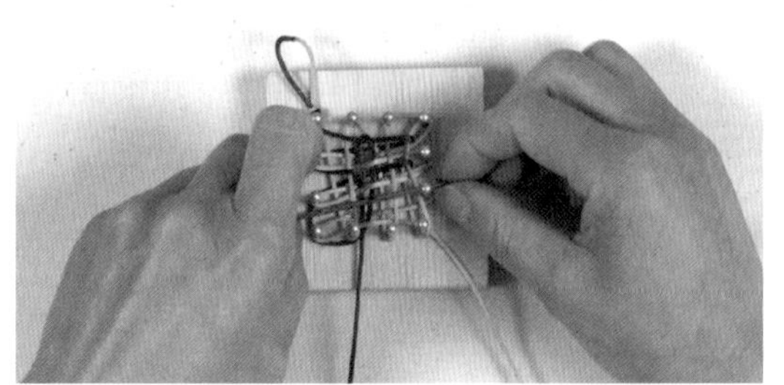

16 红线如图，从左向右，挑第2条红竖线，绕出左边第2个耳翼。

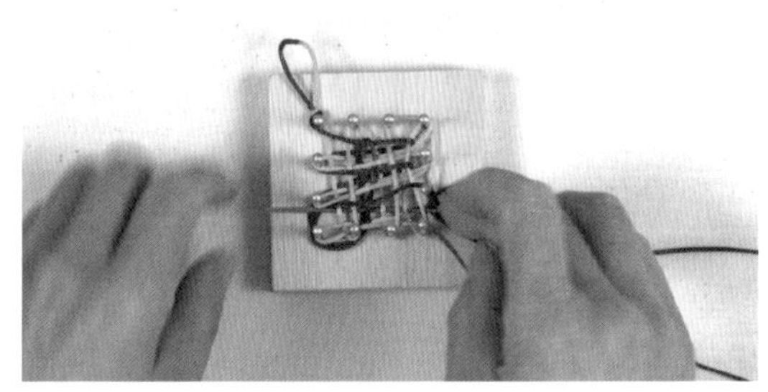

17 红线从右向左，压第1条红竖线（其余挑线）。

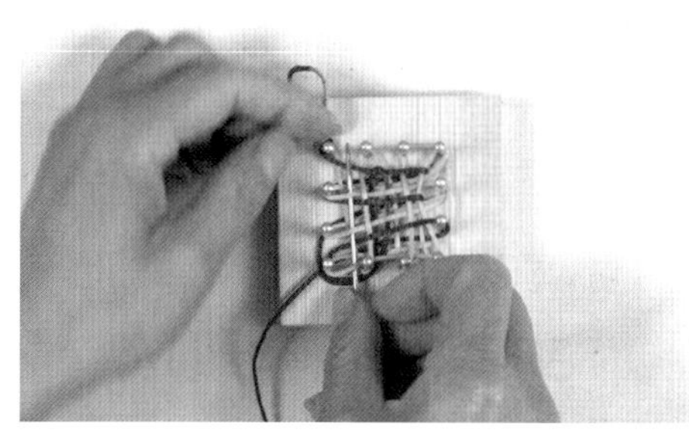

18 红线从下向上，挑第2、4、6行黄横线（其余压线）。绕出左边第3个耳翼。

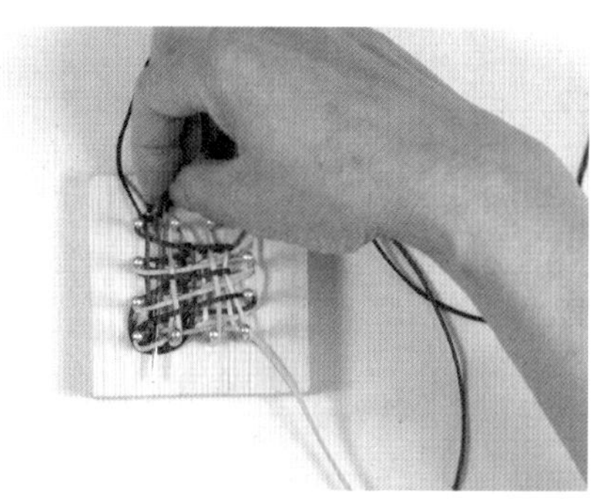

19 红线从上向下，压第1、3、5行黄横线（其余挑线）。

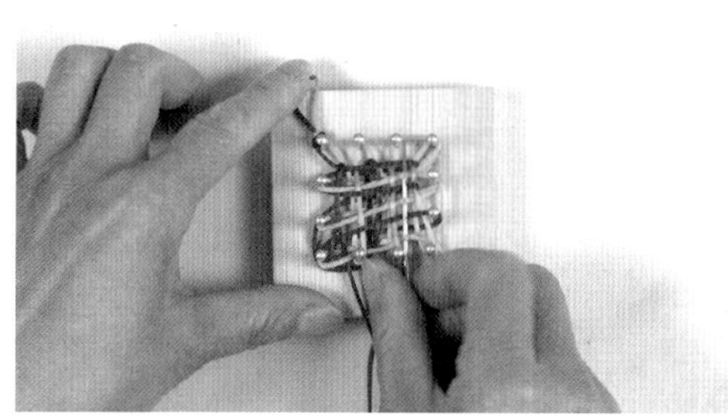

20 红线重复1次步骤18、19。

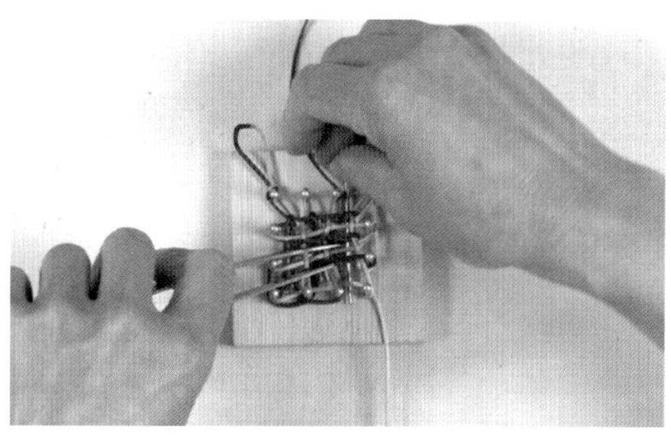

21 走2条竖线。

22 取出结体，确定并拉出耳翼，调整好结形。

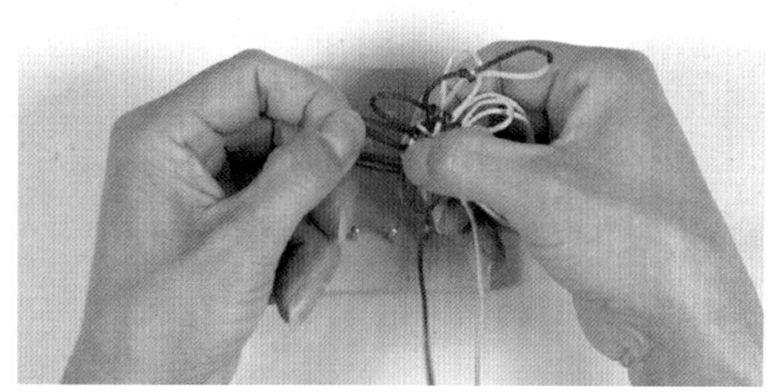

23 完成复翼盘长结。

57

穿线盘长结

盘长结——相依相随，长长久久

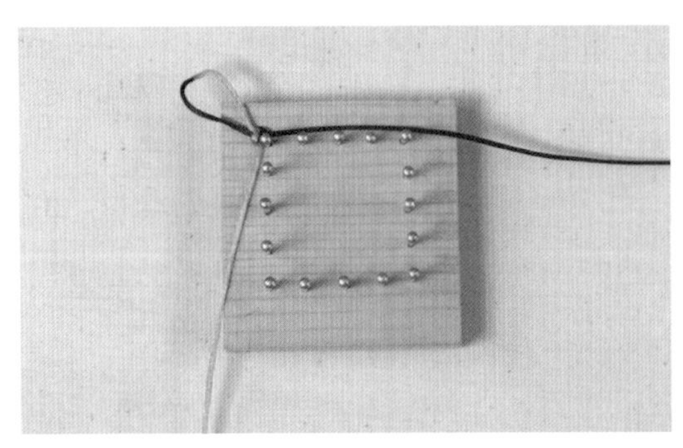

1 打1个双联结。

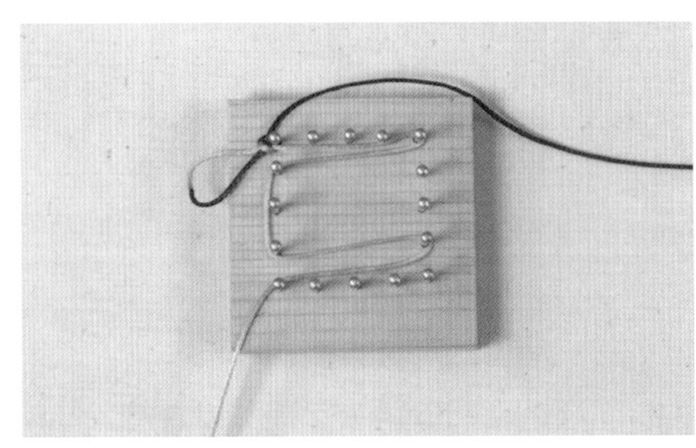

2 黄线如图绕出4行横线。

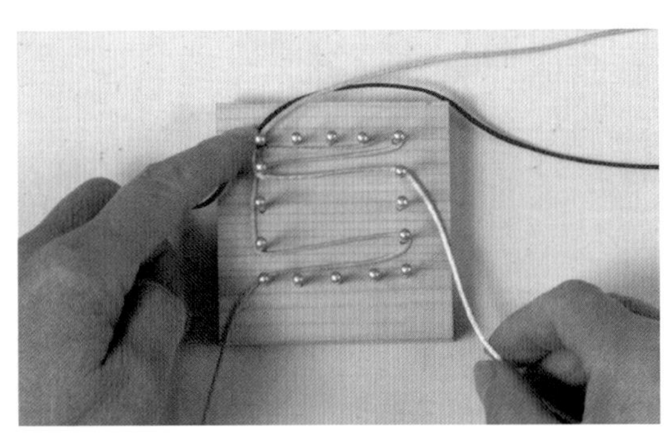

3 另取粉线在4行黄线中间再绕出4行横线。

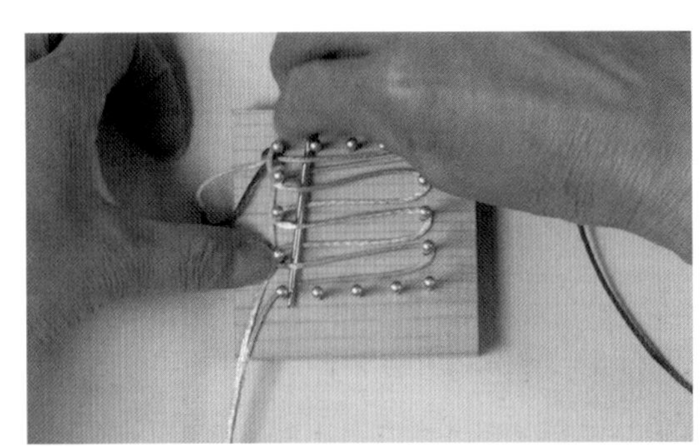

4 红线挑第1、3、5、7行横线。

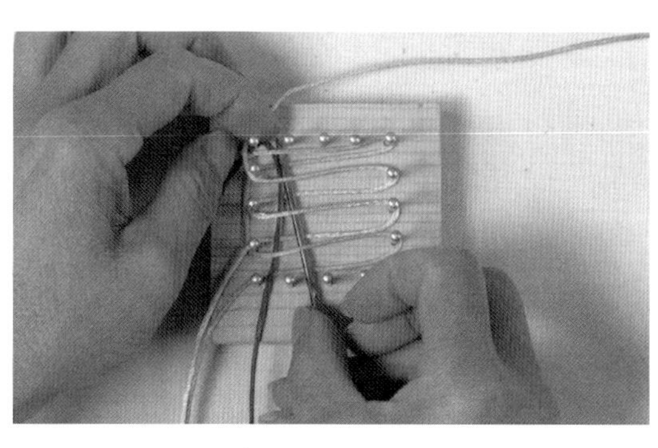

5 来回走2条竖线。

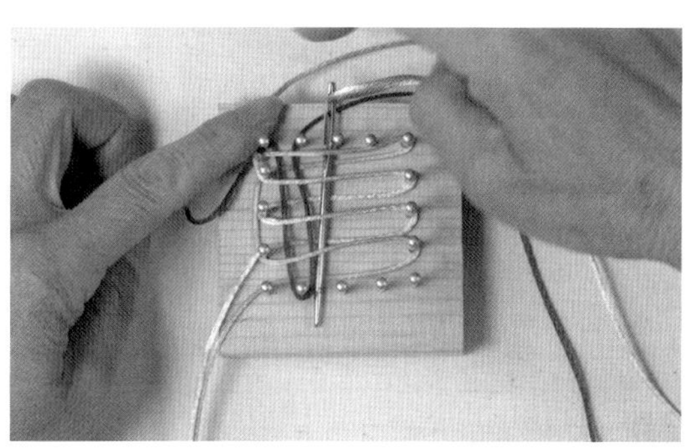

6 粉线挑第1、3、5、7行横线。

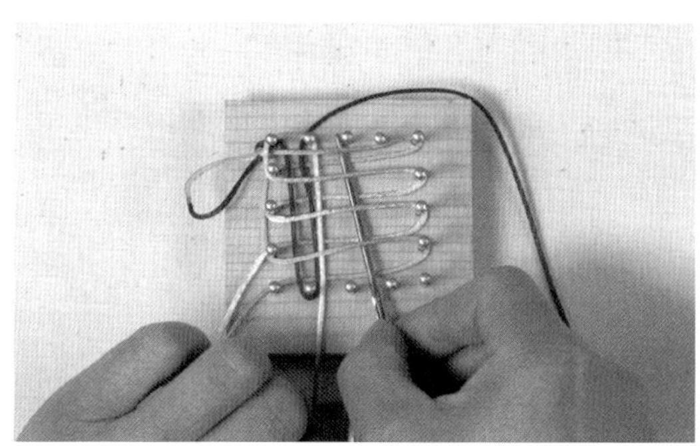

7 绕出第1个耳翼，走2条竖线。

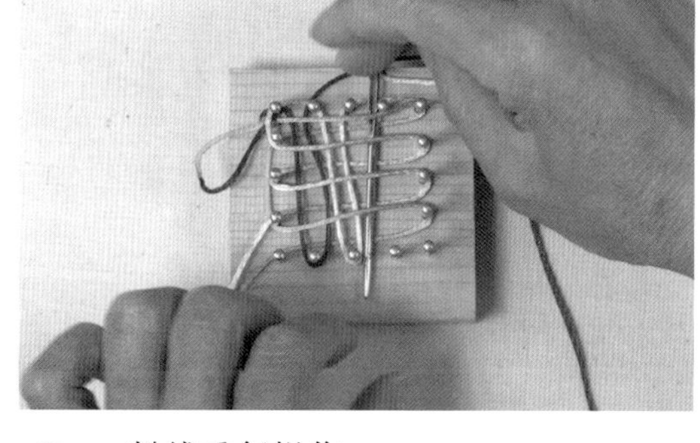

8 粉线重复操作。

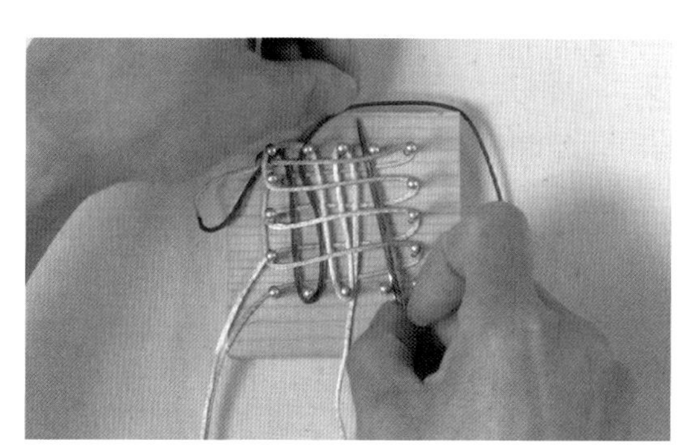

9 再走2条竖线。

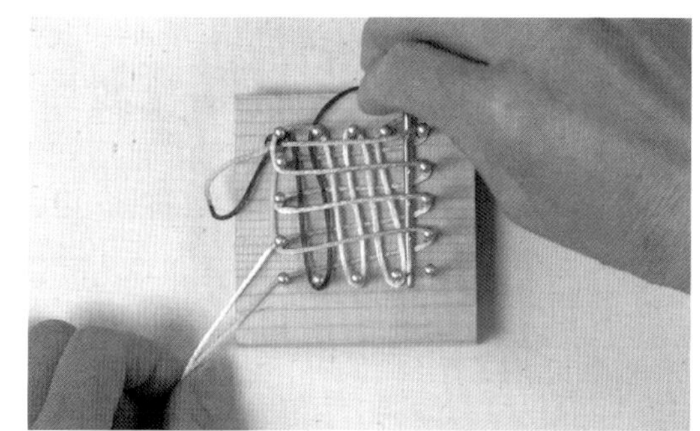

10 红线挑第1、3、5、7行横线。

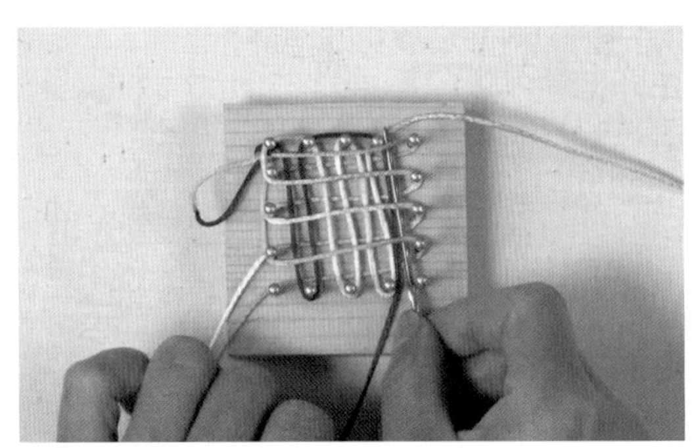

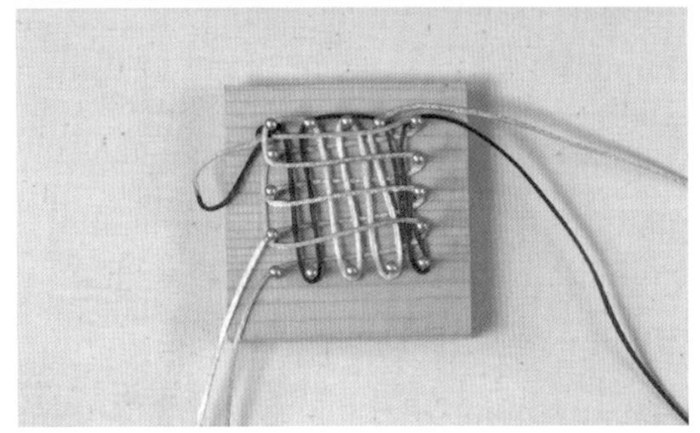

11-12 红线走2条竖线。

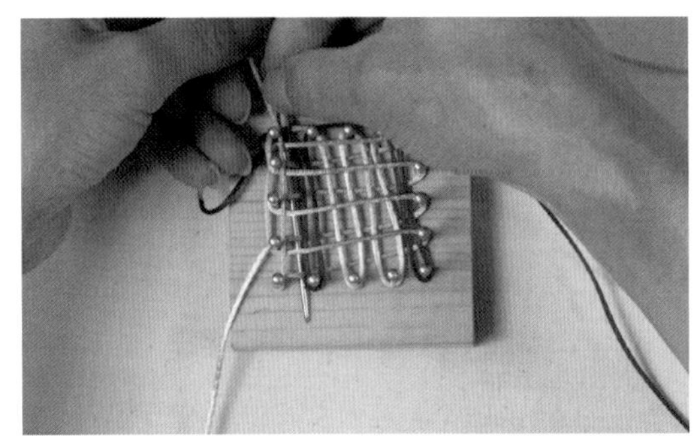

13 黄线从上向下穿过所有横线。

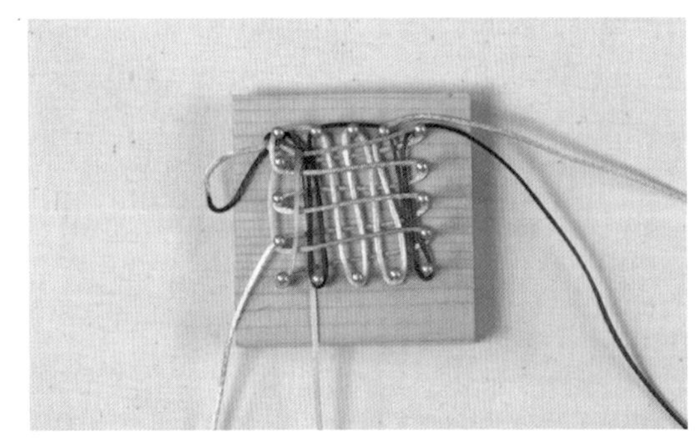

14 一来一回走2条竖线。

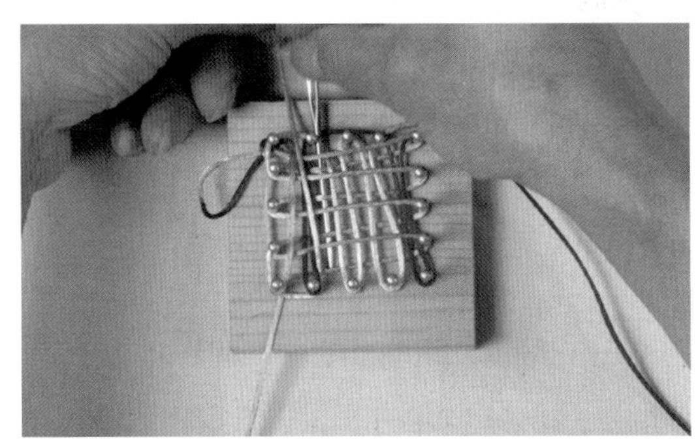

15 粉线绕出第2个耳翼。

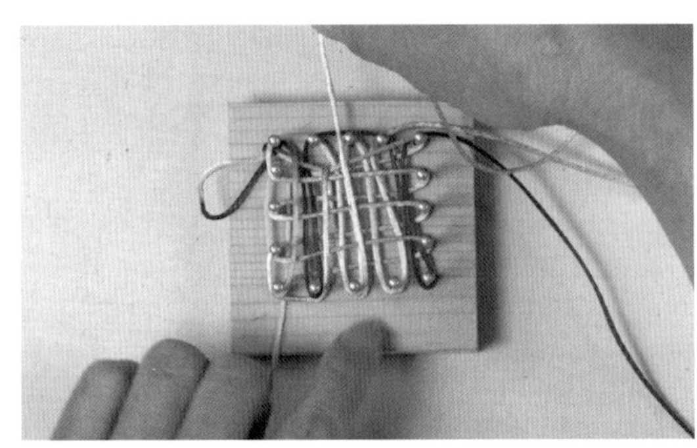

16 然后重复黄线的做法穿过所有横线。

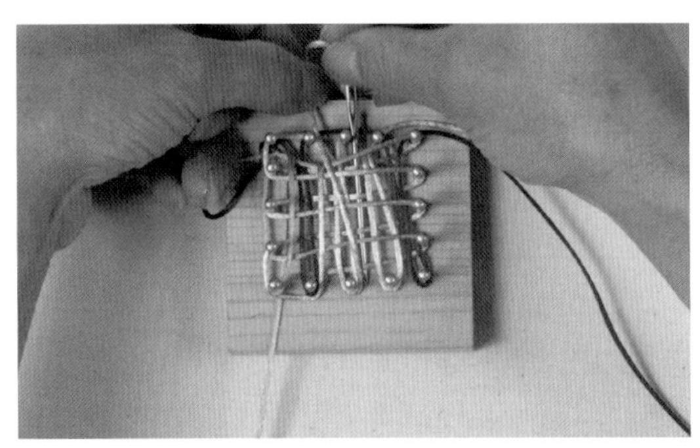

17 走4条竖线。

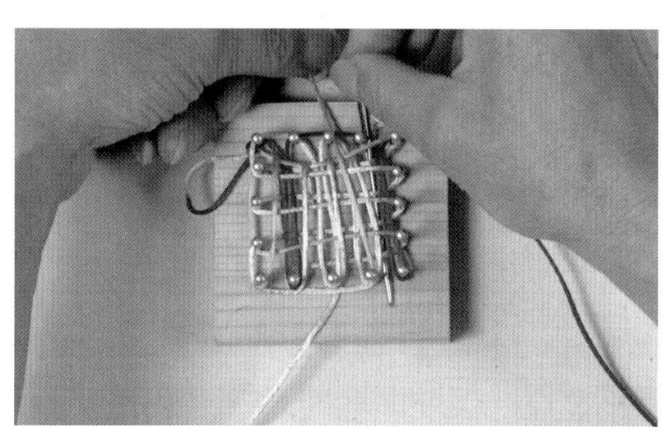

18 黄线拉向右侧，同样走2条竖线。

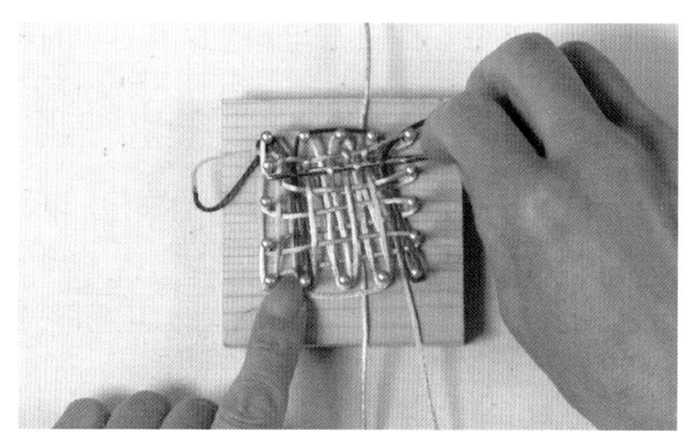

19 红线挑第2、4、6、8条竖线（其余压线）。

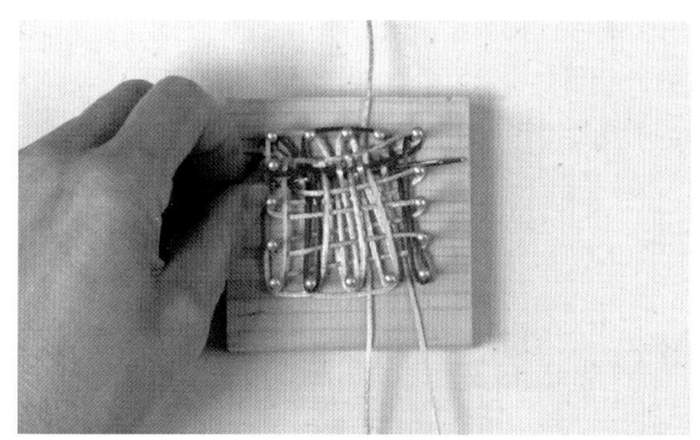

20 红线压第1、3、5、7条竖线（其余挑线）走2行横线。

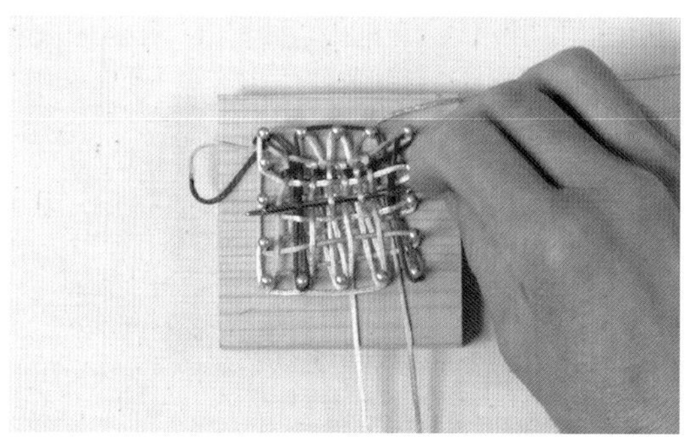

21 粉线重复红线的做法。

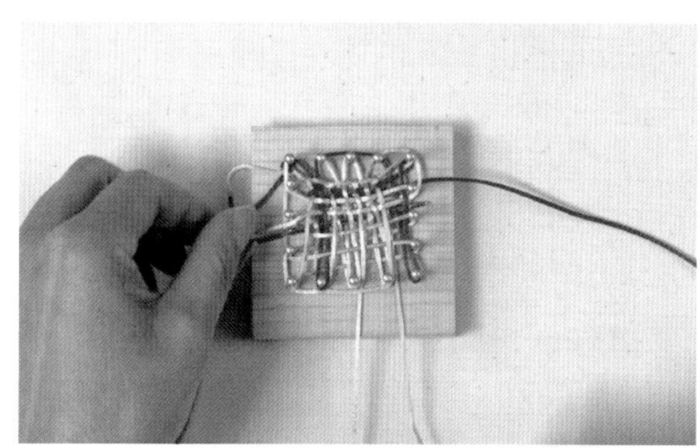

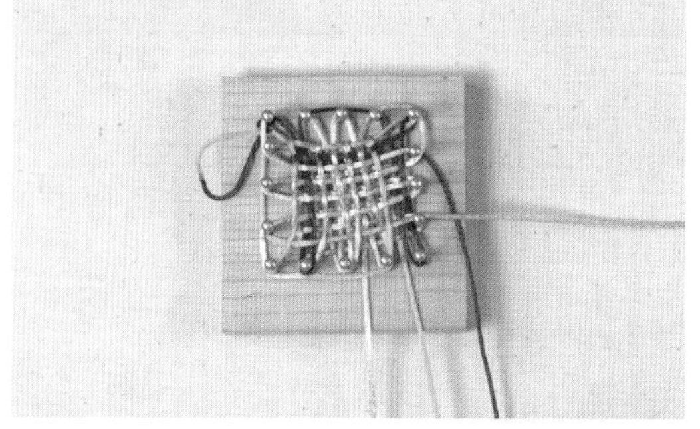

22-23 走4行横线，同时绕出第3个耳翼。

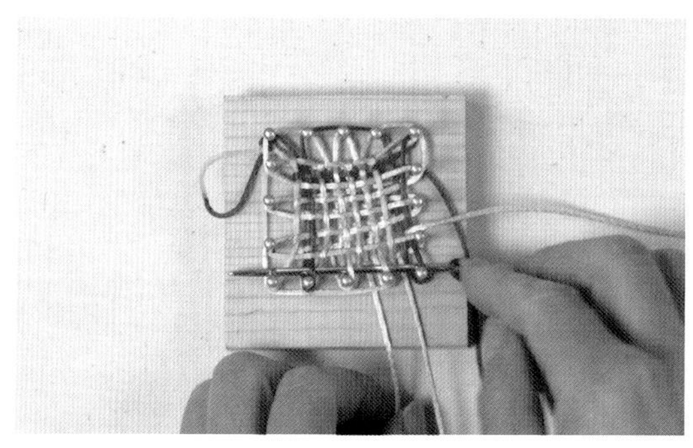

24 红线再照前面的做法走2行横线。

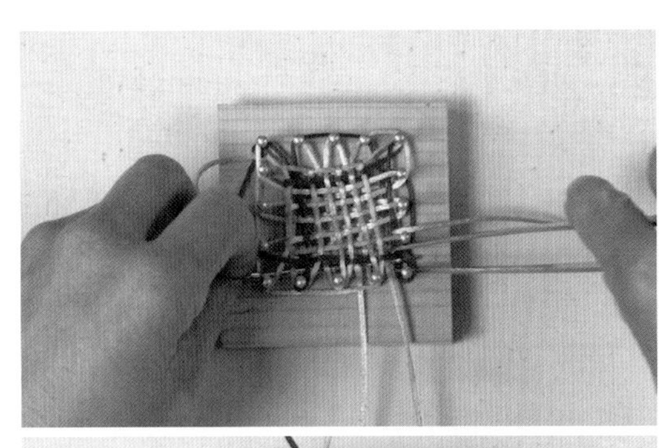

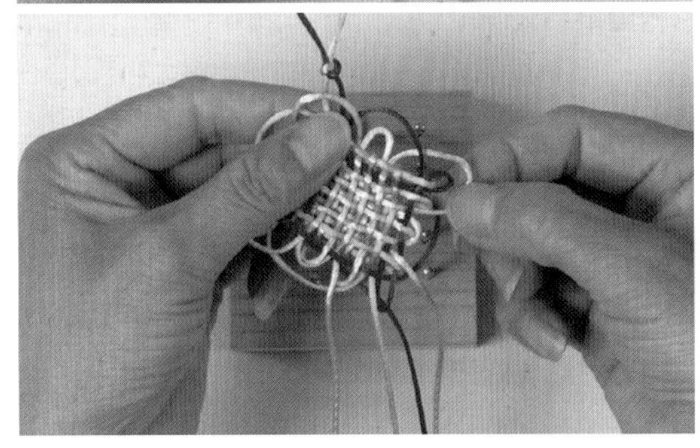

25-26 红线走完后取下结体。调整结形，拉出耳翼。

27 完成穿线盘长结。

58

酢浆草盘长结

盘长结——相依相随，长长久久

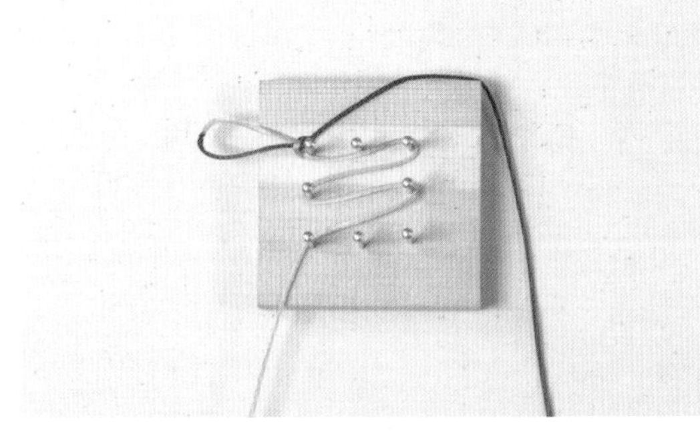

1 黄线绕出4行横线。

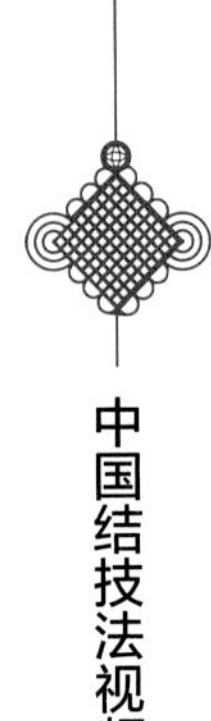

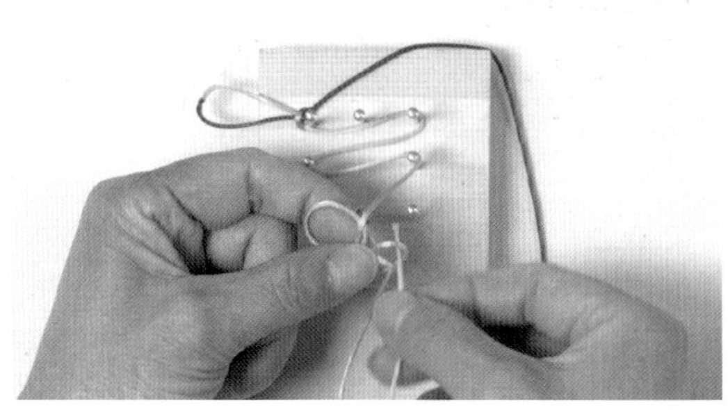

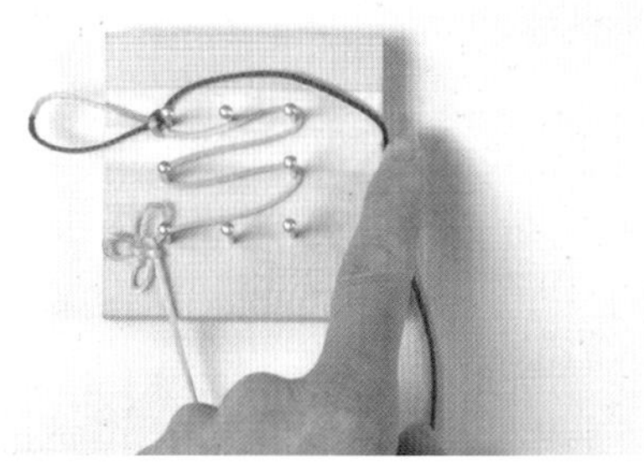

2-3 黄线在左下角打1个酢浆草结。

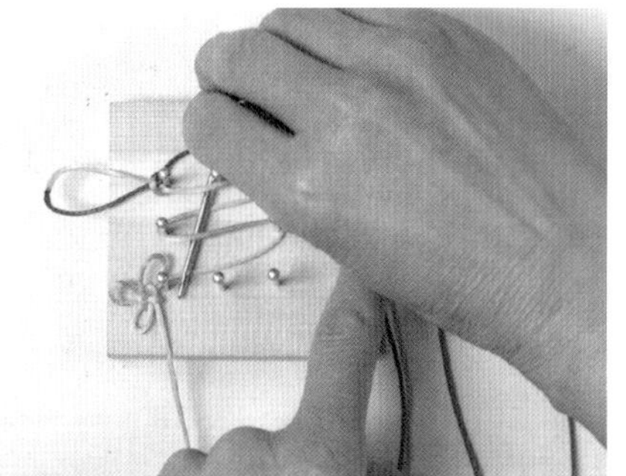

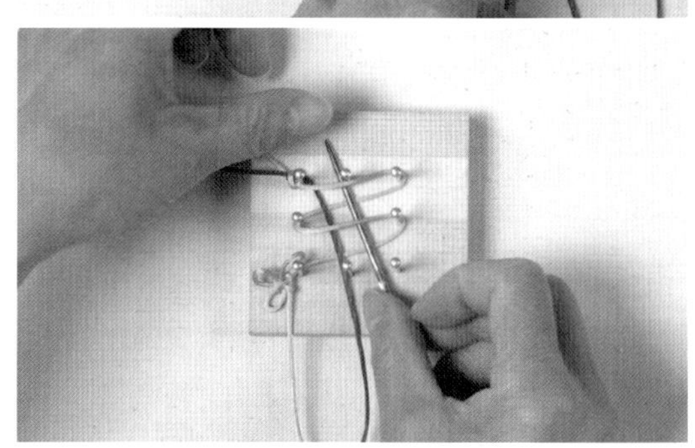

4-5 红线挑第1、3条横线，走4条竖线。

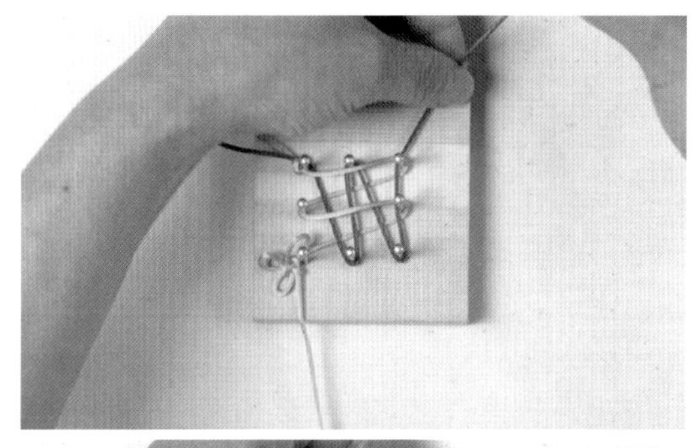

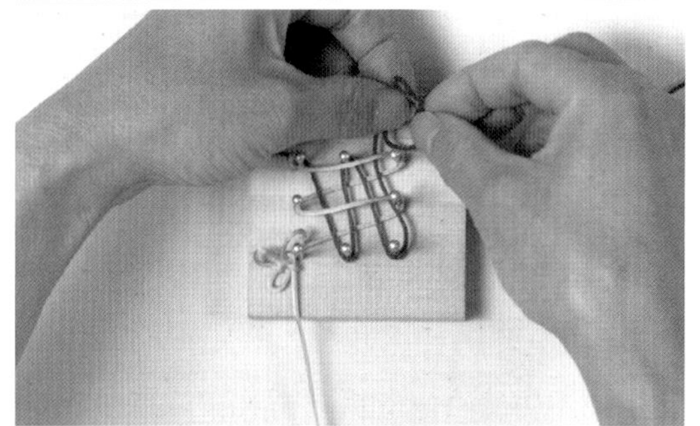

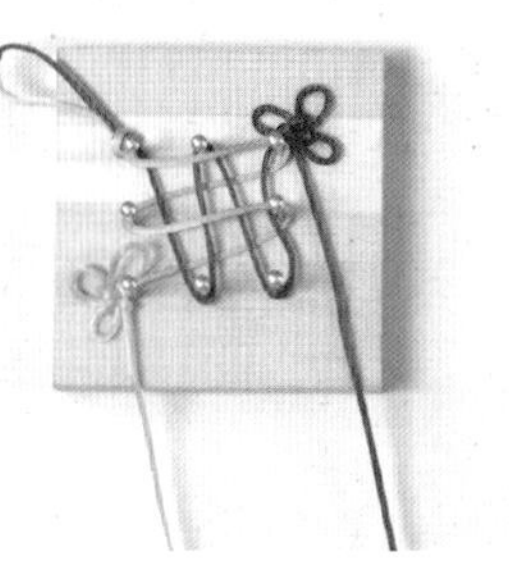

6-8 红线也打1个酢浆草结。

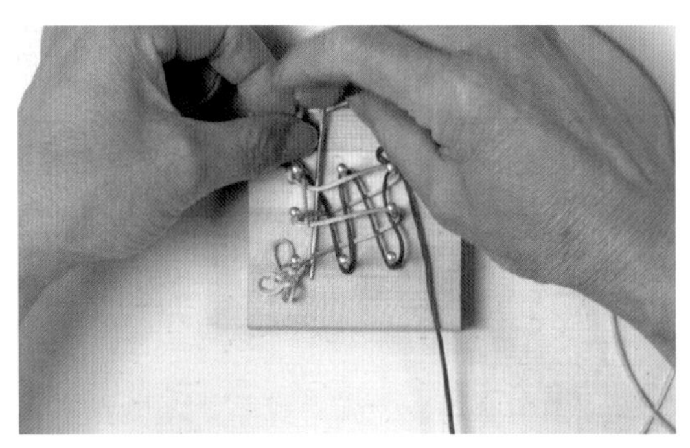

9 黄线拉向上，然后从4行横线下穿过。

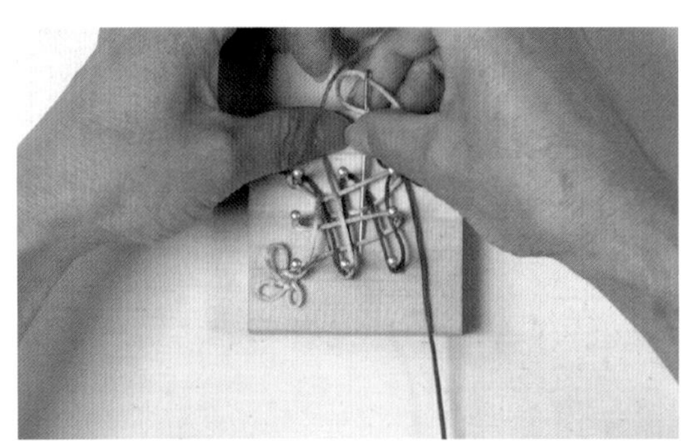

10 黄线再穿1次。

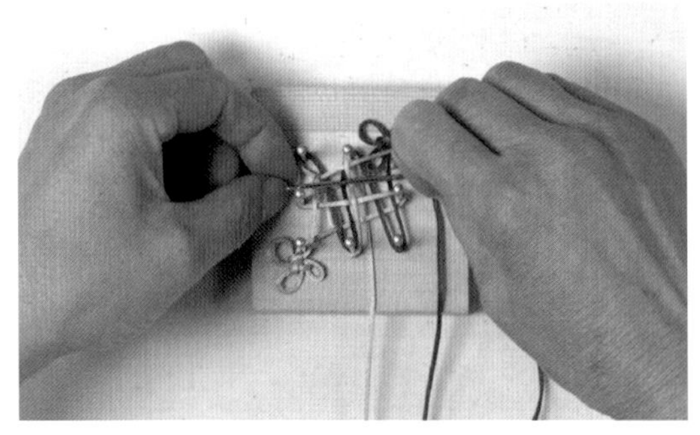

11 红线从右向左挑第2、4条红竖线（其余压线）。

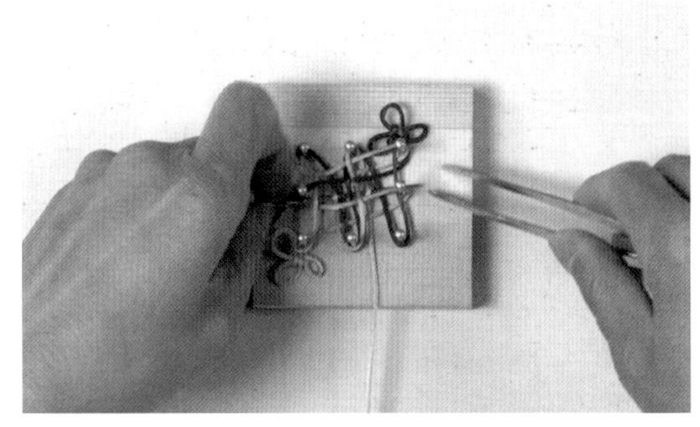

12 红线从左向右压第1、3条红竖线（其余挑线）。

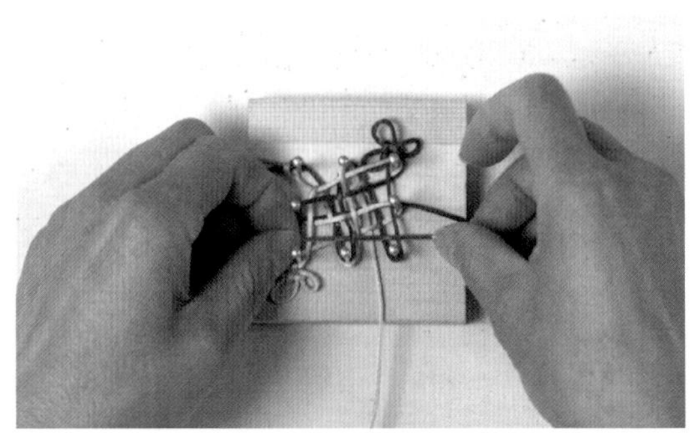

13-14 红线再重复操作1次。

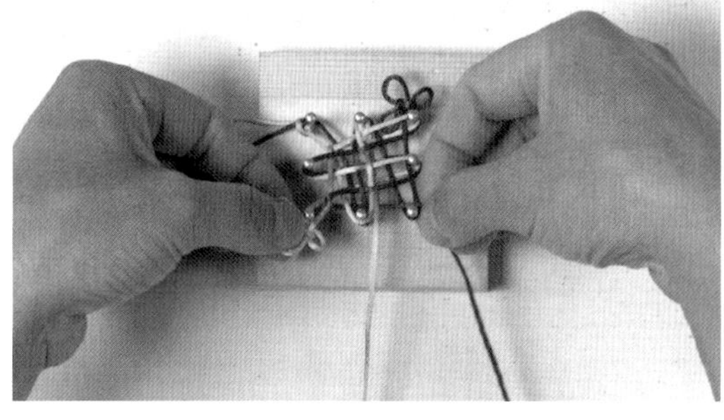

15 取下结体。

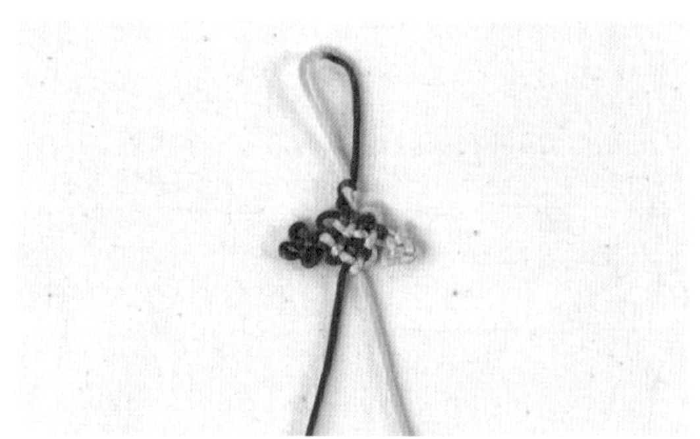

16 调整形状。

17 完成酢浆草盘长结。

59

回菱结

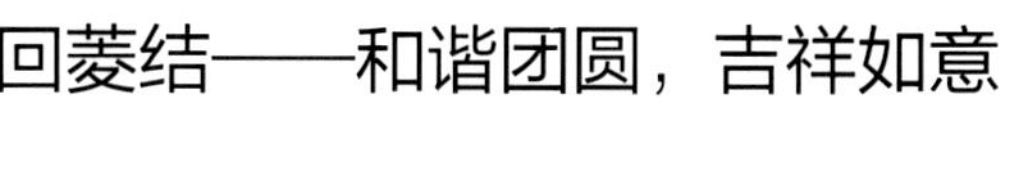

回菱结——和谐团圆，吉祥如意

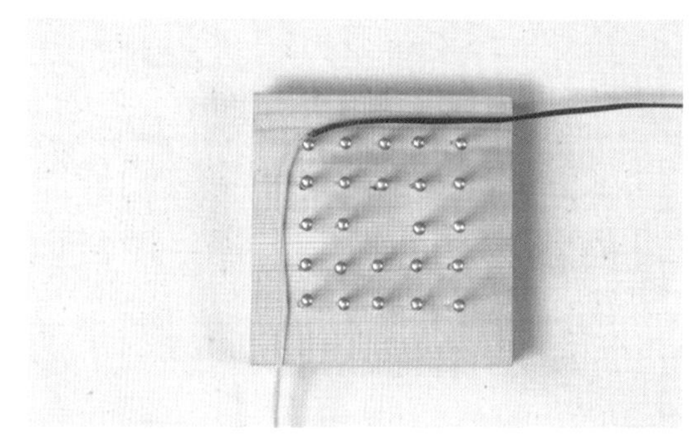

1 将“回”形钉板放好。

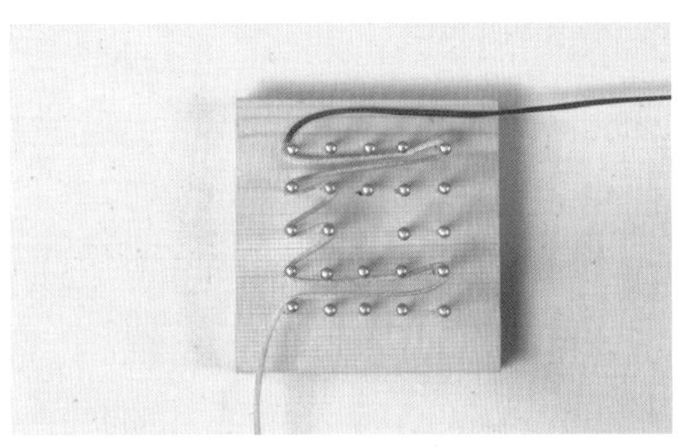

2 黄线如图绕出8行横线。

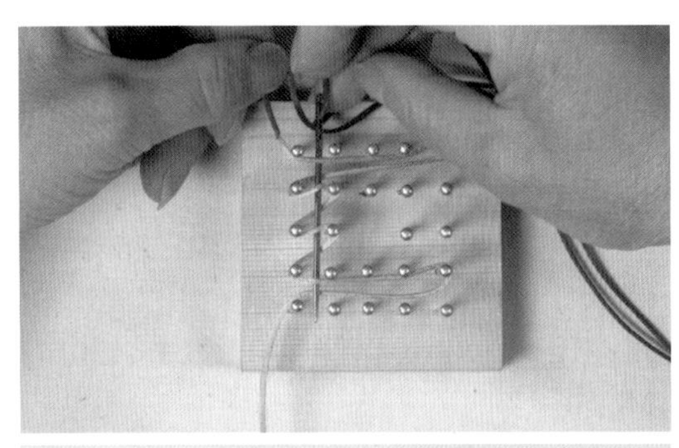

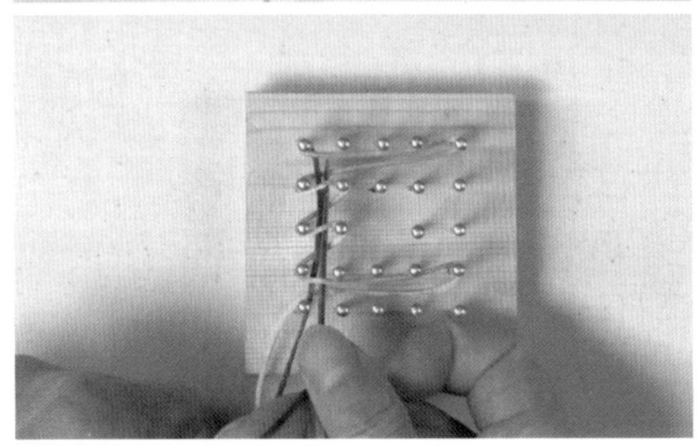

3-4 红线的走线方法与黄线相仿，但要注意线挑、压的方法。

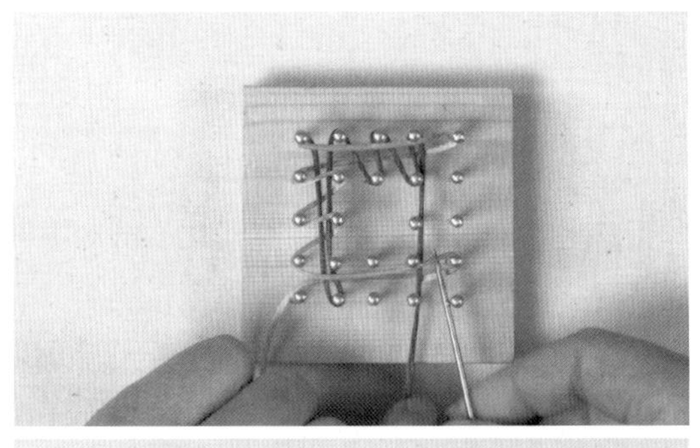

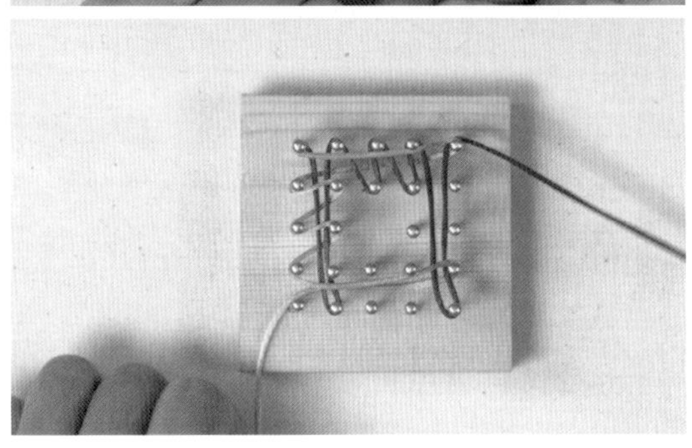

5-6 绕出8条竖线。

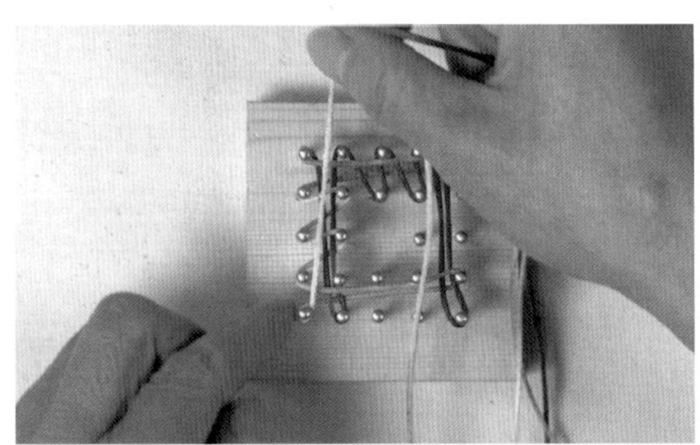

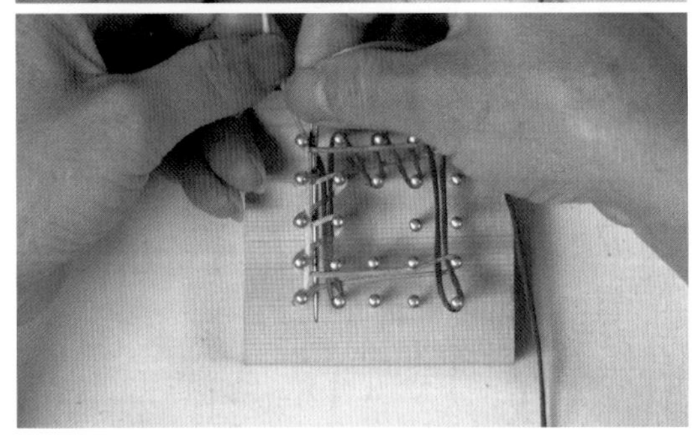

7-8 黄线走2条竖线，套住所有横线。

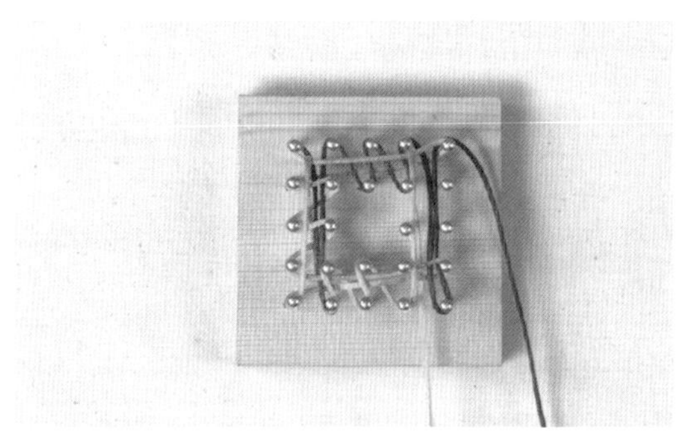

9 黄线再走6条竖线。

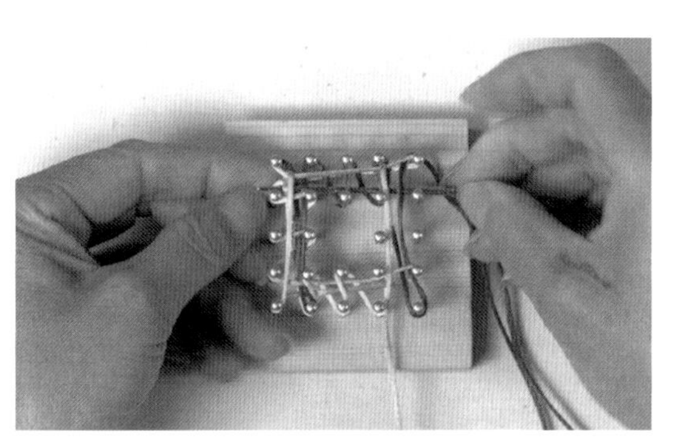

10 红线从右向左，依次挑、压红竖线，从黄色线圈中穿出。

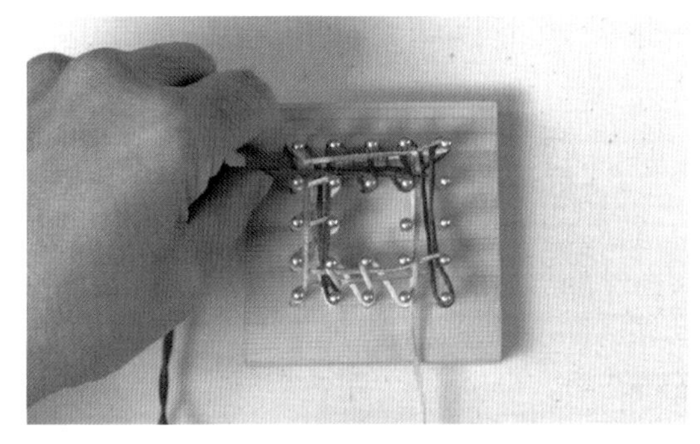

11 红线从左向右，依次压、挑红竖线，走2行横线。

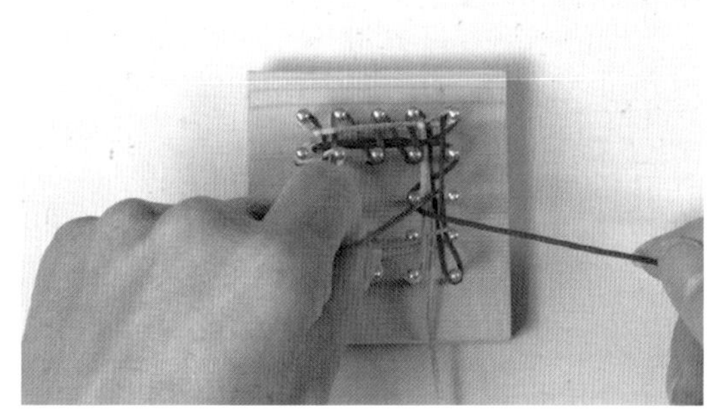

12 红线走4行横线。注意是在2条红竖线之中套住黄竖线。

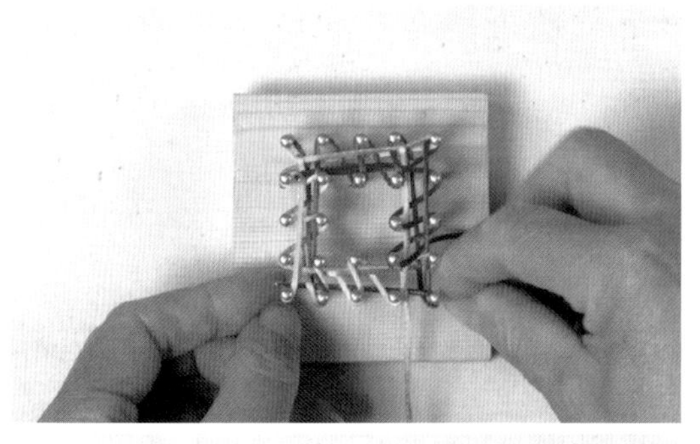

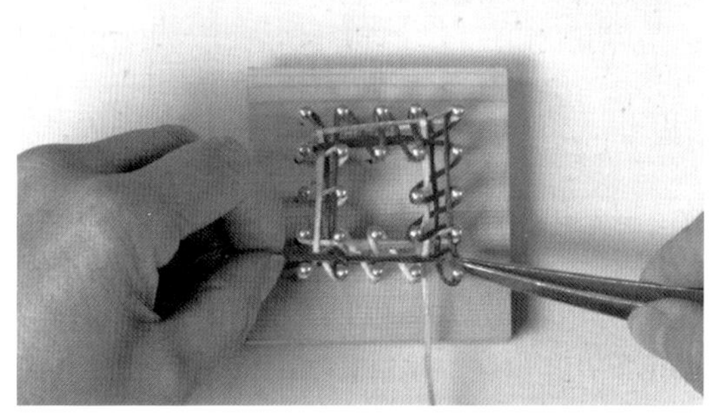

13-14 红线再像上面一样挑、压红竖线走2行横线。

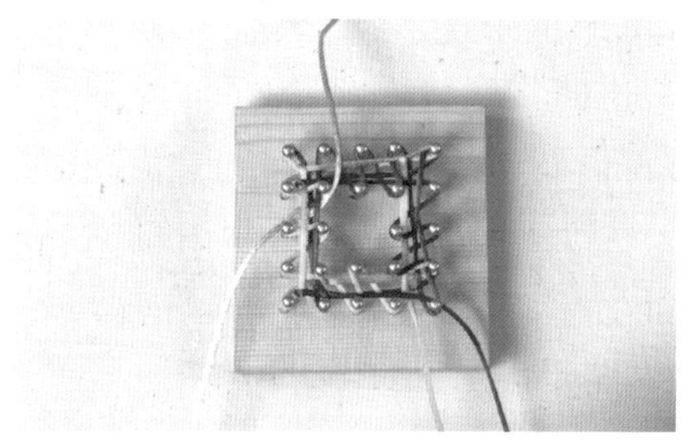

15 加入粉线，穿入结体。

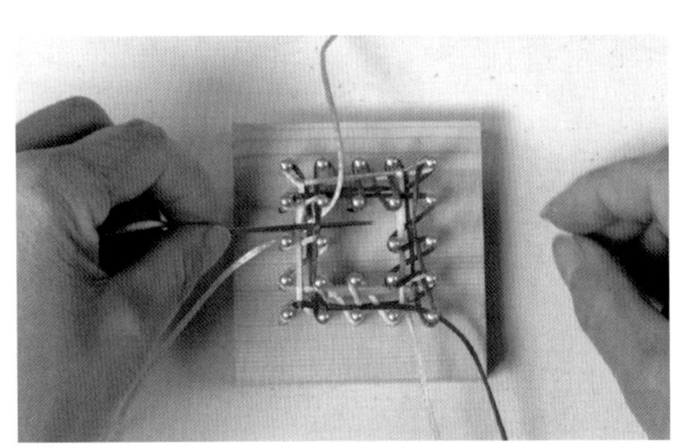

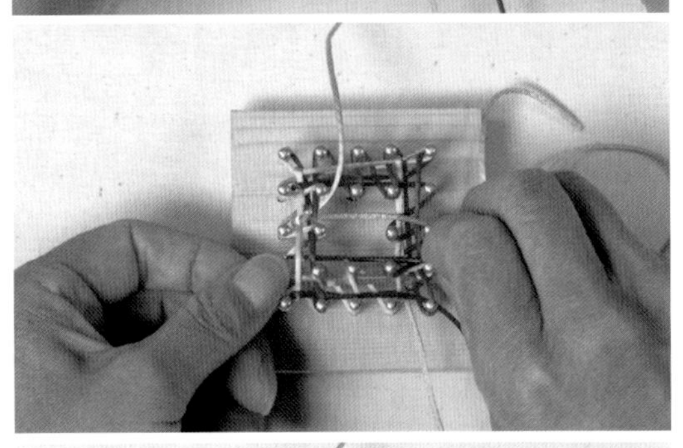

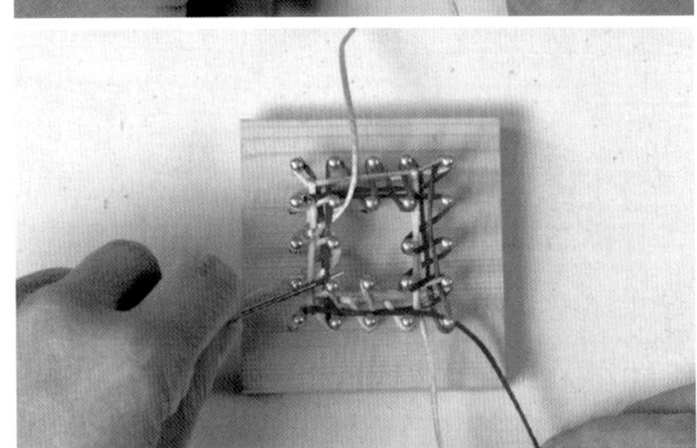

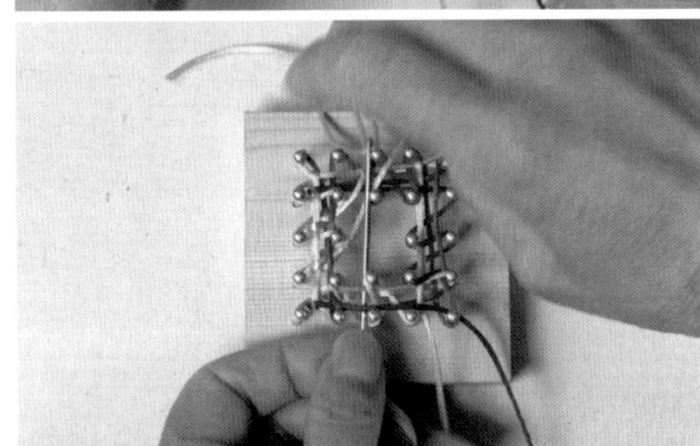

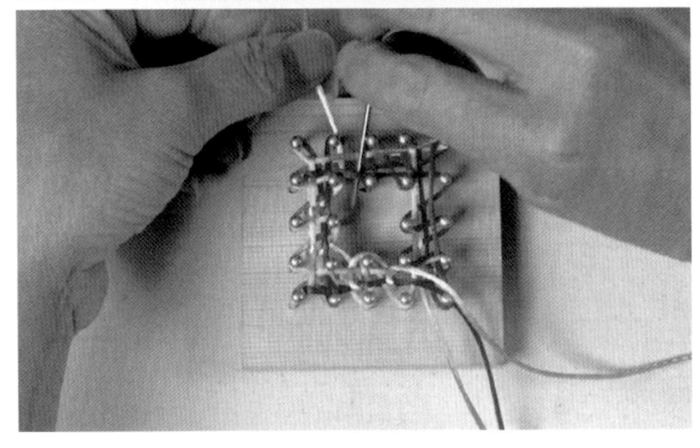

16-20 四个方向都加入粉线。

21 加完粉线之后。

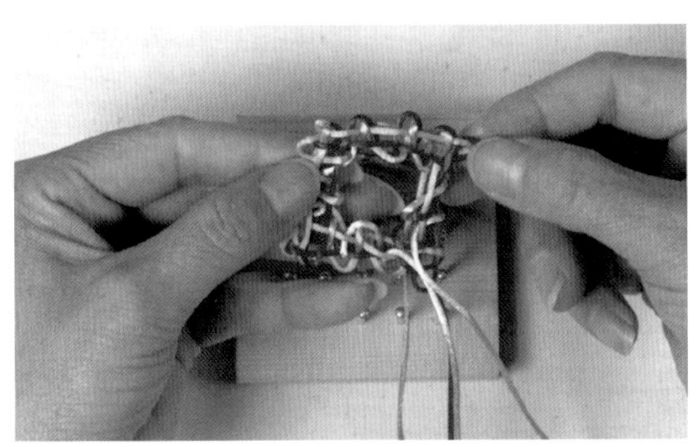

22 取下结体。收紧线，调整成形。

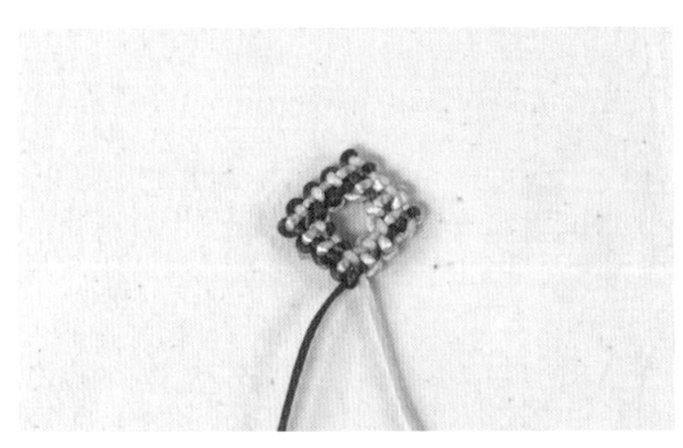

23 最后可以把多余的粉线剪掉，接好线头，完成回菱结。

60

一字盘长结

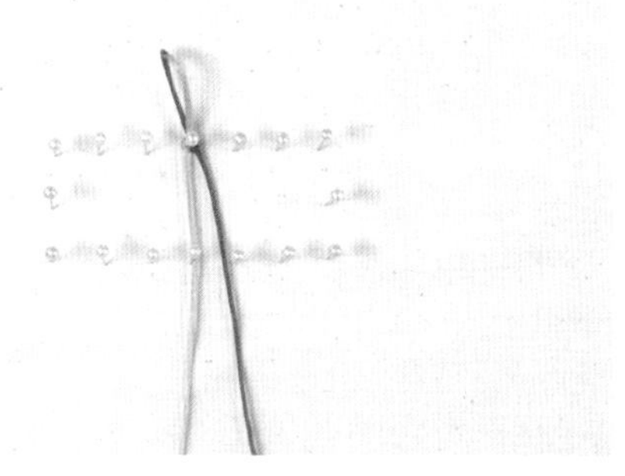

1 在垫板上插上16根珠针，形成一个“一”字形。

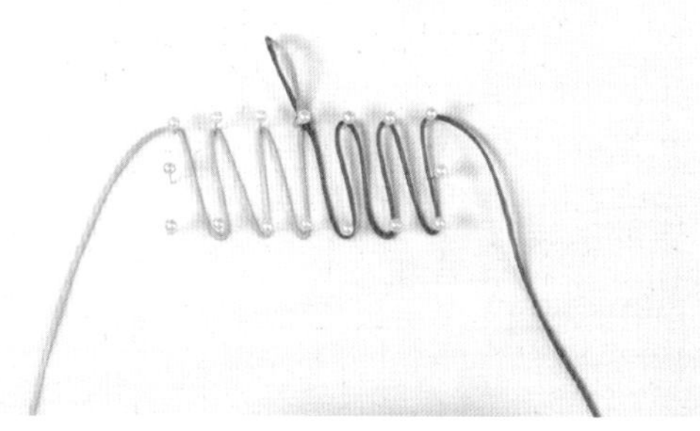

2 打1个双联结作为开头。红线、黄线各分别向两侧走6条竖线。

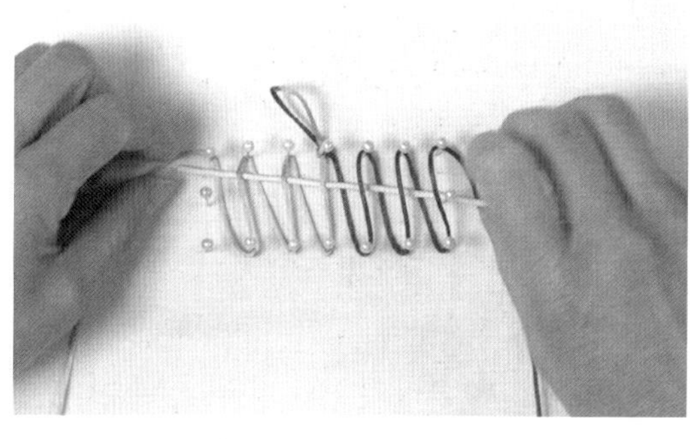

3 红线挑第2、4、6、8、10、12列竖线。

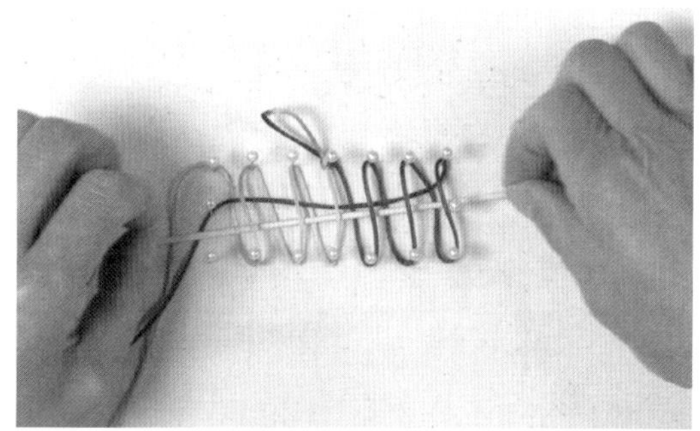

4 一来一回走2行横线。

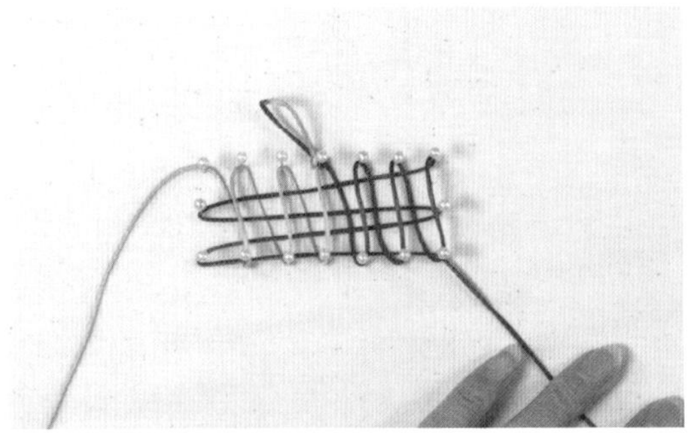

5 红线重复之前的步骤，一来一回再走2行横线。

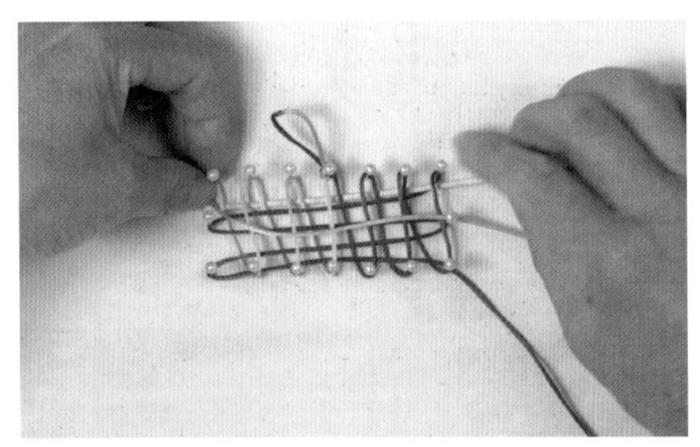

6 黄线由右向左，从所有竖线下穿过，一来一回走2行横线。

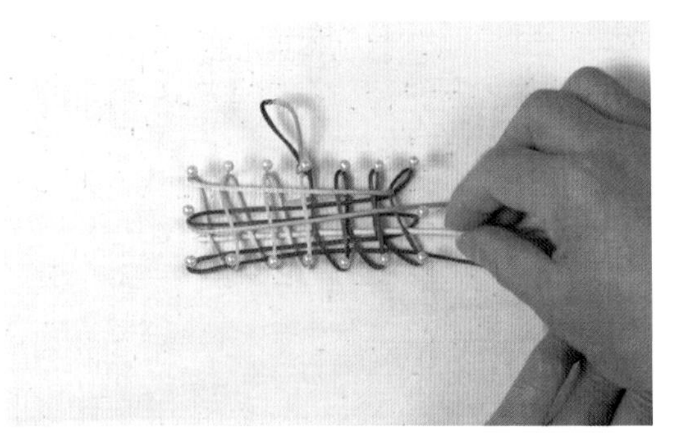

7 重复上面步骤，再走2行横线。

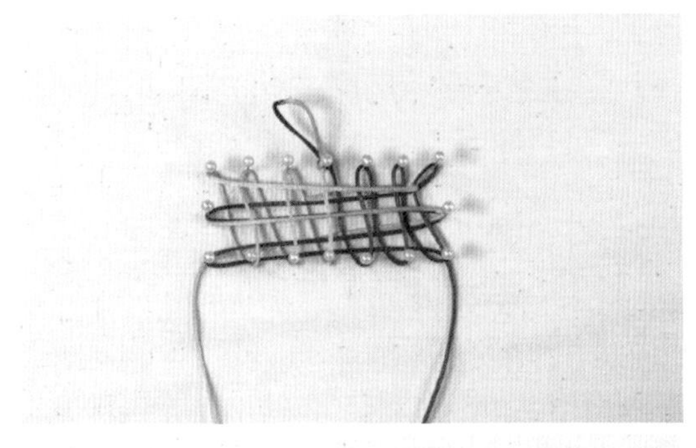

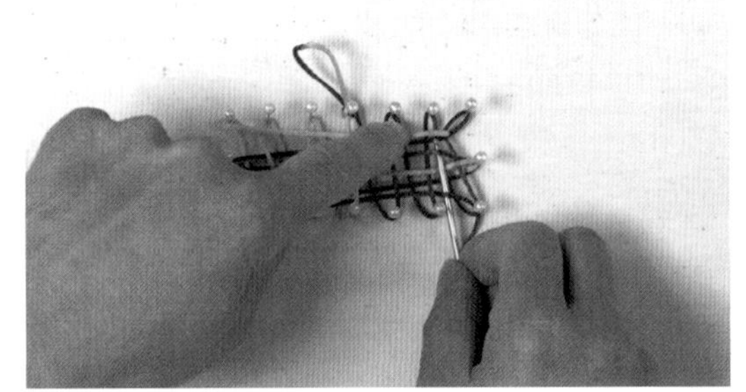

8-9 红线从下向上挑第2、4行红横线（其余压线）。

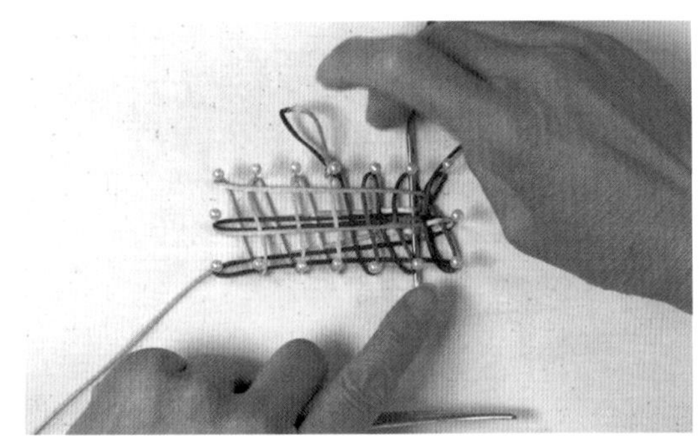

10 红线从上向下压第1、3行红横线（其余挑线）。

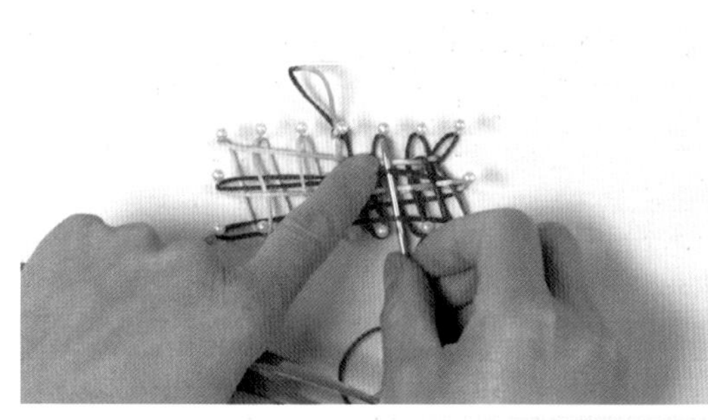

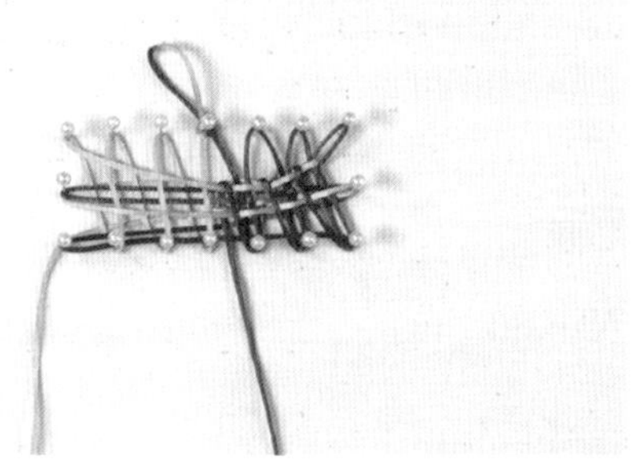

11-12 红线重复上面步骤。

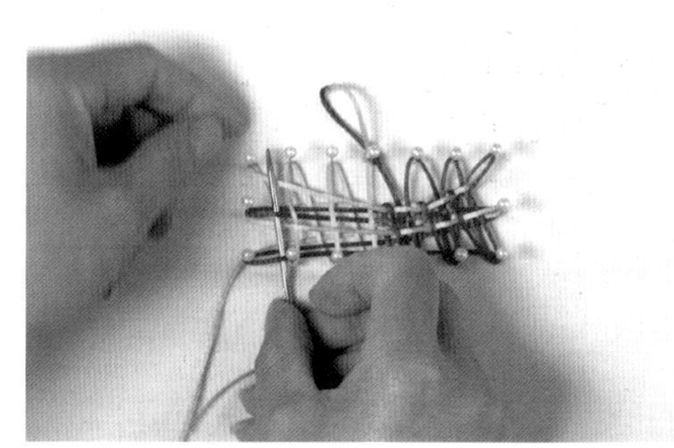

13 黄线仿照红线的走线方法。

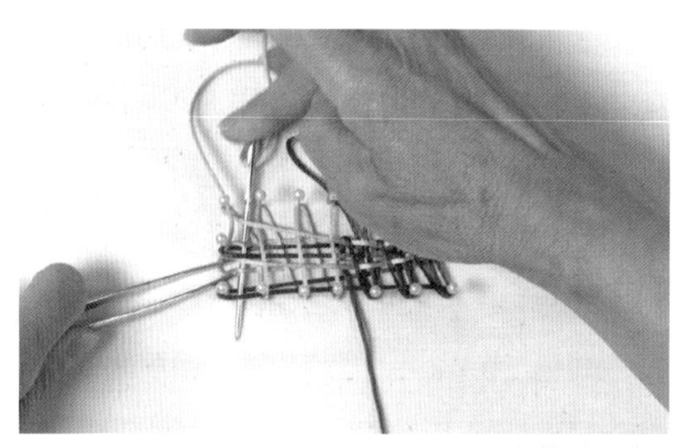

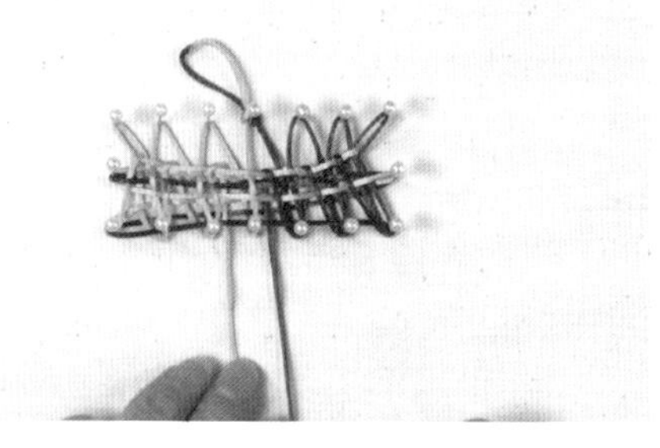

14-15 同样走6条竖线。

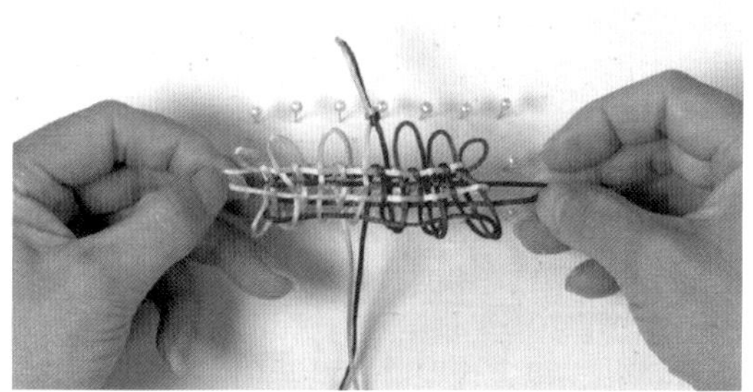

16 取下结体。

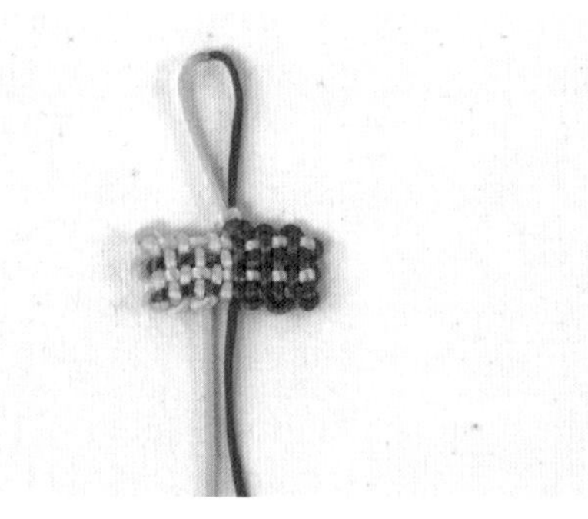

17 收紧线，把结体调整好，完成一字盘长结。

61

团锦耳翼加结

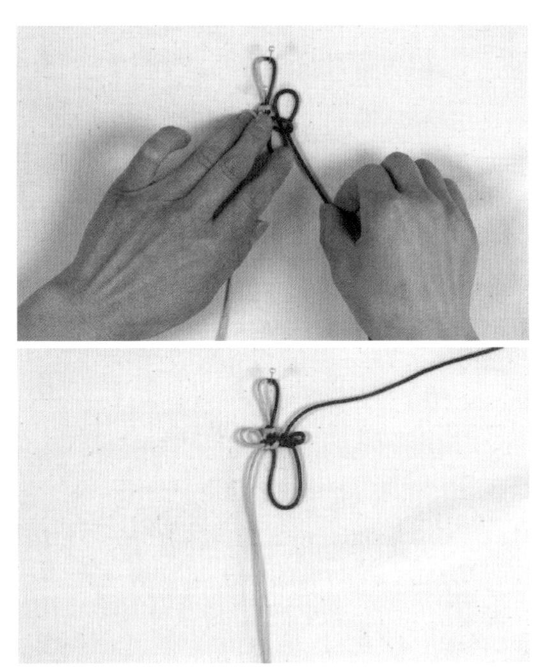

2-3 在酢浆草结的右侧耳翼上做1个双环结。

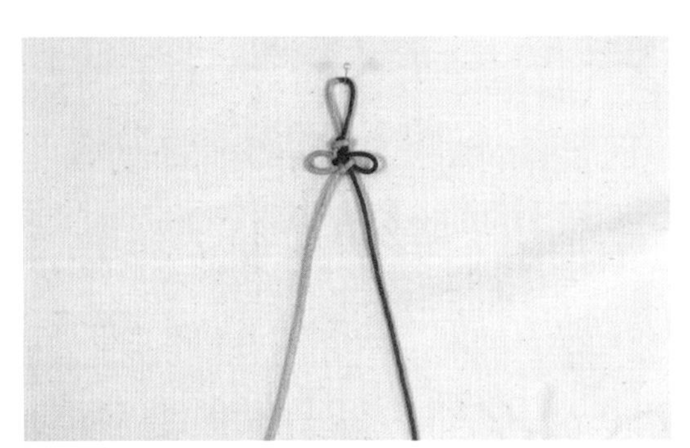

1 将一条线对折，依次编出双联结、酢浆草结作为开头。

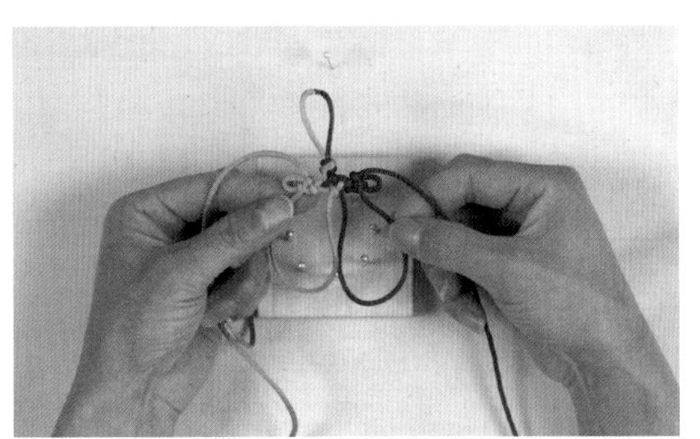

4 再在左侧耳翼上做1个双环结。

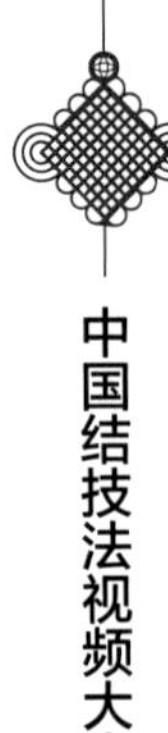

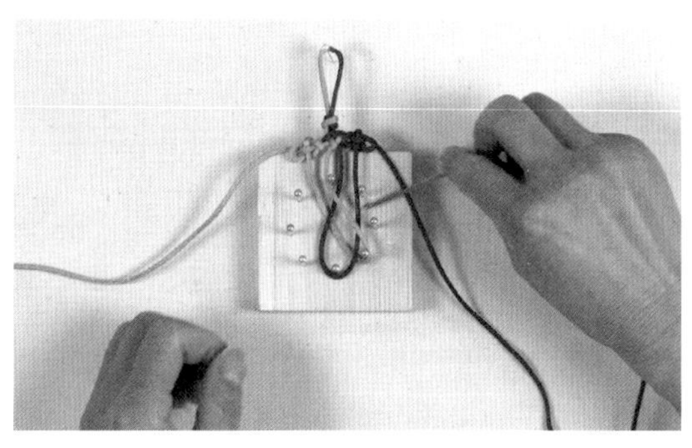

5 红黄2条线分别在中间形成1个套，用黄套包住红套。

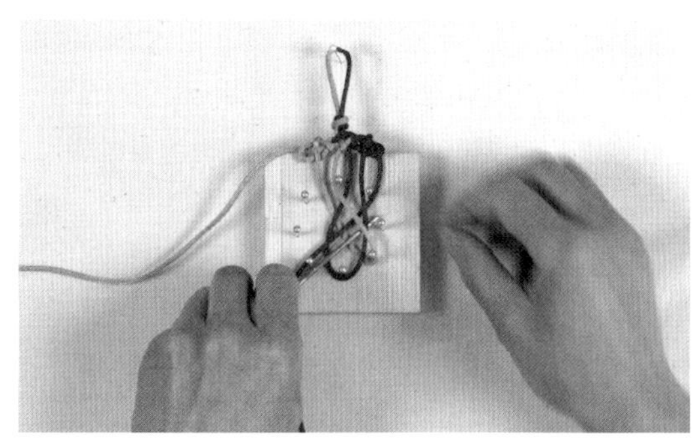

6 用红线穿过第1个红套，做第2个红套。

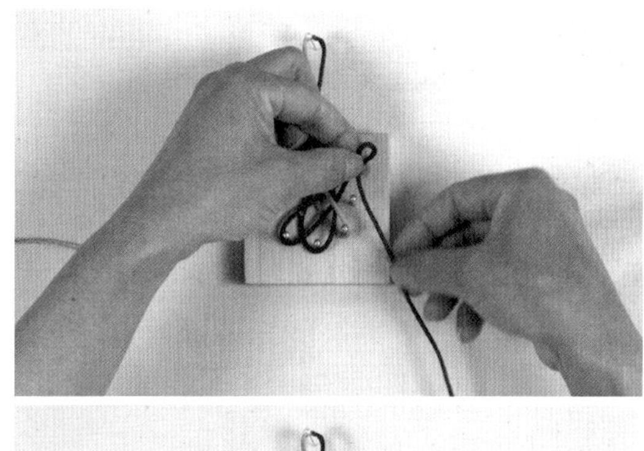

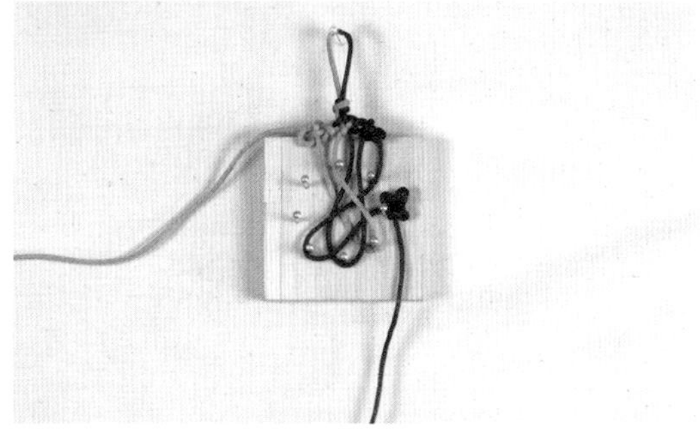

7-8 红线做1个酢浆草结。

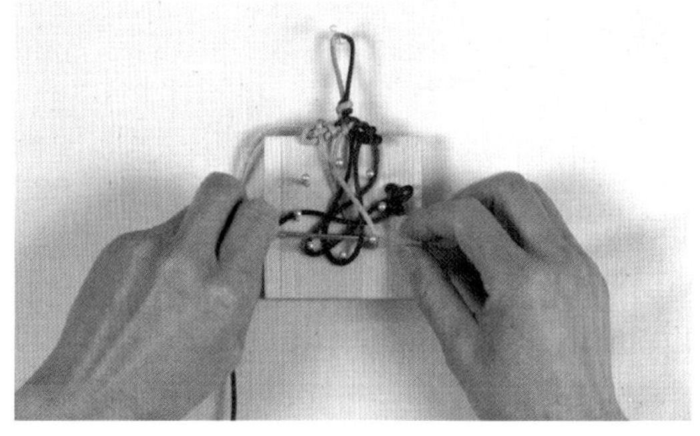

9 红线穿过前2个套，做第3个红套。

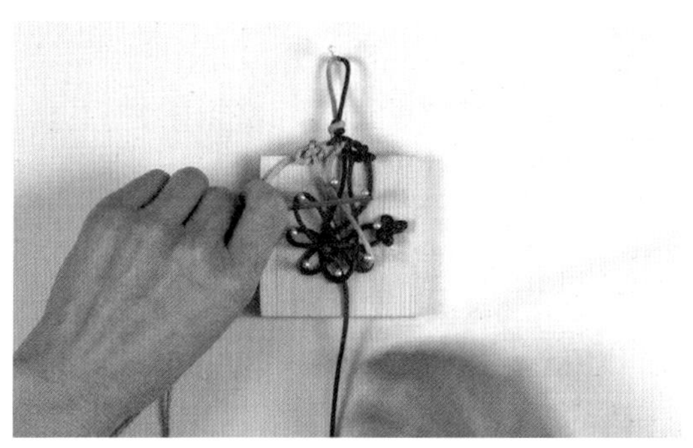

10 红线穿过第1个和第3个红套，做第4个红套。

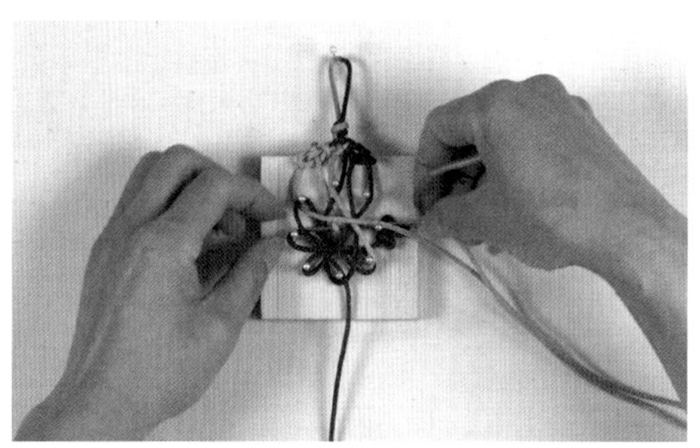

11 黄线从第4个红套穿过，做第2个黄套。注意黄线进线、包绕的方法。

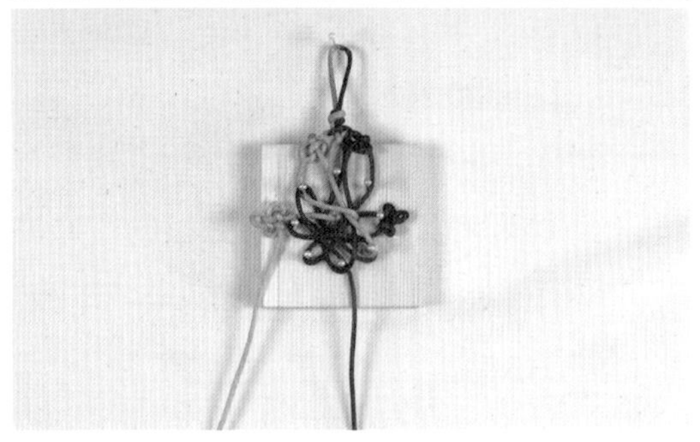

12-13 黄线做1个酢浆草结。

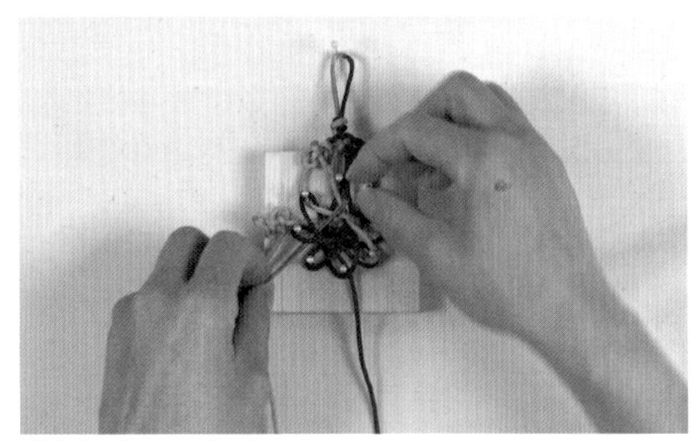

14 黄线做第3个套。

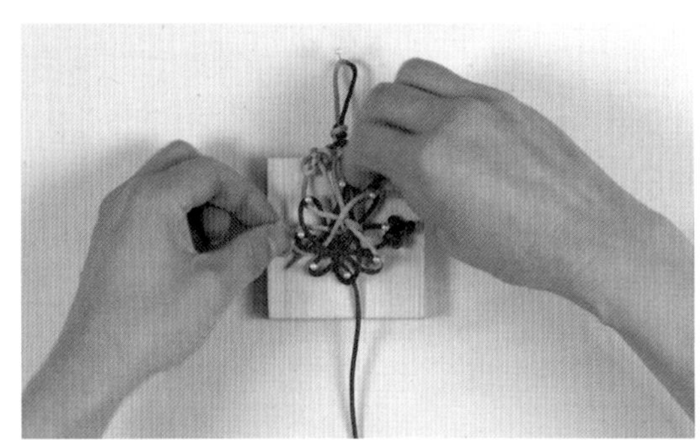

15 黄线做第4个套。

16 调整好结体。

17 完成团锦耳翼加结。

62

磬结

磬结——吉庆祥瑞，普天同庆

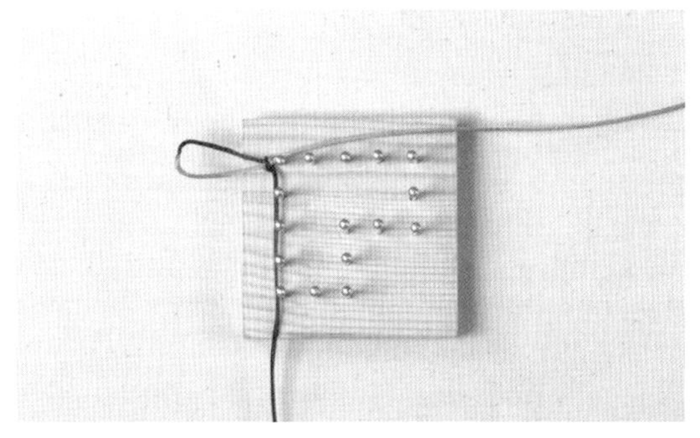

1 将心形钉板放好。

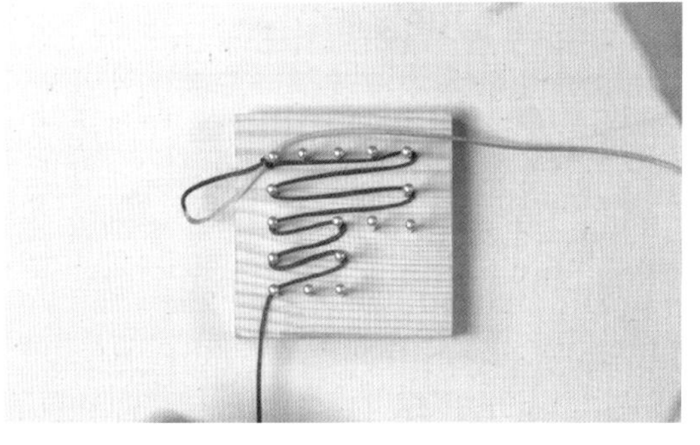

2 先打1个双联结，然后用红线走4行长线和4行短线。

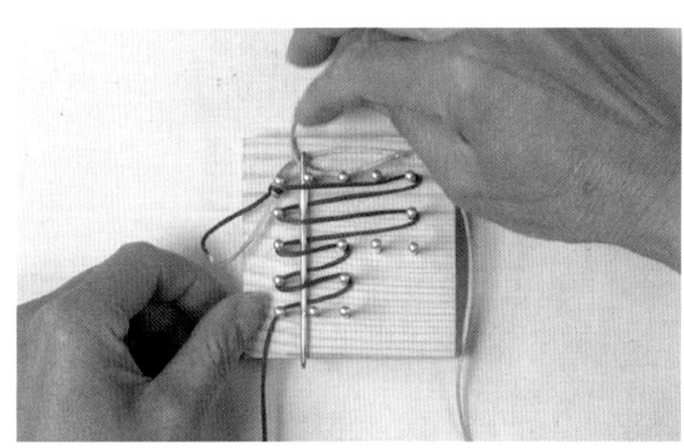

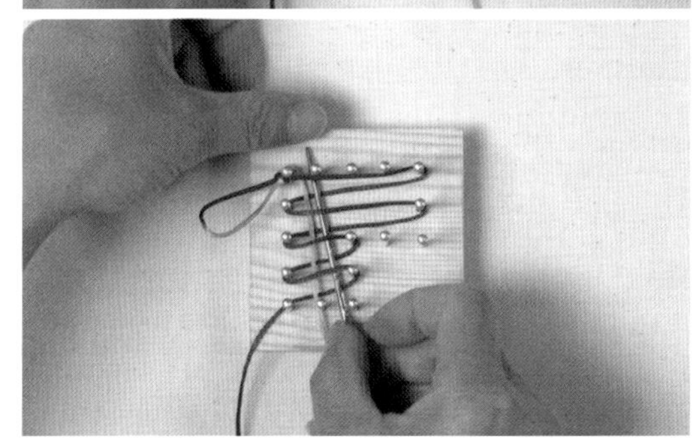

3-4 黄线照红线的走法绕4条长线和4条短线，注意线挑、压的方法。

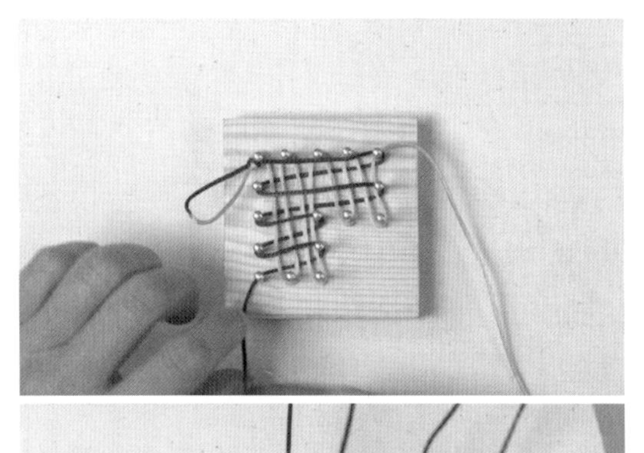

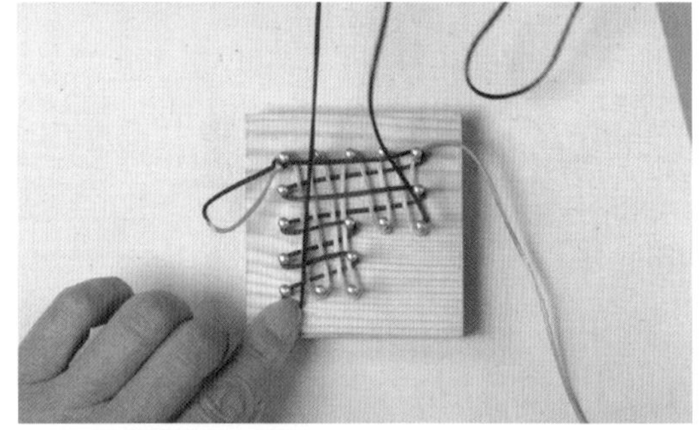

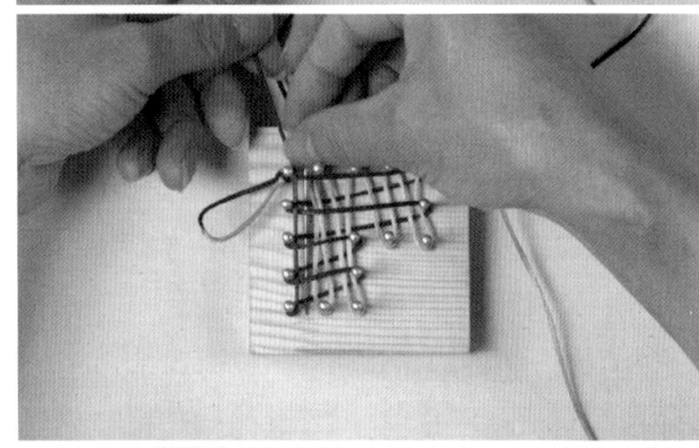

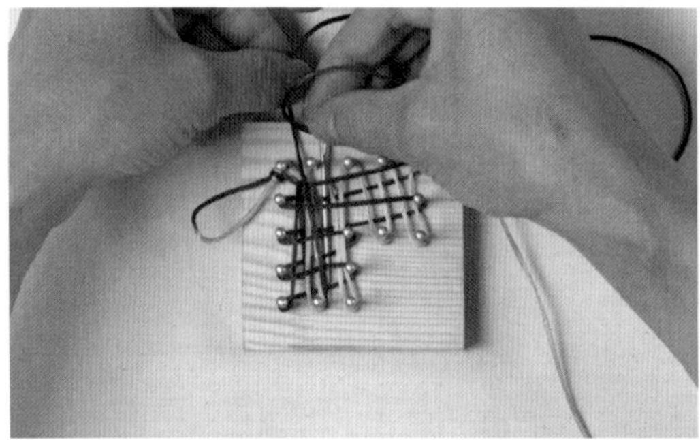

5-8 红线上下各走4条竖线，包住8条红横线。

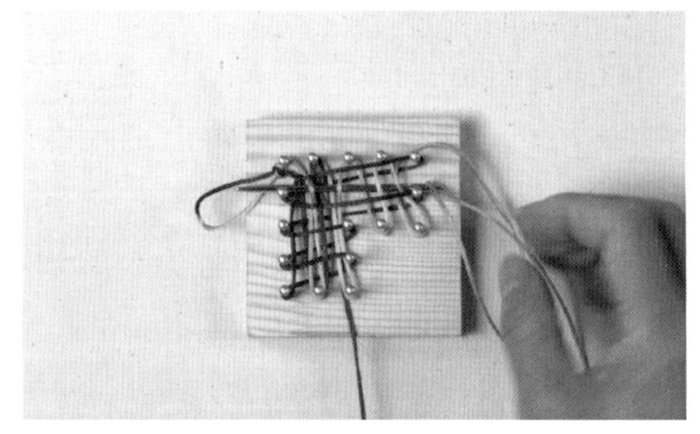

9 黄线从右向左挑第2、4、6、8条黄竖线（其余压线）。

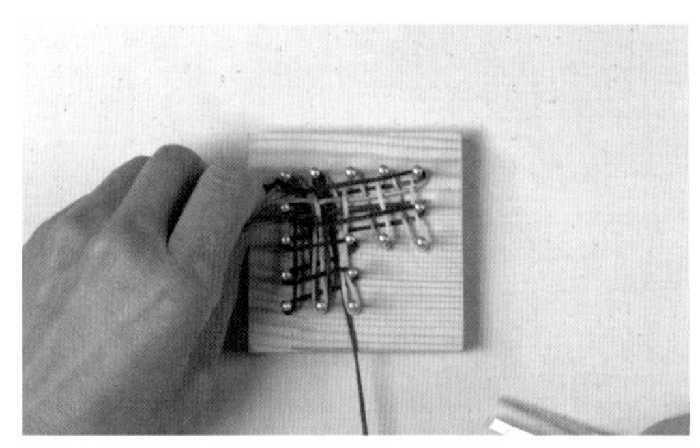

10 黄线从左向右压第1、3、5、7条黄竖线（其余挑线）。

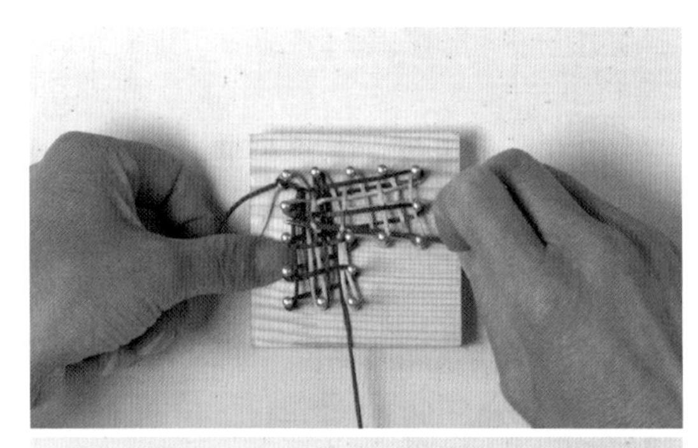

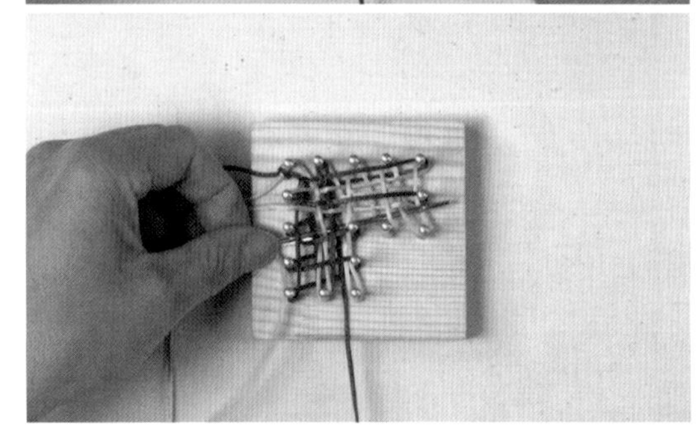

11-12 黄线重复上面的步骤再走2行横线。

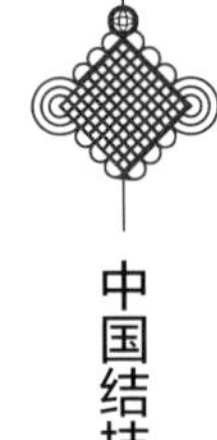

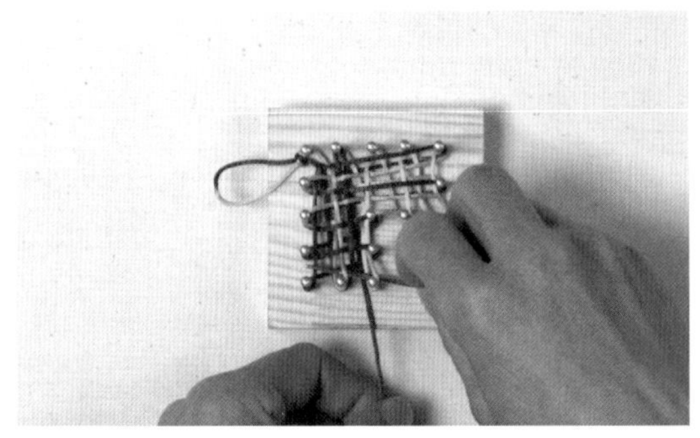

13 红线从右向左挑第2、4条黄竖线（其余压线）。

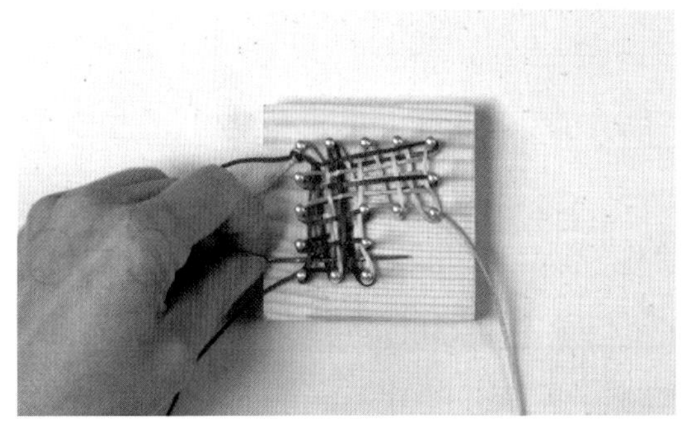

14 红线从左向右压第1、3条黄竖线（其余挑线），完成2行红横线。

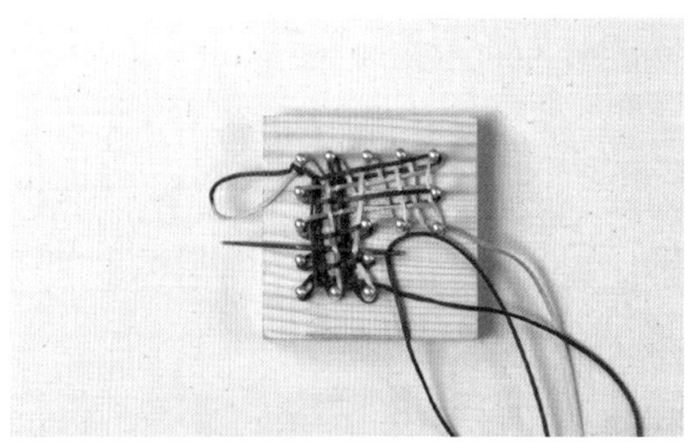

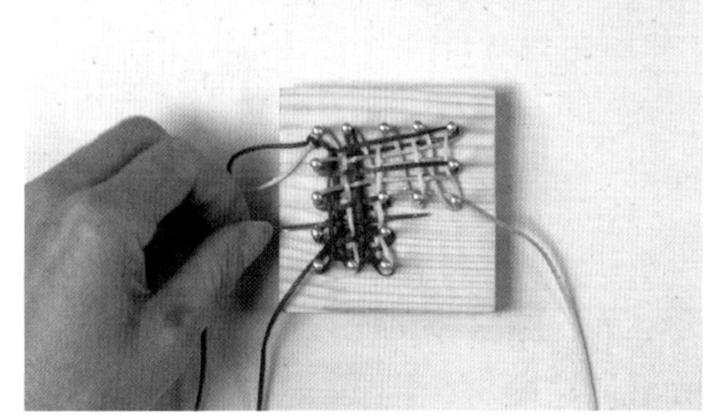

15-16 红线重复操作再走2行红横线。

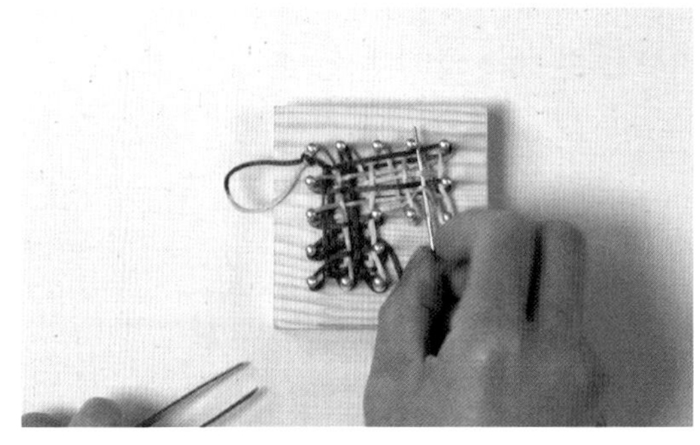

17 黄线从下向上挑第2、4条黄横线（其余压线）。

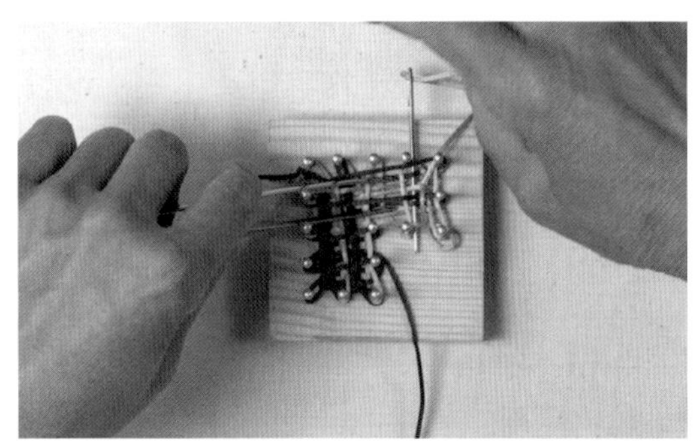

18 黄线从上向下压第1、3条黄横线（其余挑线）。

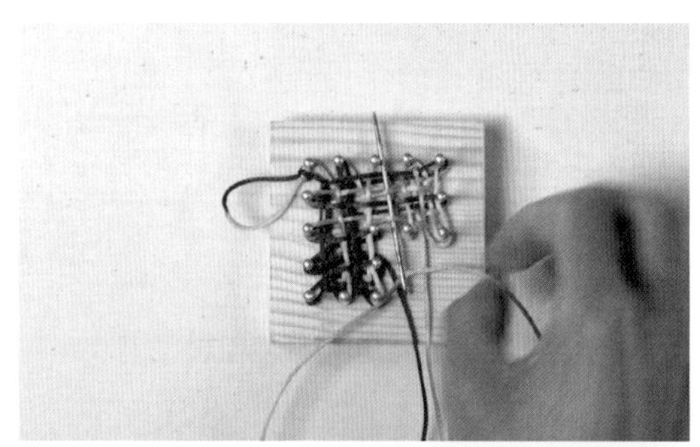

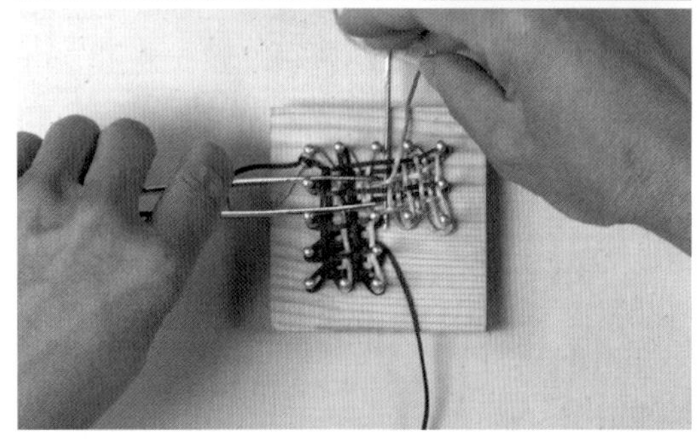

19-20 黄线重复操作再走2条黄竖线。

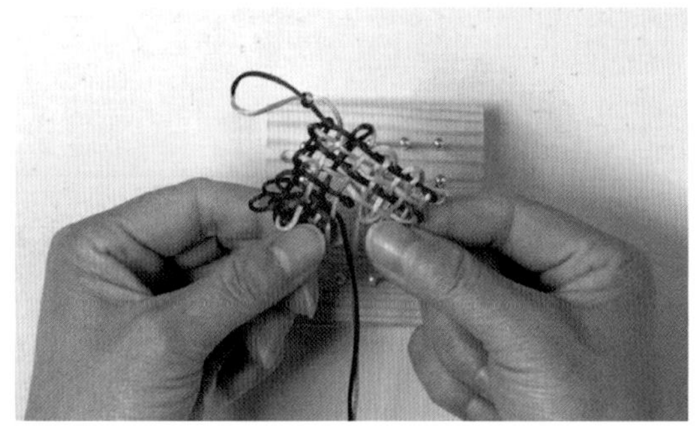

21 取下结体，调整成形。

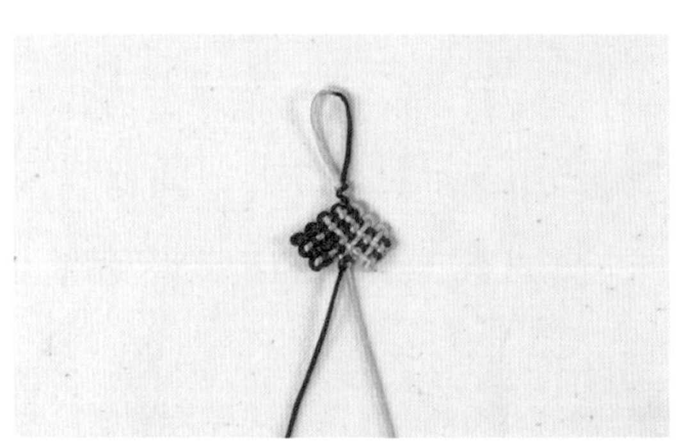

22 完成磬结。

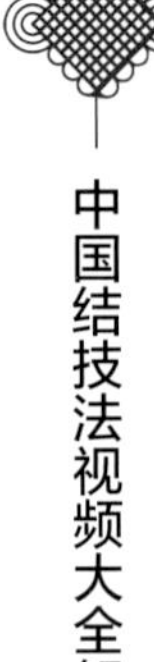

63

复翼磬结

磬结——吉庆祥瑞，普天同庆

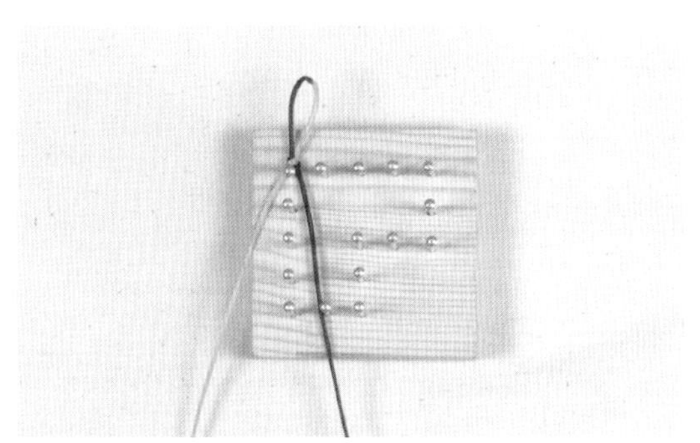

1 准备好心形钉板，先打1个双联结作为开头。

2 红线绕出6条竖线。

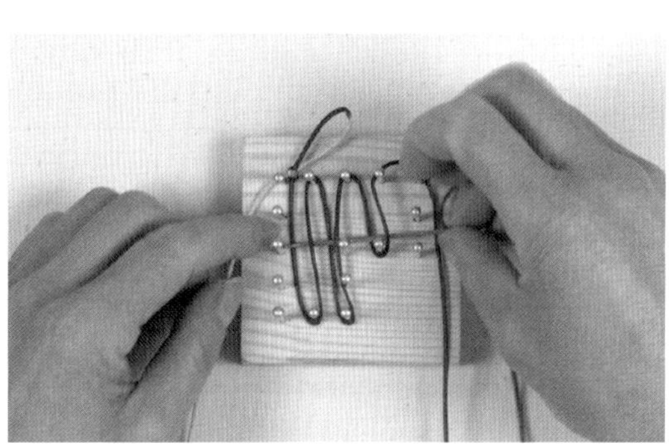

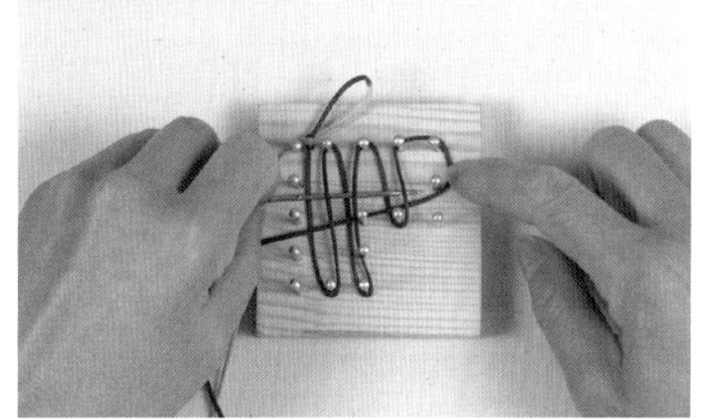

3-4 红线绕出右侧第1个耳翼，挑第2、4、6列竖线走2行横线。

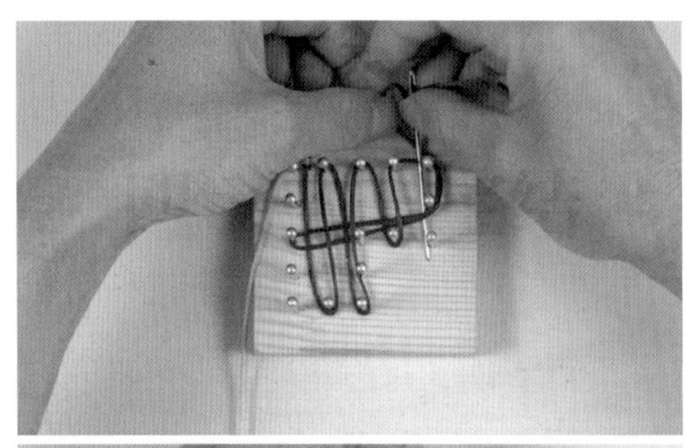

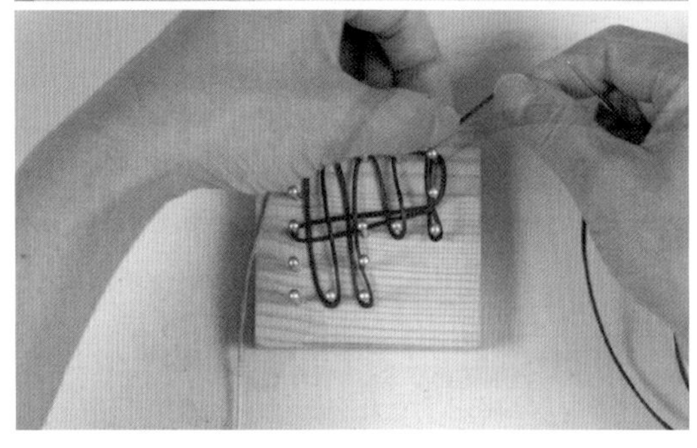

5-6 红线绕出右侧第2个耳翼。红线走2行竖线。

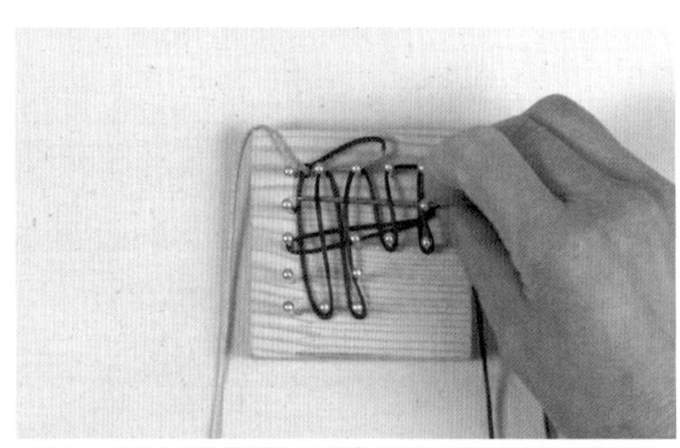

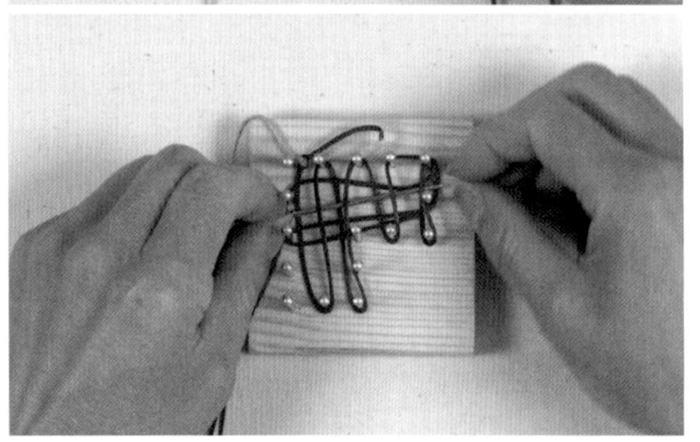

7-8 红线绕出右侧第3个耳翼，挑第2、4、6、8列竖线走2行横线。

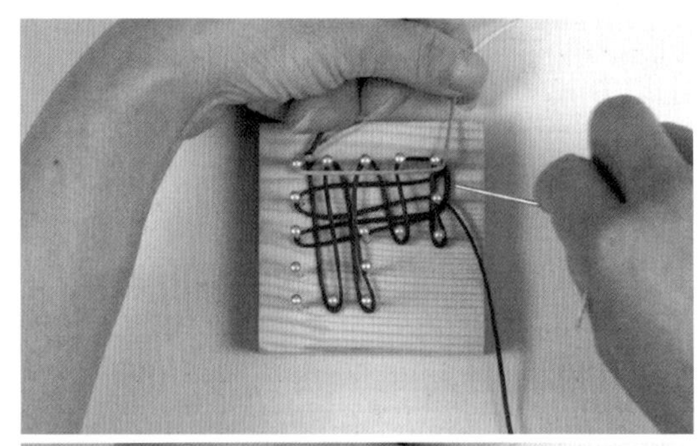

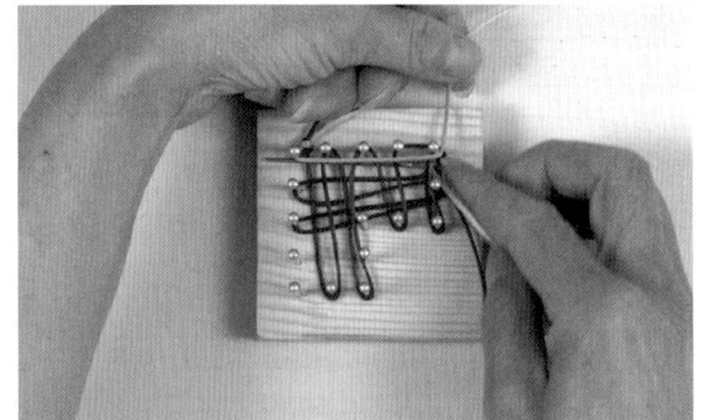

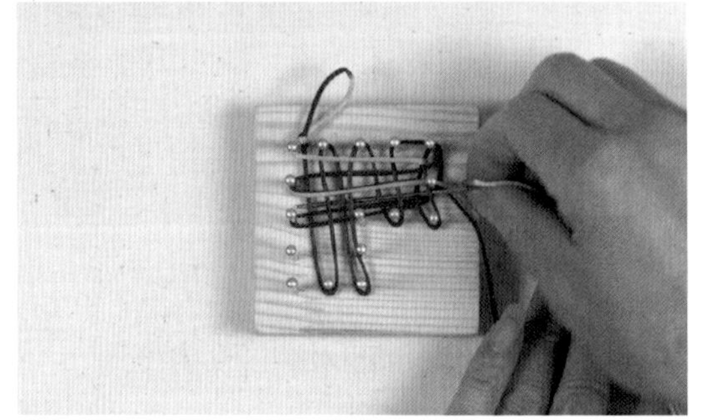

9-11 黄线包住所有竖线，如图走4行横线。

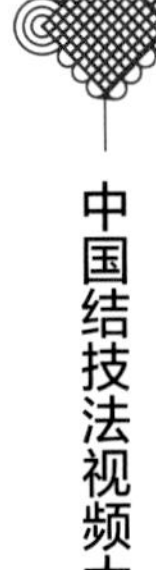

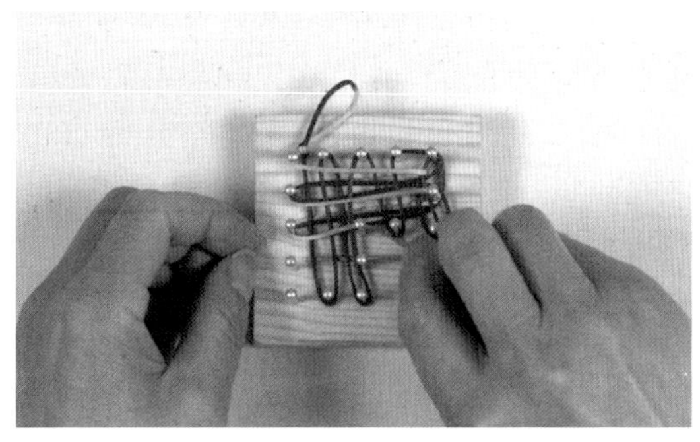

12 黄线包住下面的红竖线再走2行横线。

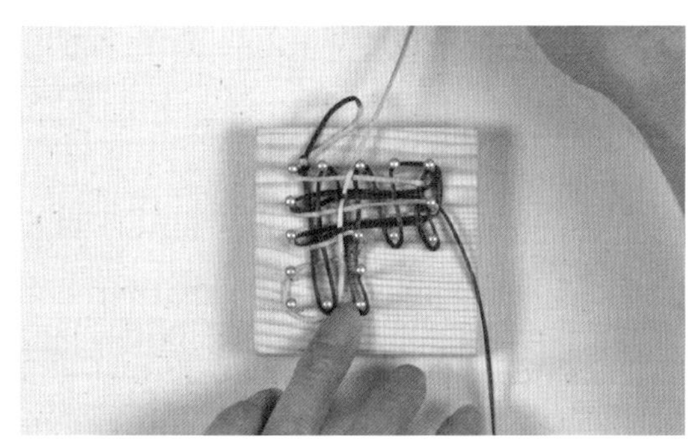

13 黄线绕出左侧第1个耳翼。黄线向上挑第2、4条红横线（其余压线）。

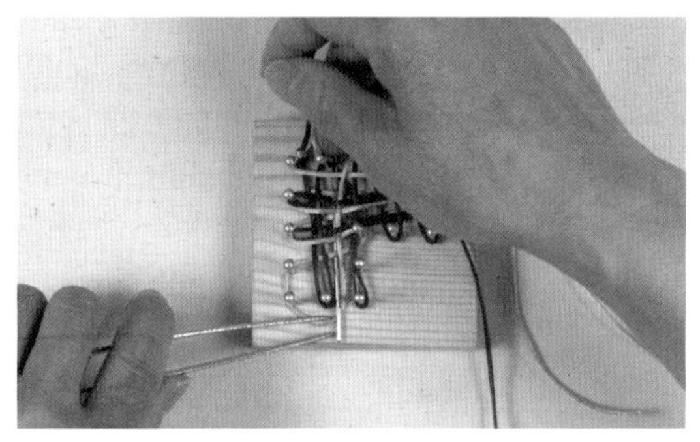

14 黄线向下压第1、3条红横线（其余挑线）。

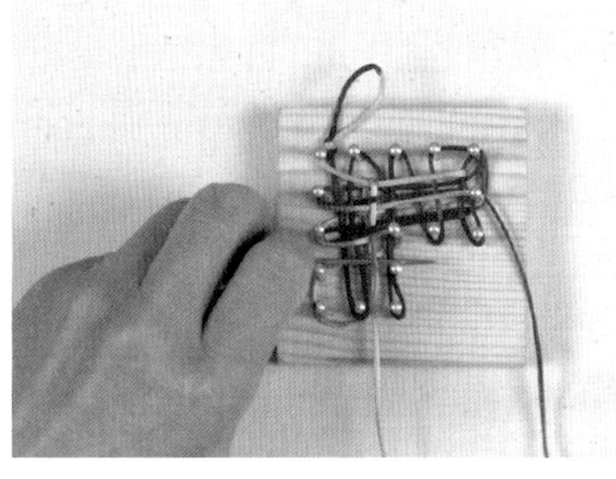

15 黄线绕出左侧第2个耳翼。黄线从左向右挑第2条黄竖线（其余压线）。

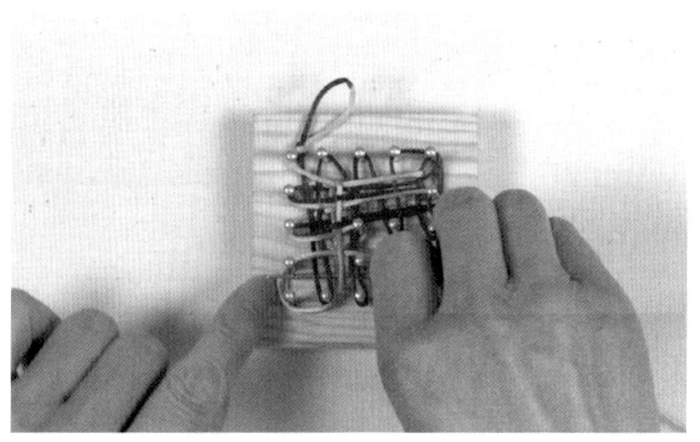

16 黄线从右向左压第1条黄竖线（其余挑线）。

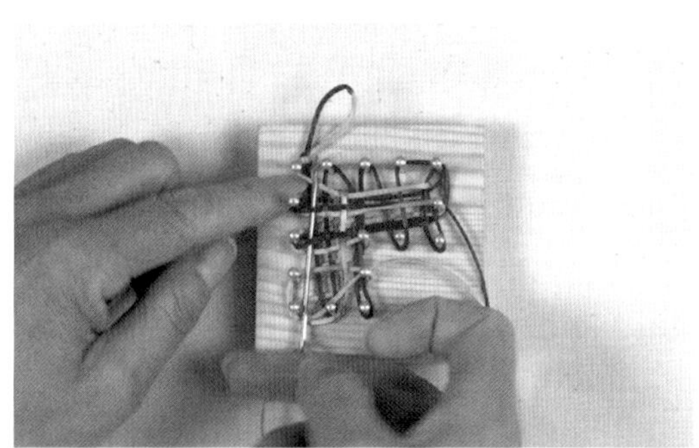

17 黄线绕出左侧第3个耳翼。黄线向上挑第2、4条红横线（其余压线）。

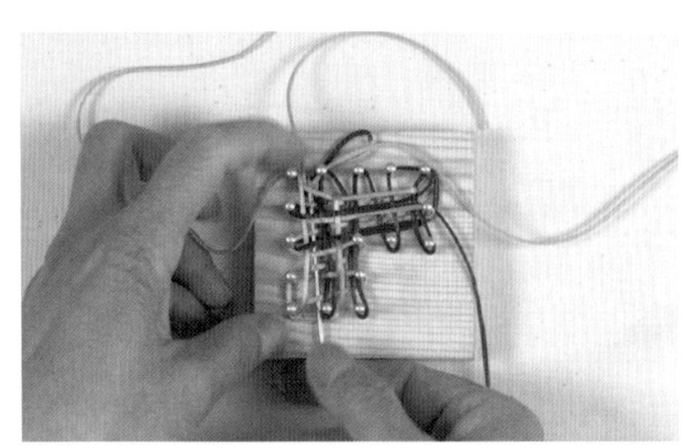

18 黄线向下压第1、3条红横线（其余挑线）。走2条竖线。

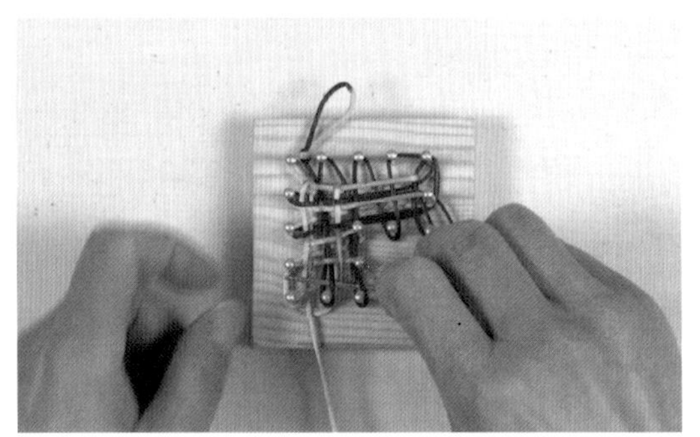

19 黄线向左挑第2、4条红线（其余压线）。

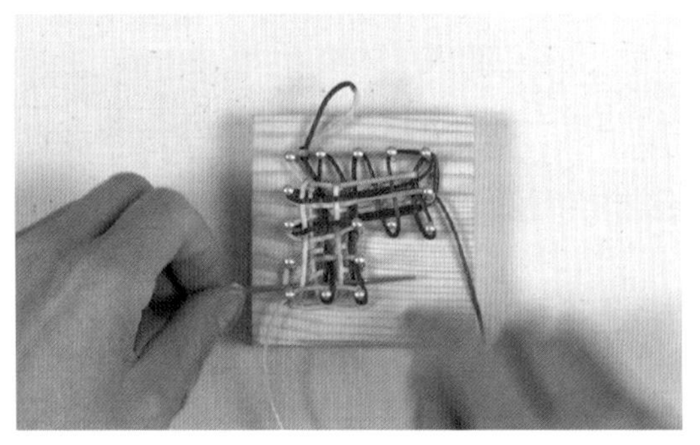

20 黄线向右压第1、3条红线（其余挑线），走2行横线。绕出左侧第4个耳翼。

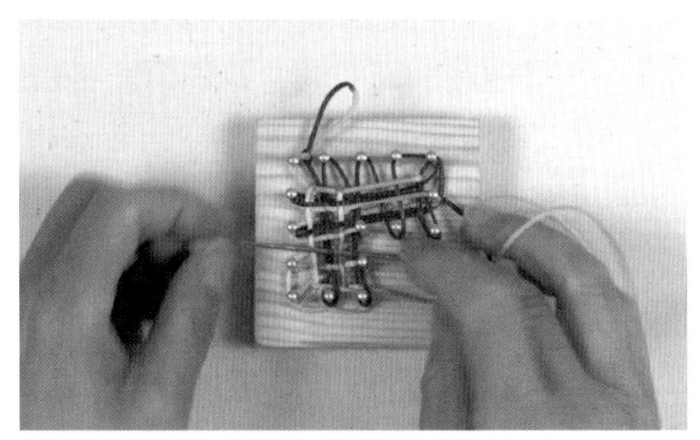

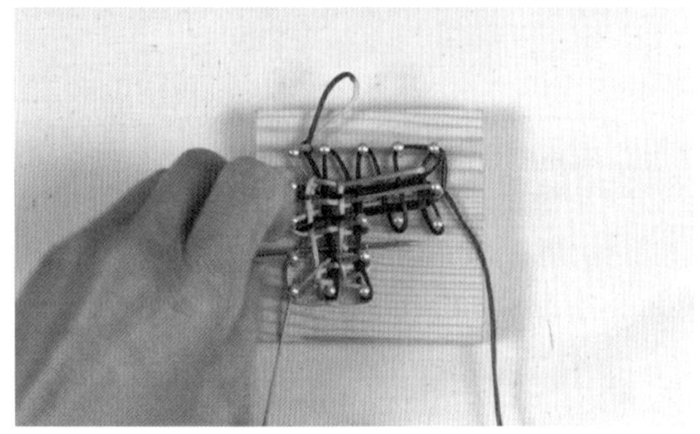

21-22 黄线重复上面操作，再走2行横线。

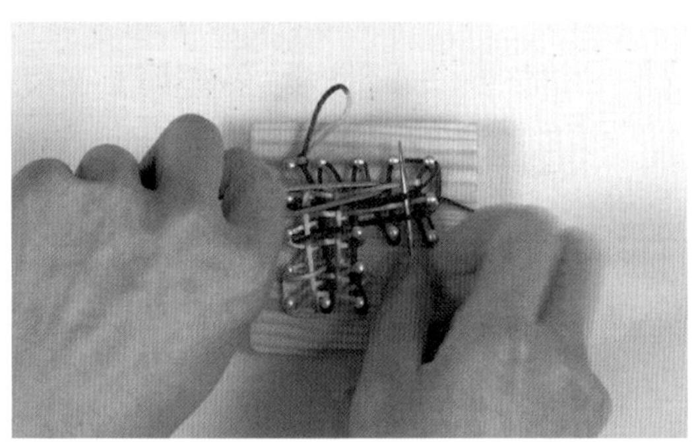

23 红线向上挑第2、4行红线（其余压线）。

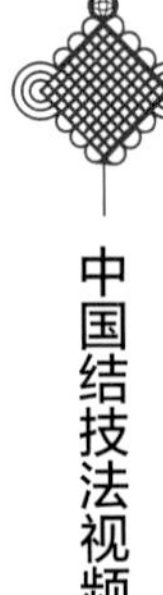

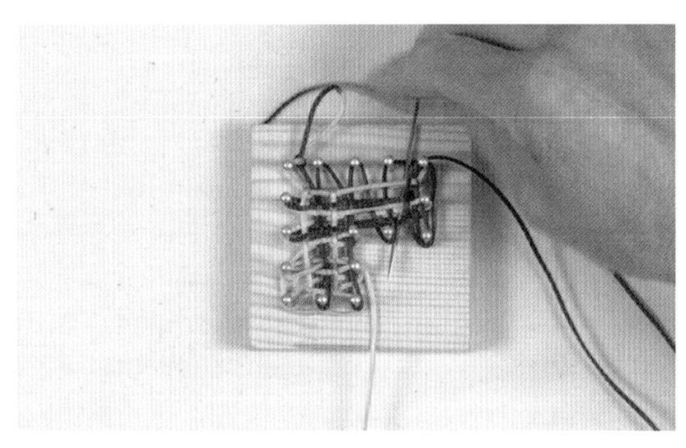

24 然后向下压第1、3行红线（其余挑线），一共走2条竖线。绕出右侧第四个耳翼。

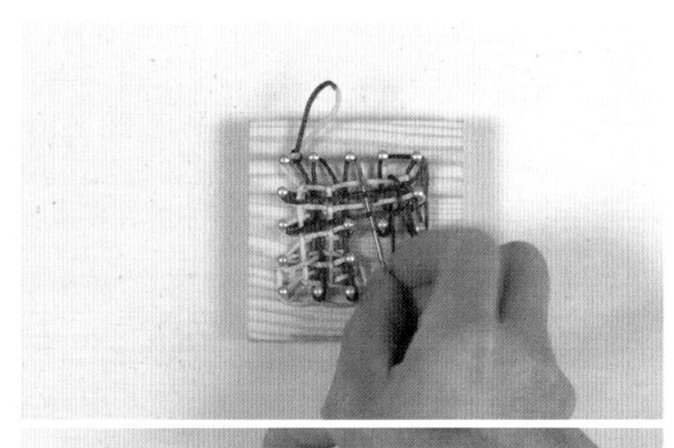

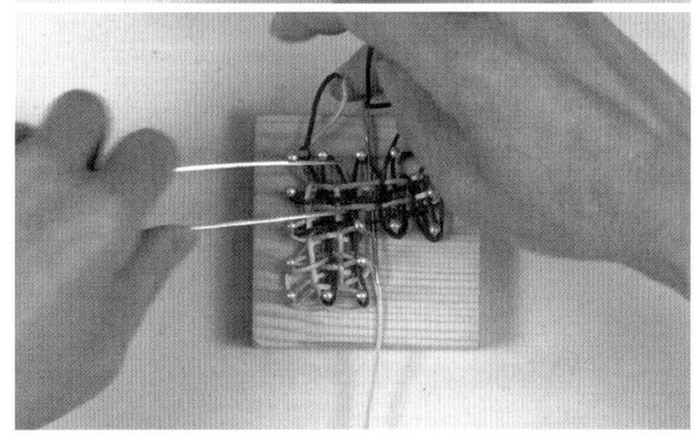

25-26 红线重复上面操作，再走2条竖线。

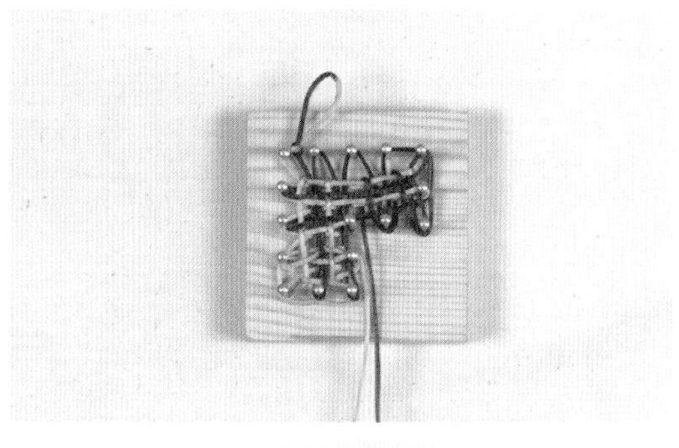

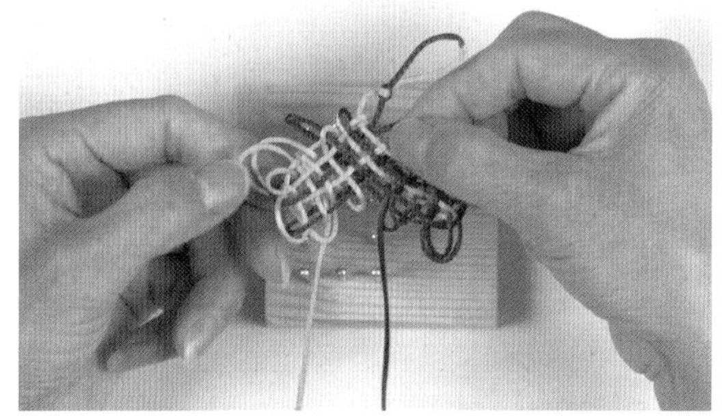

27-28 取下结体。

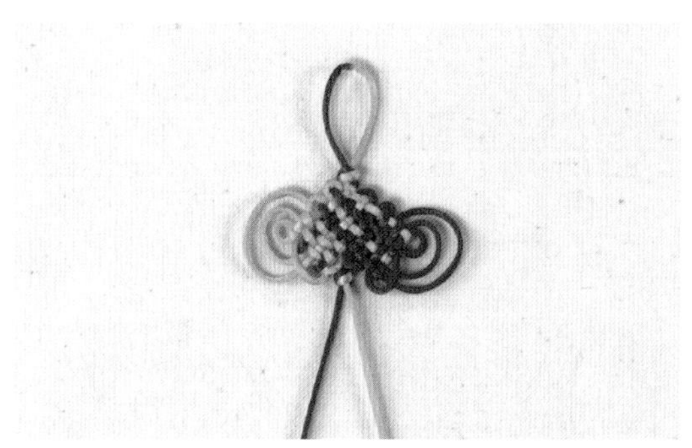

29 调整结形，注意拉出耳翼，完成复翼磬结。

64

同心结

同心结——恩爱情深，永结同心

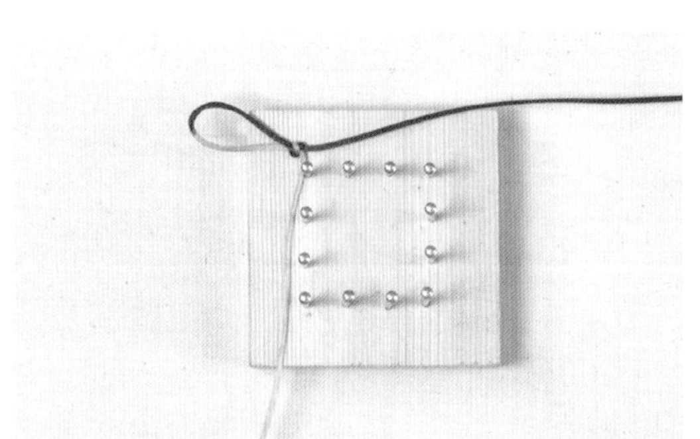

1 取十耳钉板放好。

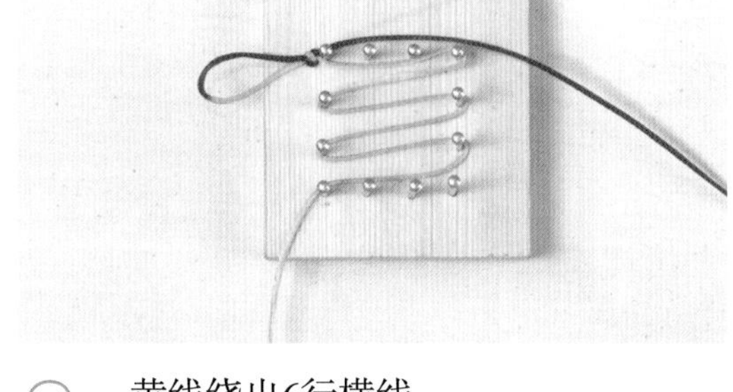

2 黄线绕出6行横线。

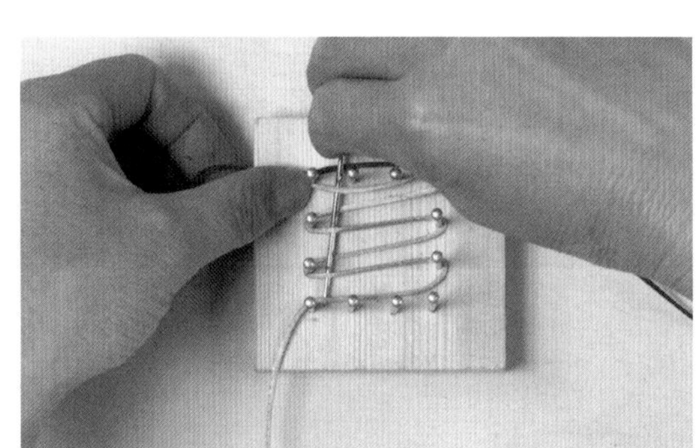

3 红线挑第1、3、5行黄横线。

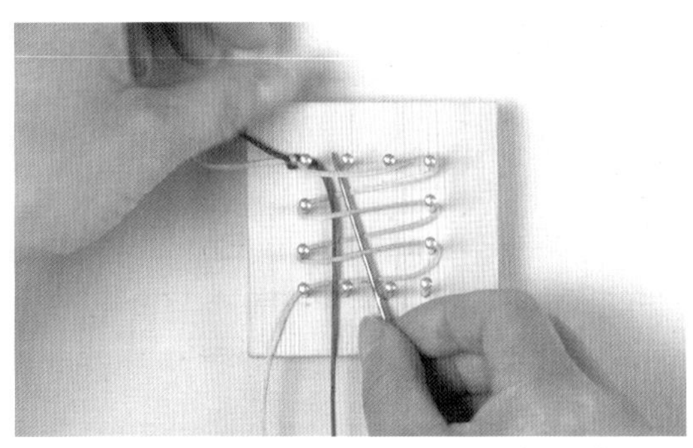

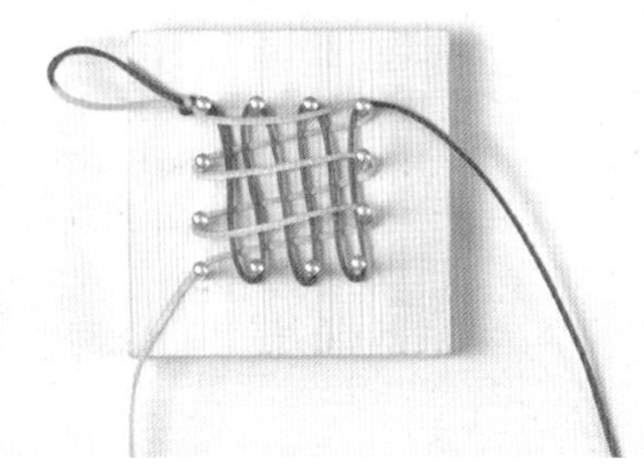

4-5 共绕出6条竖线。

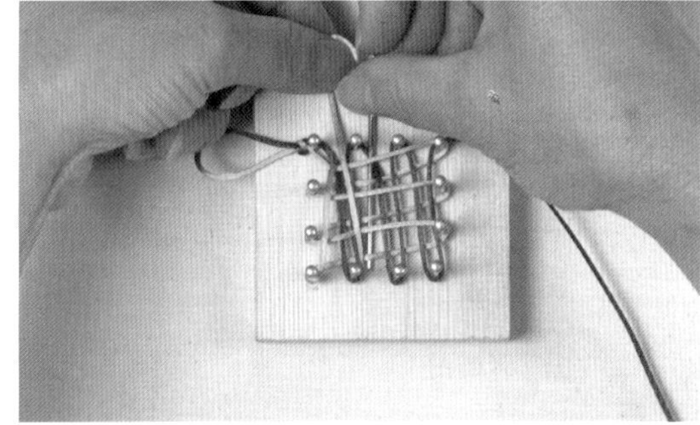

6-7 黄线包住所有的横线，分别走6条竖线。

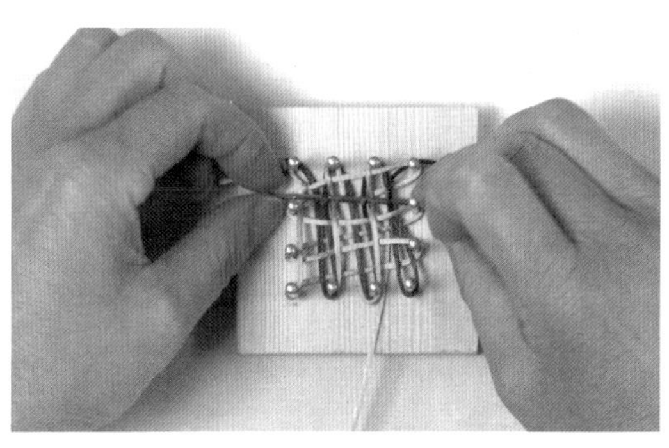

8 红线向左挑第2、4、6条红竖线（其余压线）。

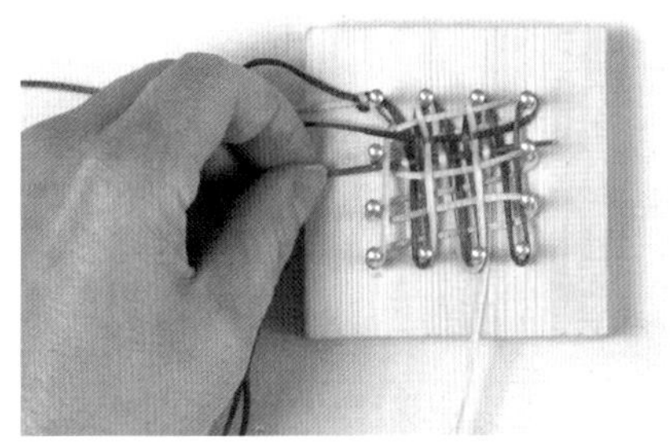

9 然后向右压第1、3、5条红竖线（其余挑线）。

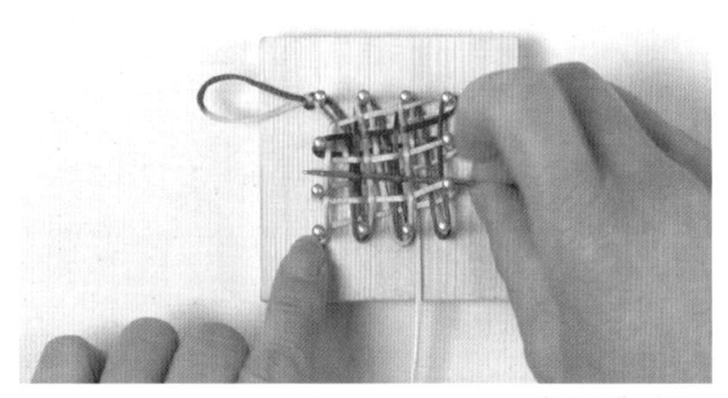

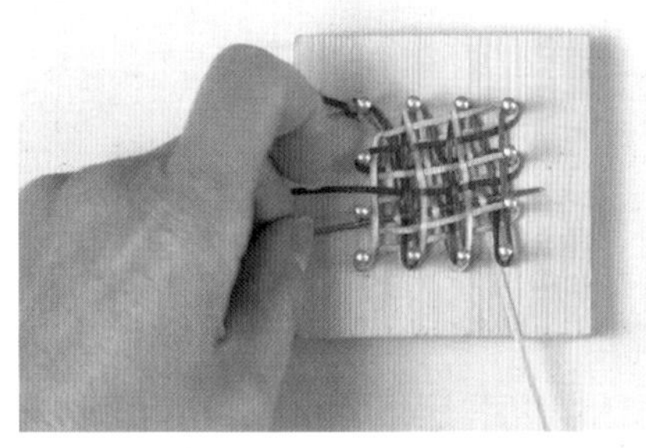

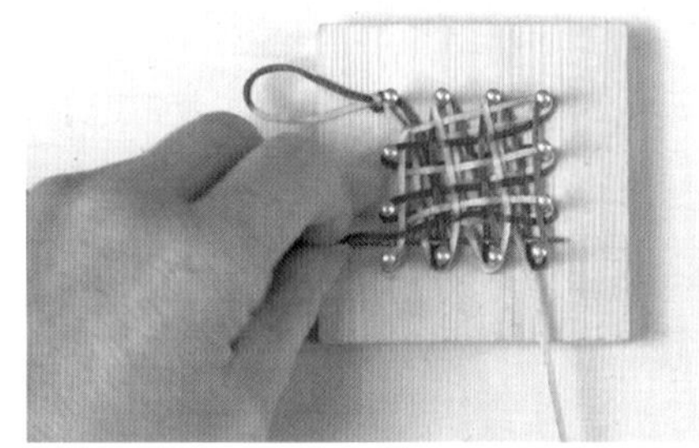

10-12 重复走6行横线。

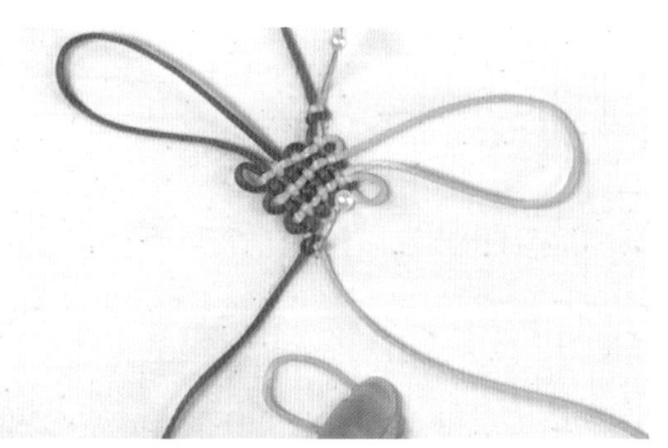

13 取下结体。调整成形，分别拉长两侧的耳翼。

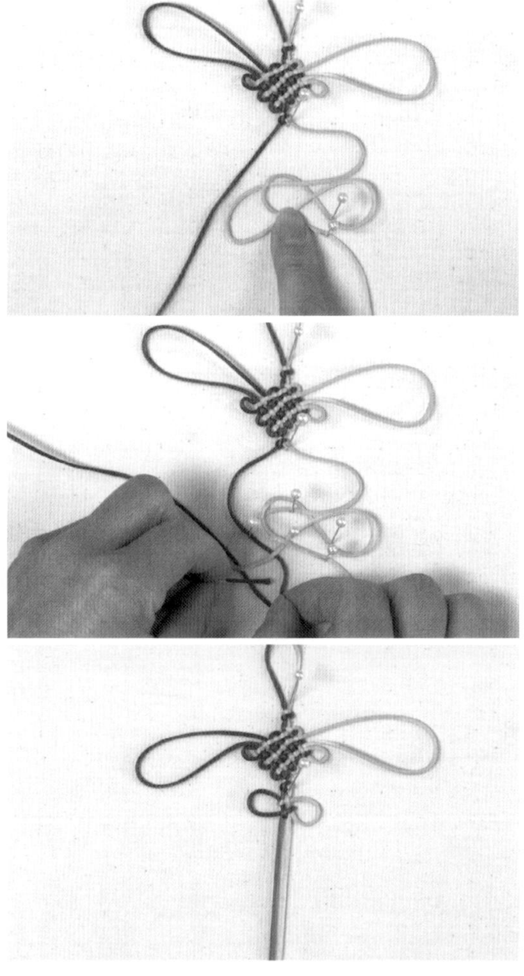

14-16 在盘长结下面依次打双联结、酢浆草结。

17 把酢浆草结右侧的耳翼弯起来做一个套，包住右侧的长耳翼。

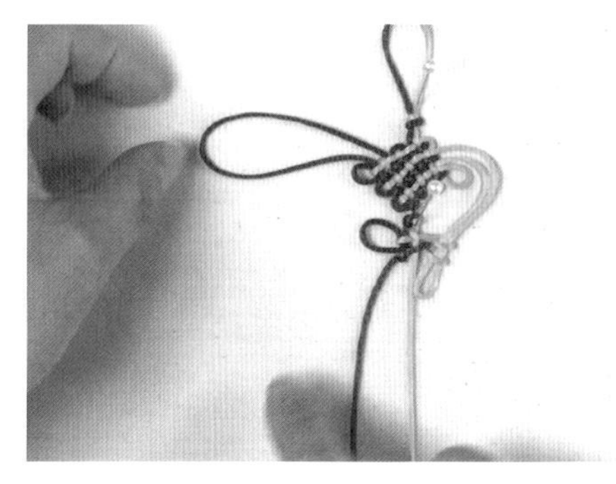

18 左边仿照右边的做法编结。再打一个双联结。

19 完成同心结。

65

三宝三套宝结

宝结——大富大贵

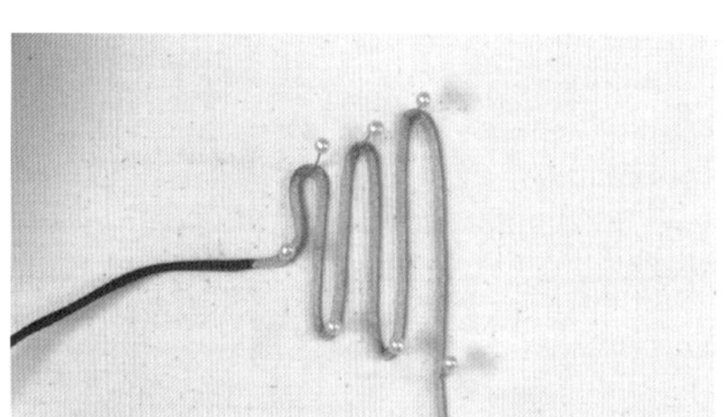

1 用黄线做3个竖套。

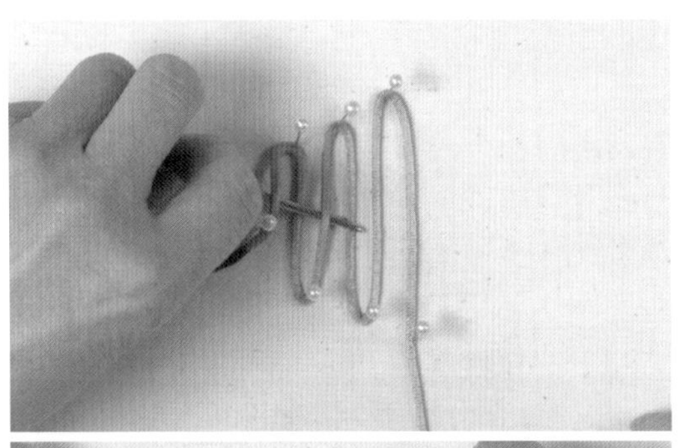
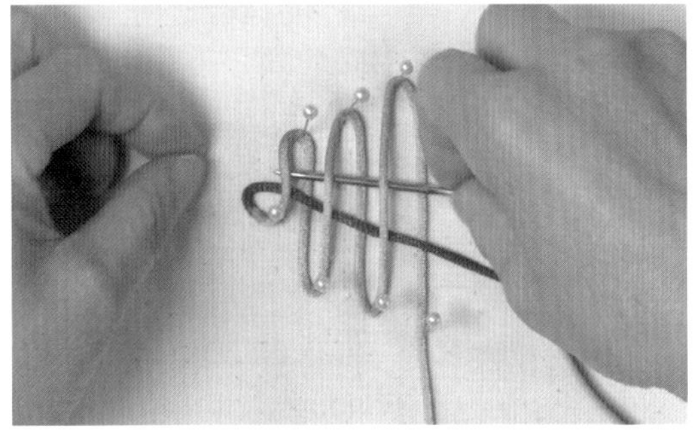

2-3 红线用挑、压做第1个进套，被包在3个竖套中。

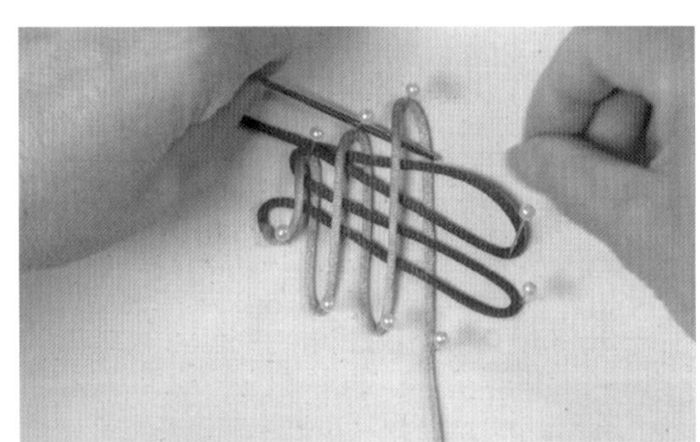
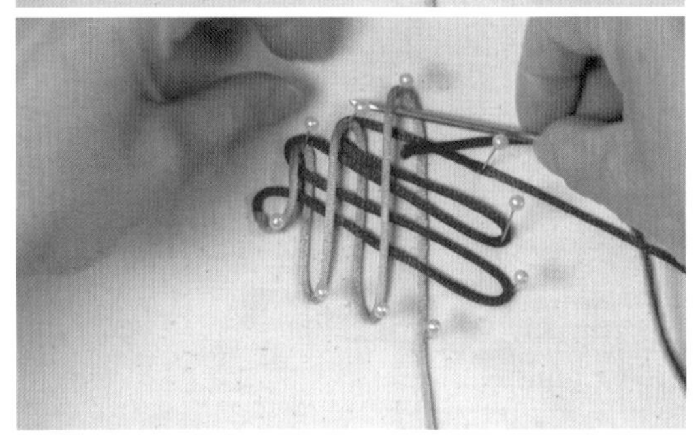

6-7 红线再做1个短套，被包在最右边的1个竖套中。

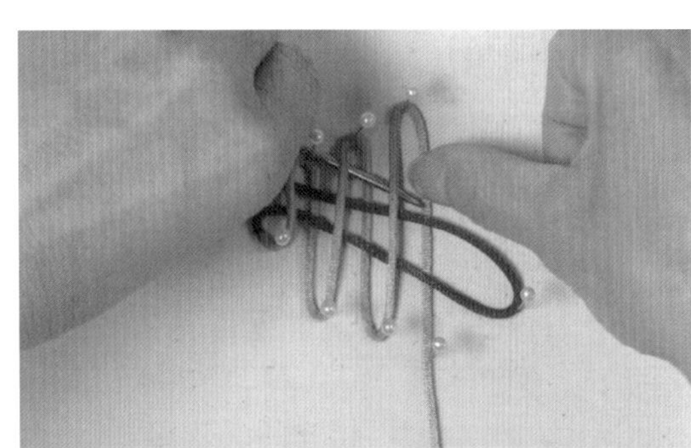
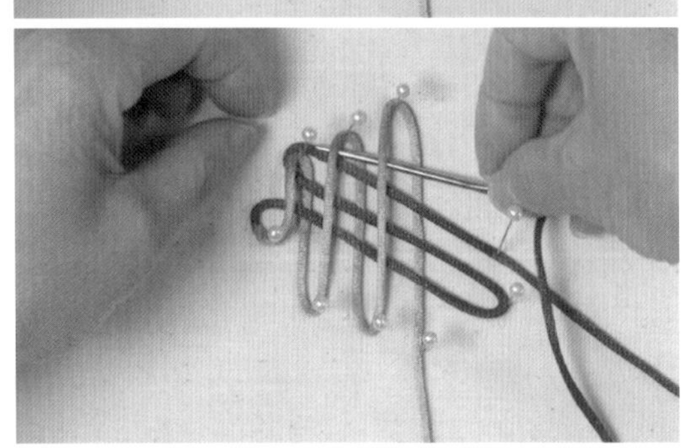

4-5 红线做第2个进套，被包在右边2个竖套中。

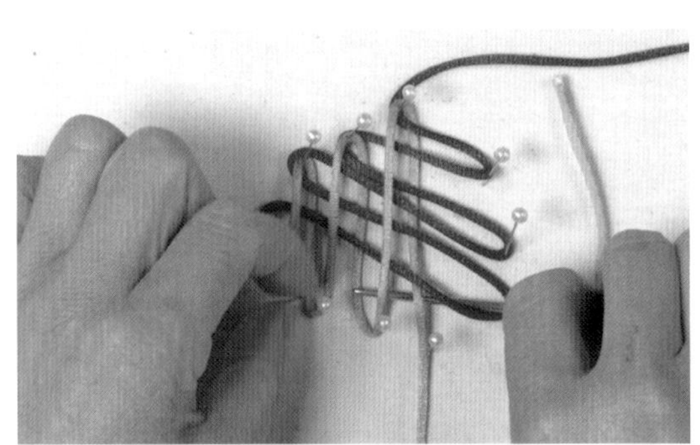
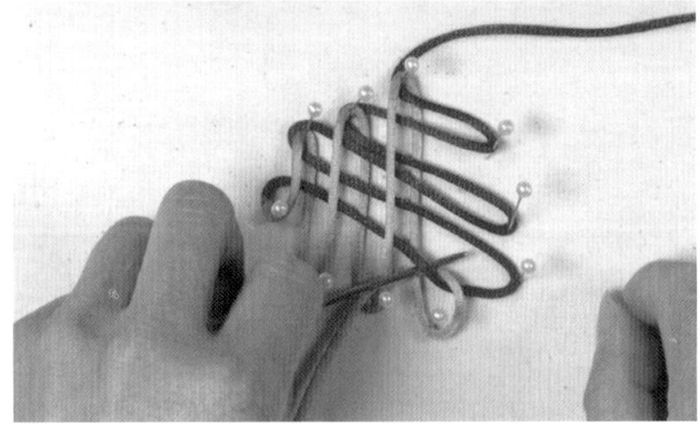

8-9 黄线进1套，包1套。

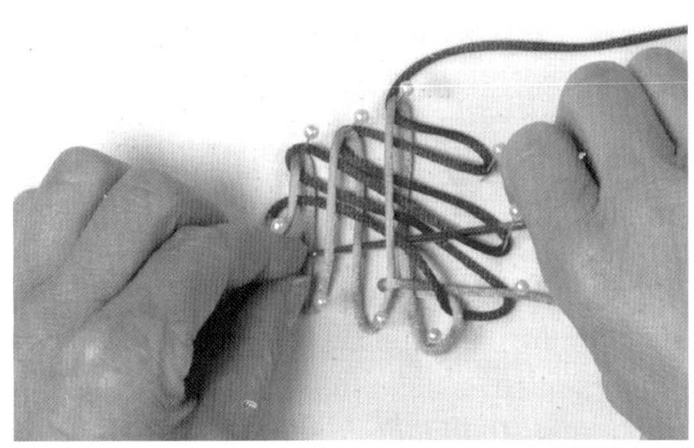

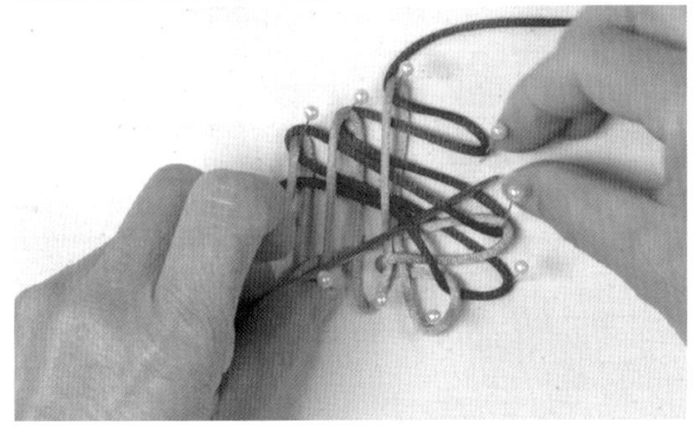

10-11 黄线进2套，包2套。

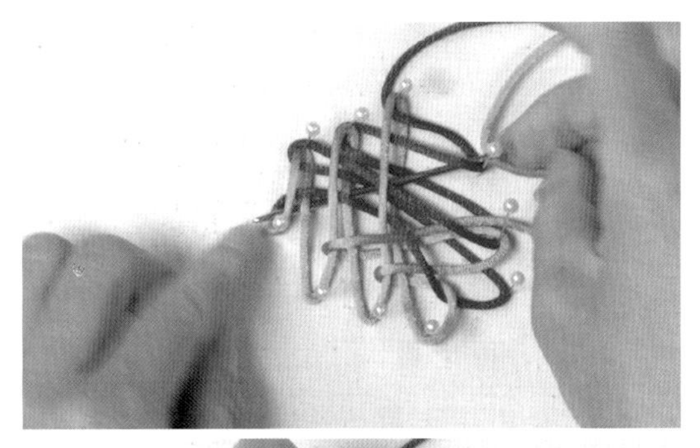

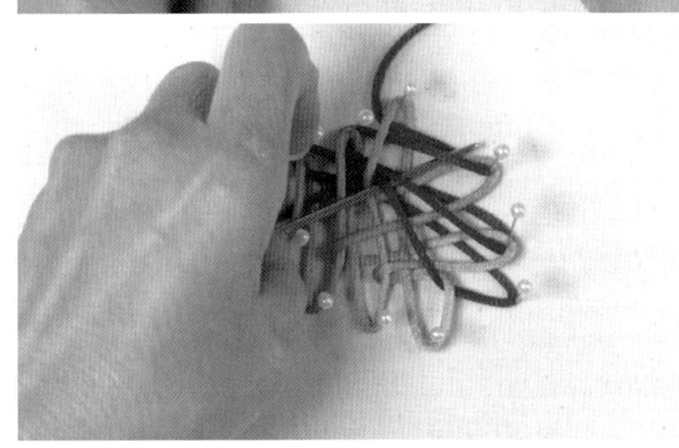

12-13 黄线进3套，包3套。

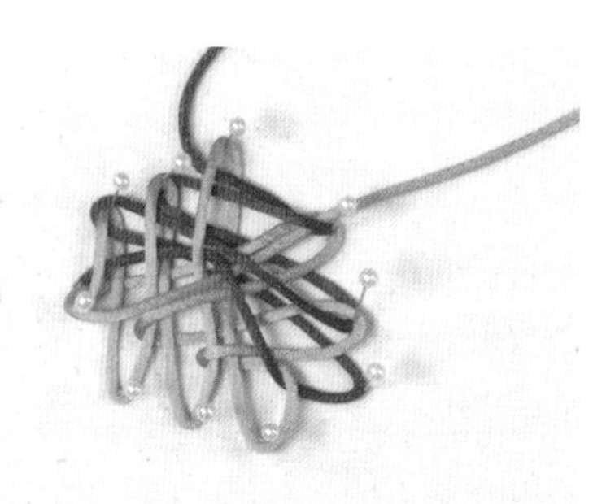

14 取下结体将线收紧，调整好结体。

15 完成三宝三套宝结。

66

二宝三套宝结

宝结——大富大贵

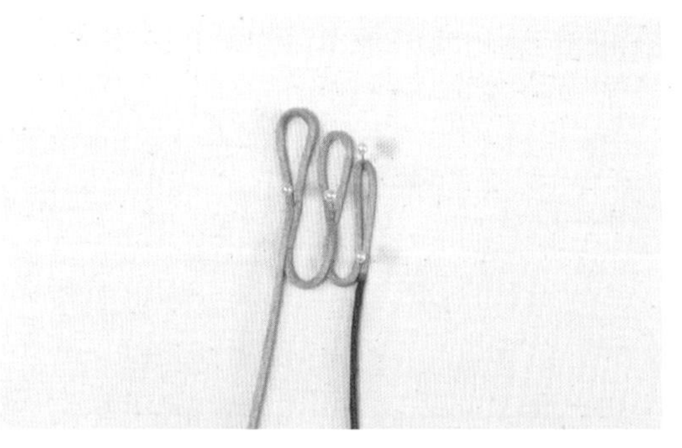

1 黄线做3个竖套，第1个套最长，第2个稍短，第3个最短。

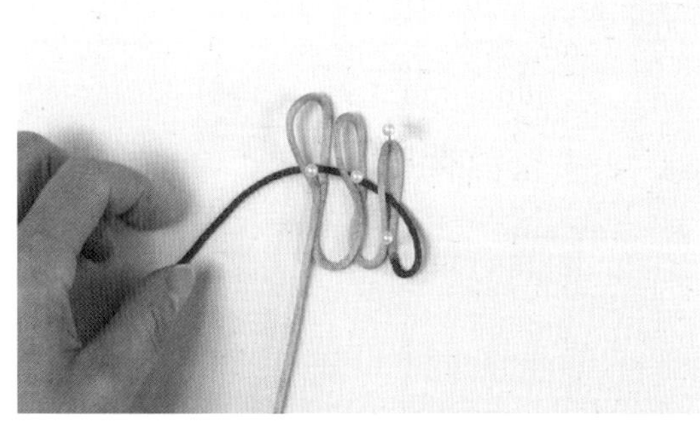

2 红线向左穿过上面做好的3个竖套中。

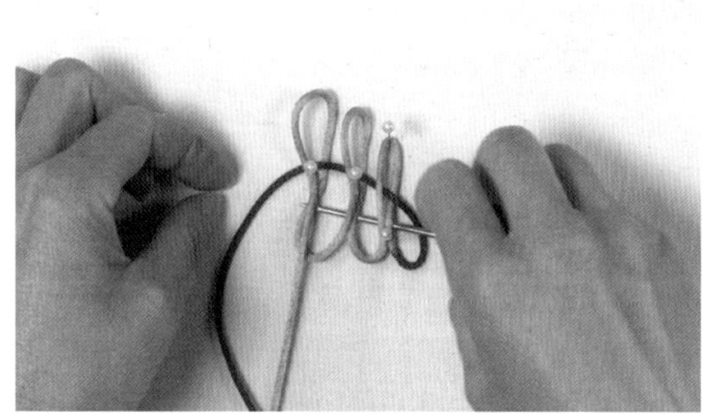

3 红线再从右向左从所有竖套下穿过，包住所有的竖套。

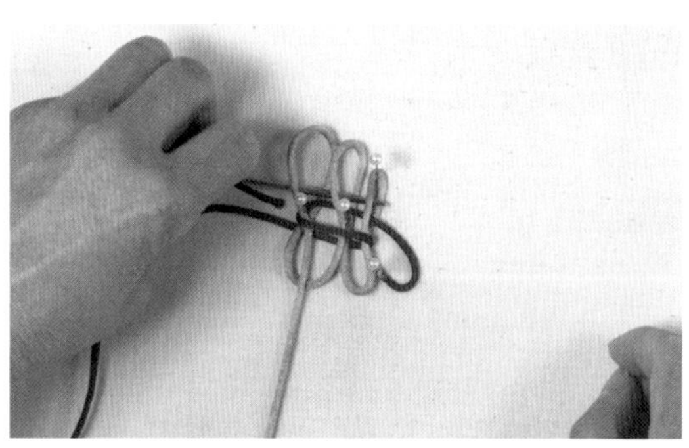

4 红线从左向右从3个竖套中间穿出来。

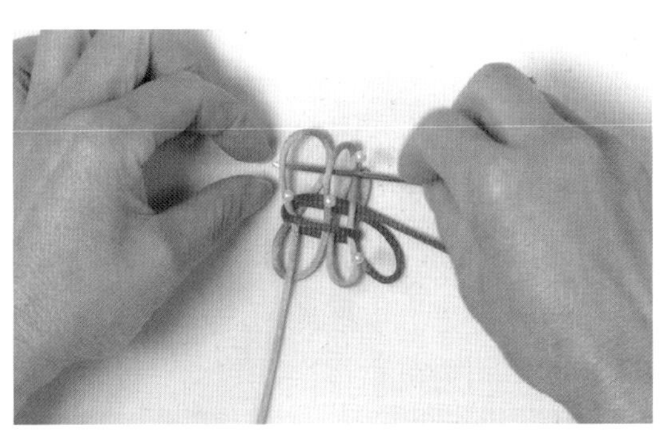

5 红线向左穿过左边2个较长的竖套中。

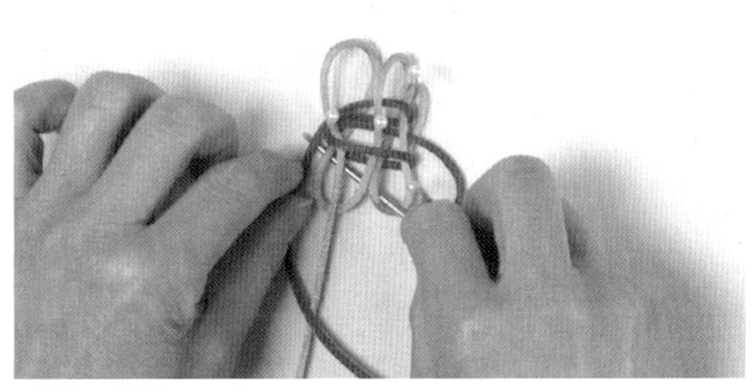

6 红线从下面包住2个较长的竖套。

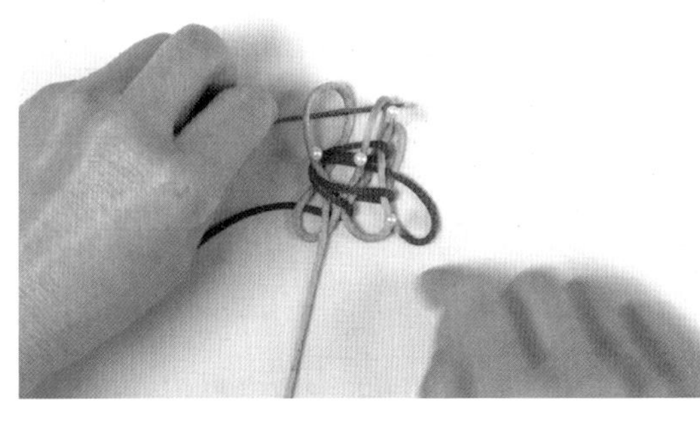

7 红线向右从2个较长的竖套中穿出来。

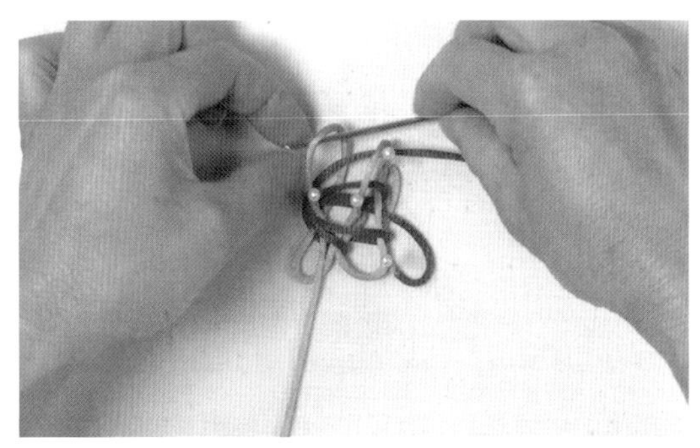

8 红线向左穿过最长的竖套。

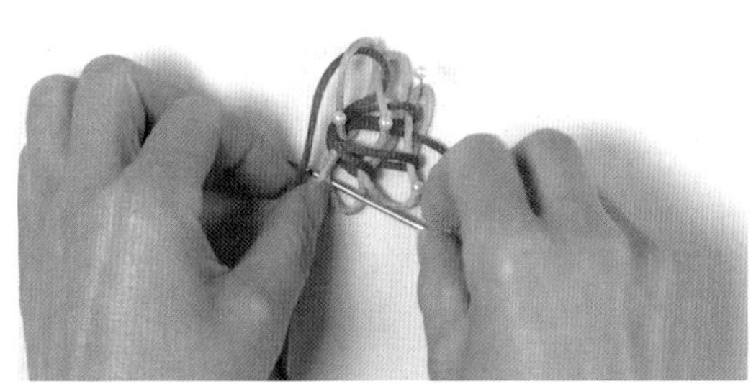

9 红线从下面包住最长的竖套。

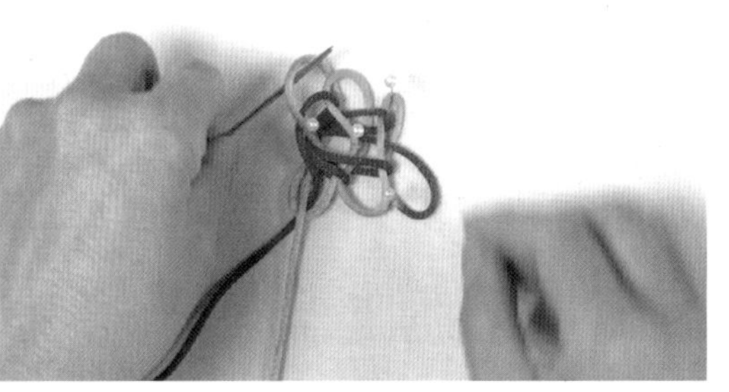

10 红线从最长的那个竖套中穿出来。

11 整理结形，完成二宝三套宝结。

67

三宝四套宝结

宝结——大富大贵

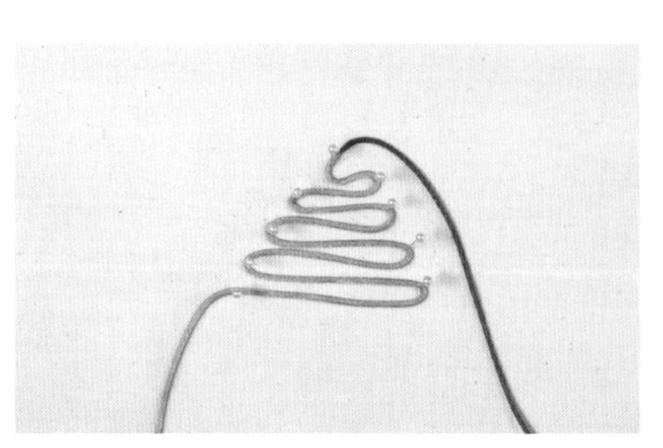

1 用黄线做4个横套。

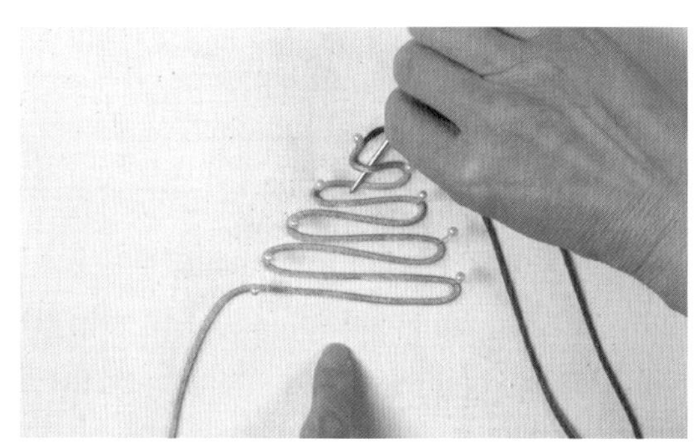

2 红线通过挑、压做第1个进套。

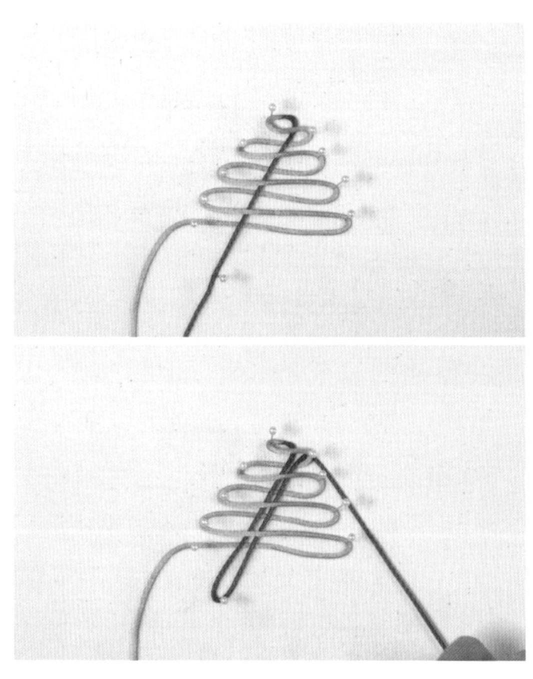

3-4 进到前面做好的4个横套中。

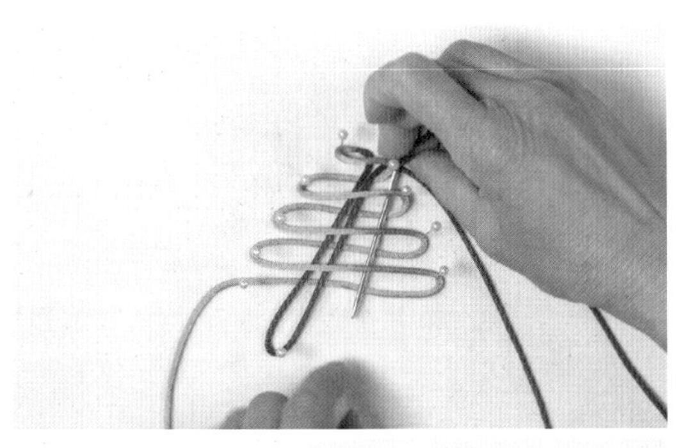

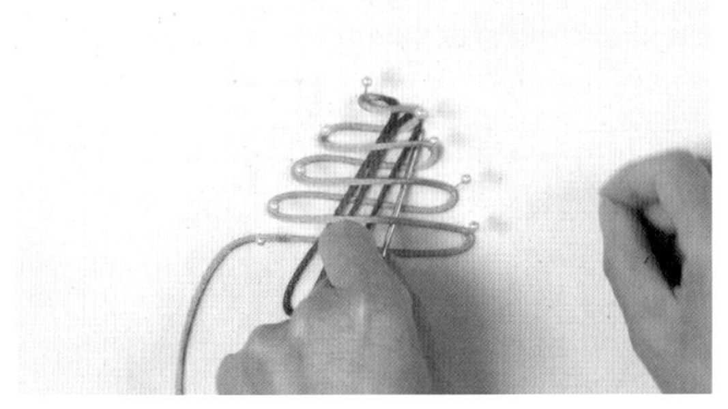

5-6 用红线做第2个进套，进到下面的3个横套中。

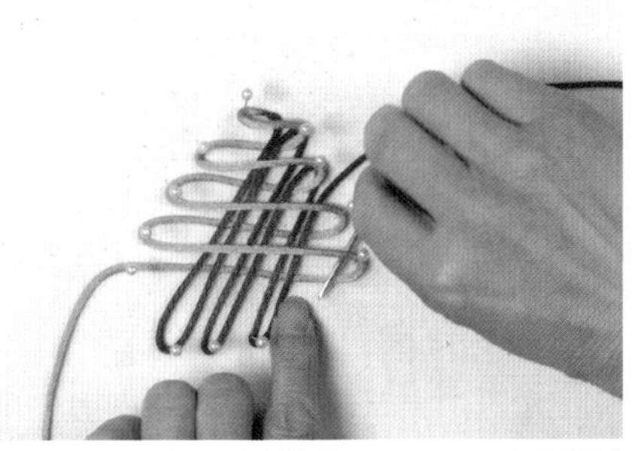

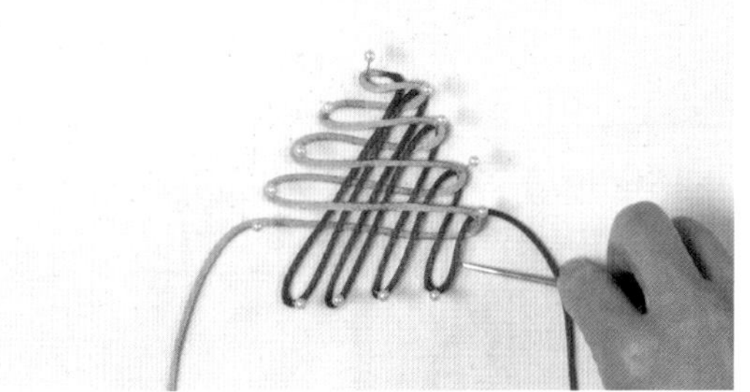

9-10 用红线做最后一个进套，进到最下面的横套中。

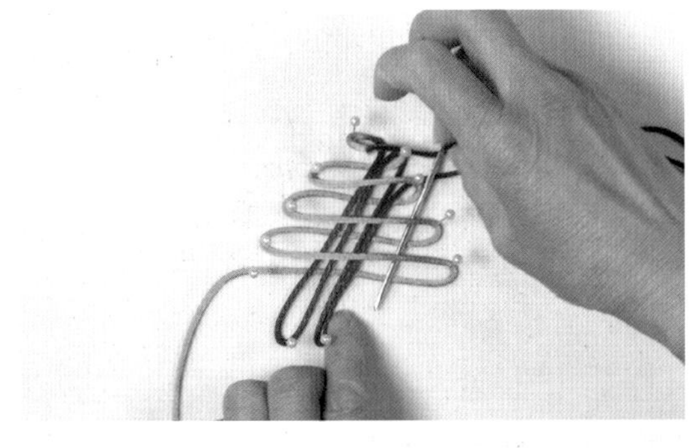

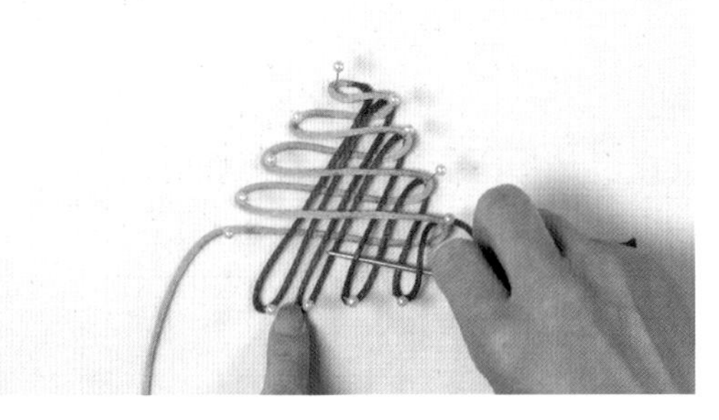

7-8 用红线做第3个进套，进到下面的2个横套中。

11 红线向左穿过4个红套。

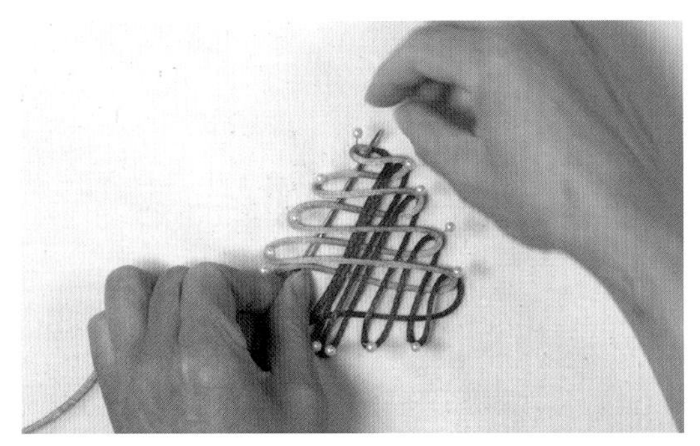

12 然后向上从黄线下穿过，从最顶端的第1个黄套中穿出。

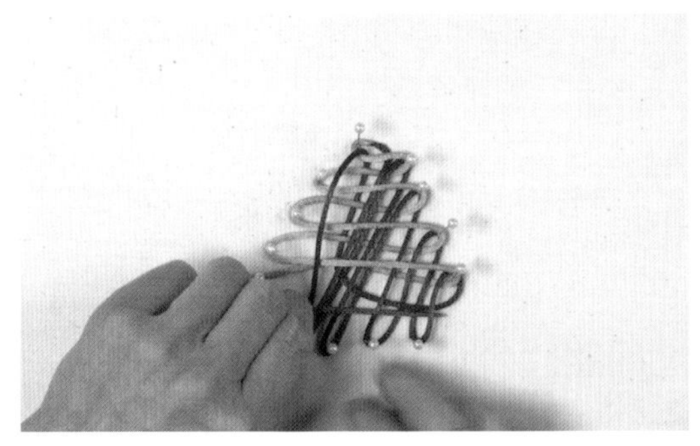

13 红线包住4个黄套，再从4个红套中穿出来。

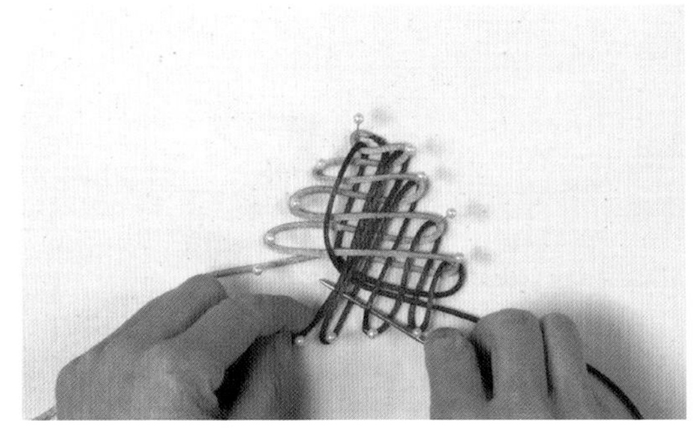

14 红线向左穿入3个红套中。

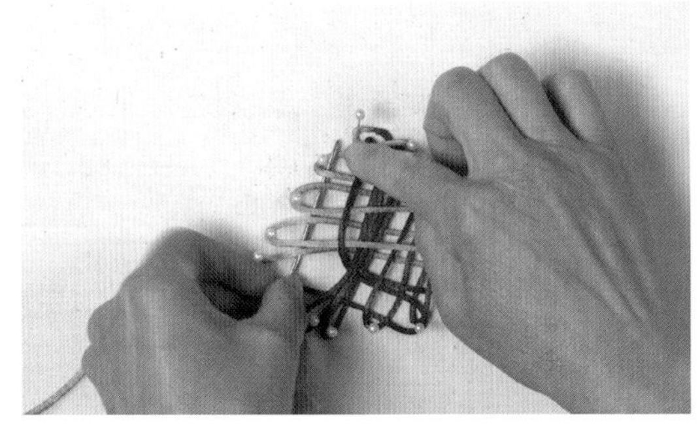

15 红线向上从黄线下穿过，然后从第2个黄套中穿出，包住3个黄套。

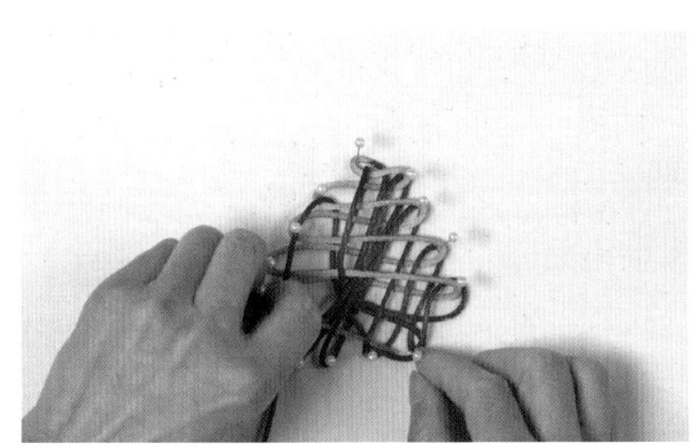

16 红线向左穿过3个红套。

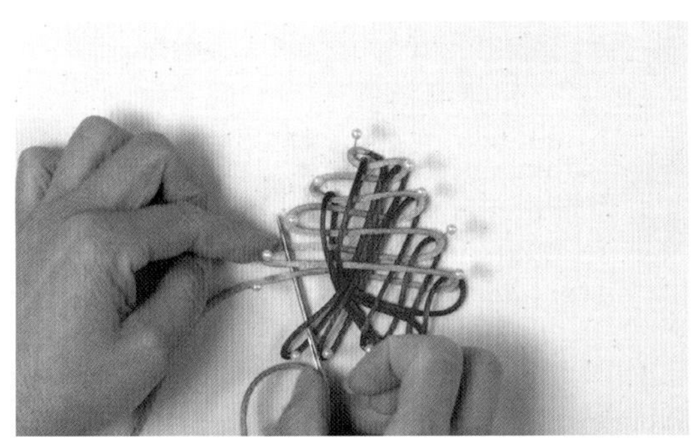

17 黄线从左边进1个红套。

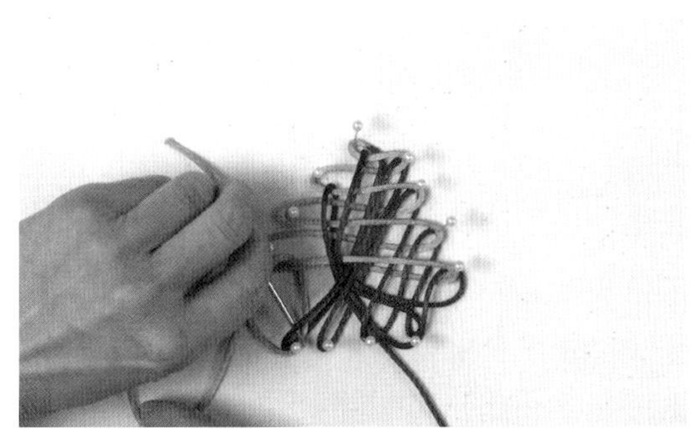

18 然后再包住1个黄套。

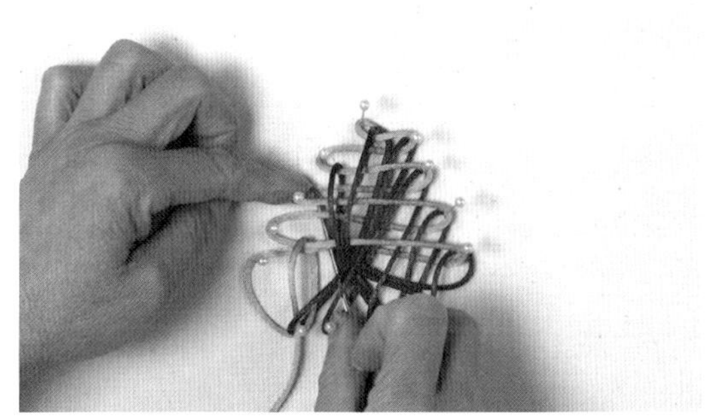

19 黄线进2个红套。

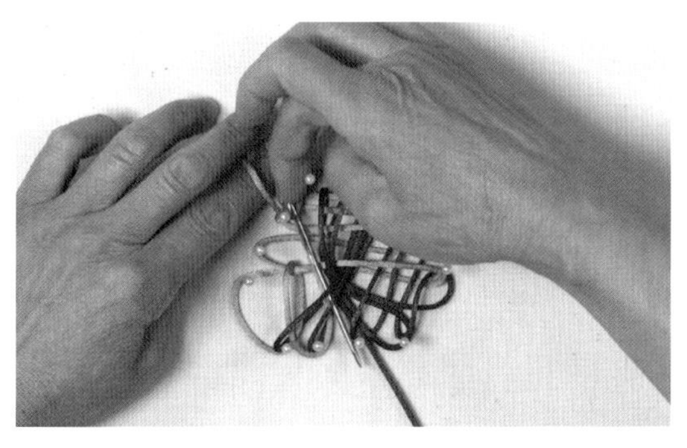

20 然后再包住2个黄套。

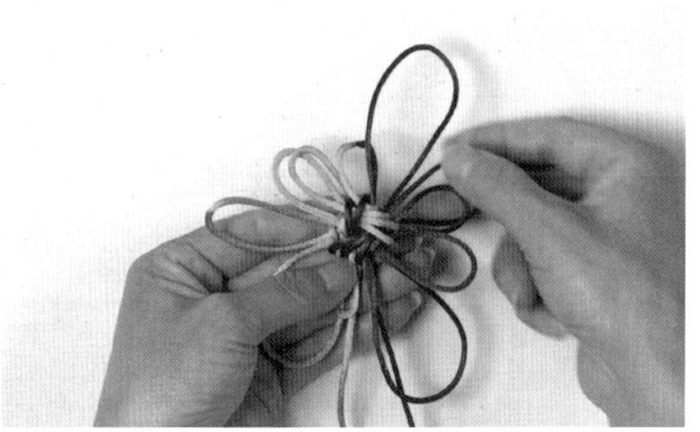

21 将线收紧，调整结形。

22 完成三宝四套宝结。

68

四宝四套宝结

宝结——大富大贵

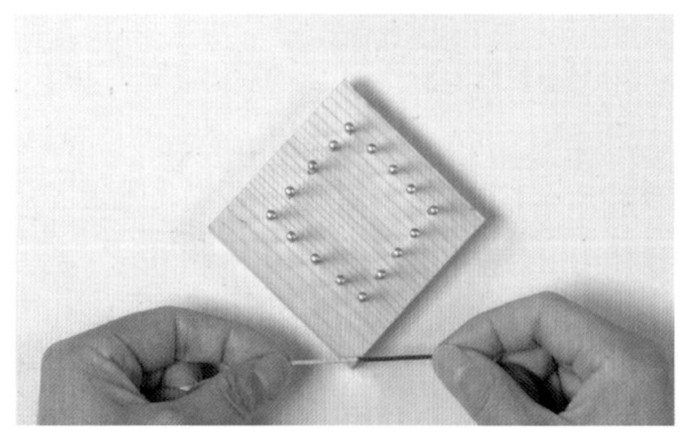

1 用十四耳钉板，如菱形放置。

2 用黄线横向从上至下由短到长做4个横套。

3 红线则纵向由长到短递减进入4个横套中。

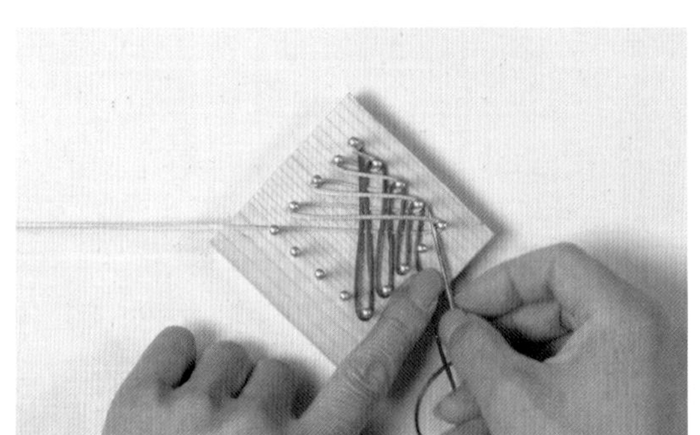

4 做4个竖套。

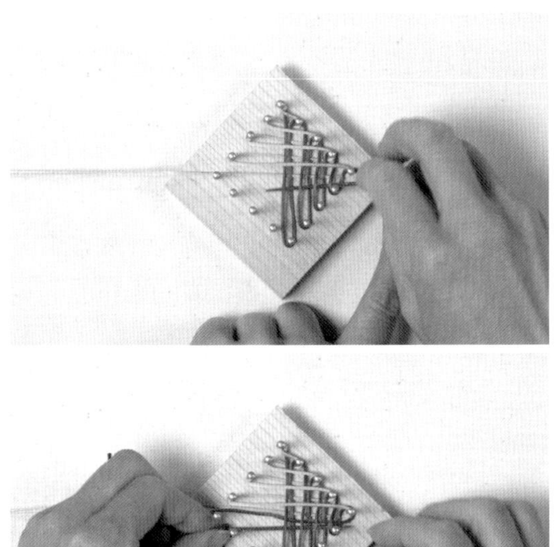

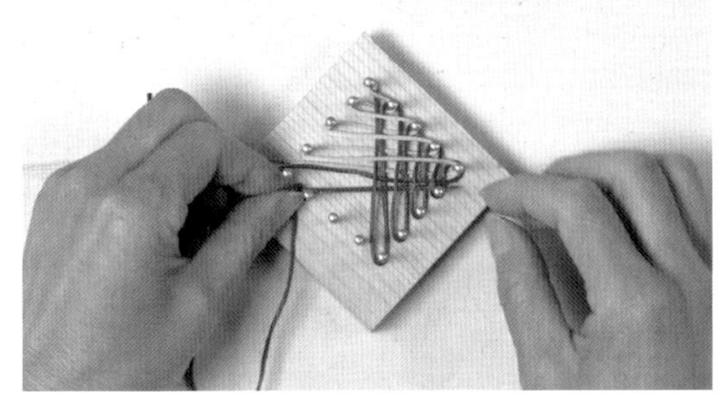

5-6 红线在菱形下半部分进入4个竖套中。

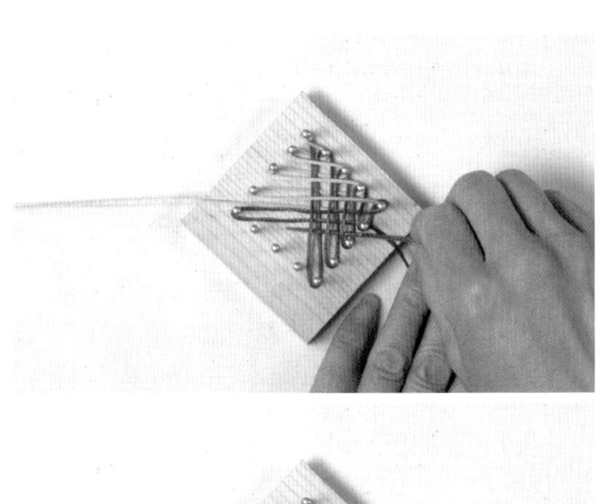

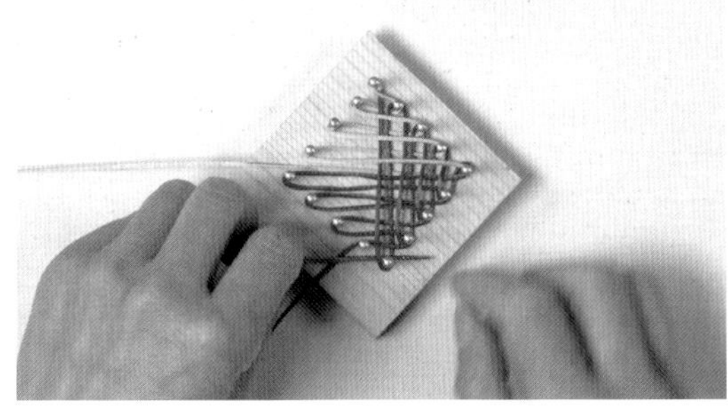

7-8 由长到短做4个横套。

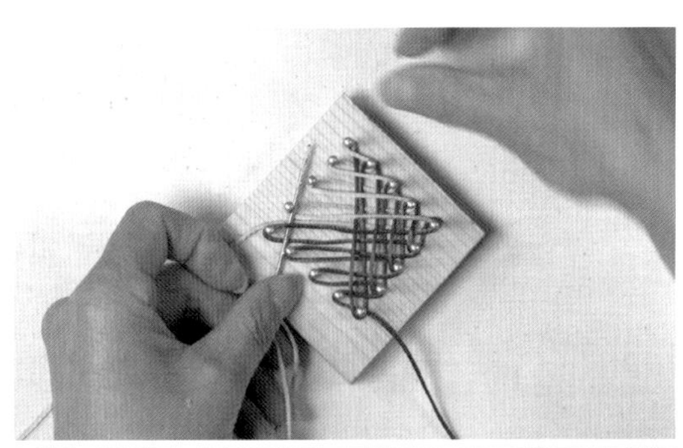

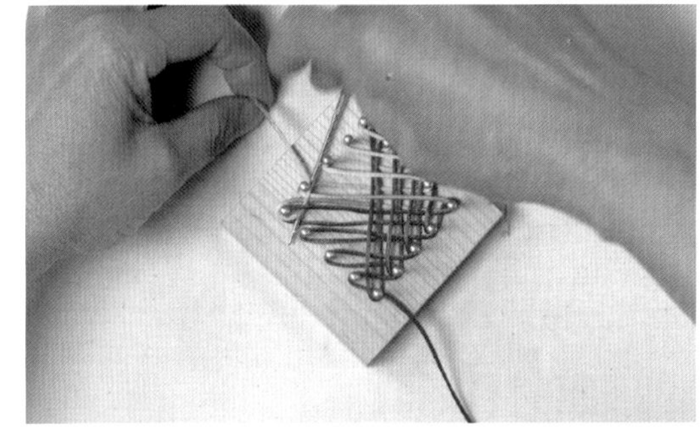

9-10 黄线纵向进1套包1套。

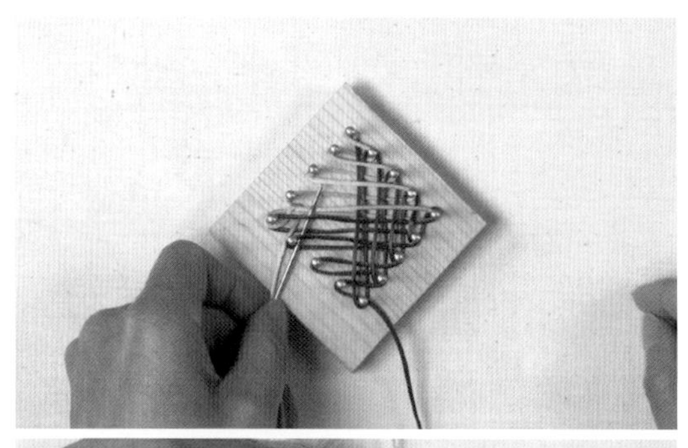
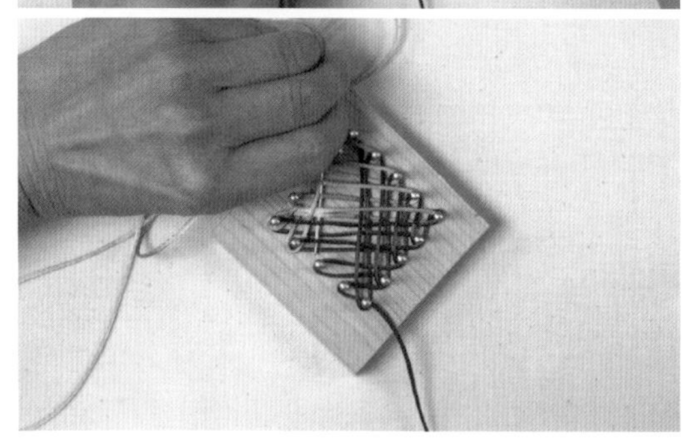

11-12 黄线进2套包2套。

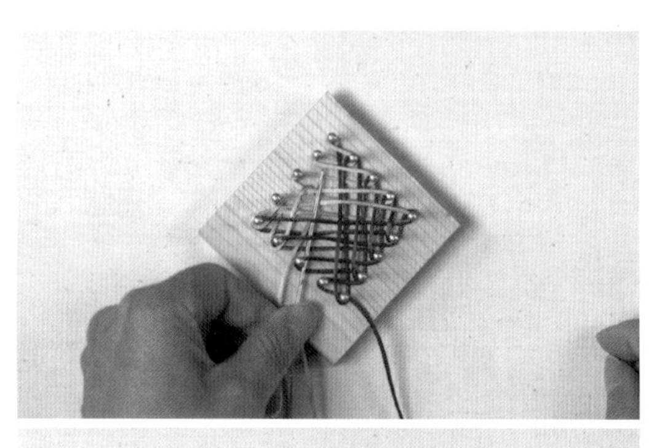
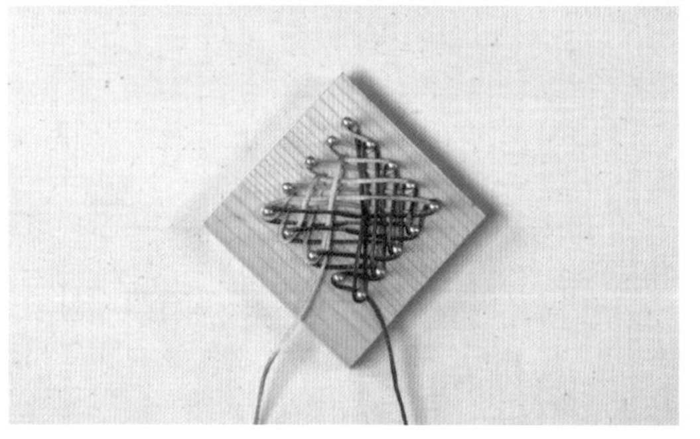

13-14 黄线进3套包3套。

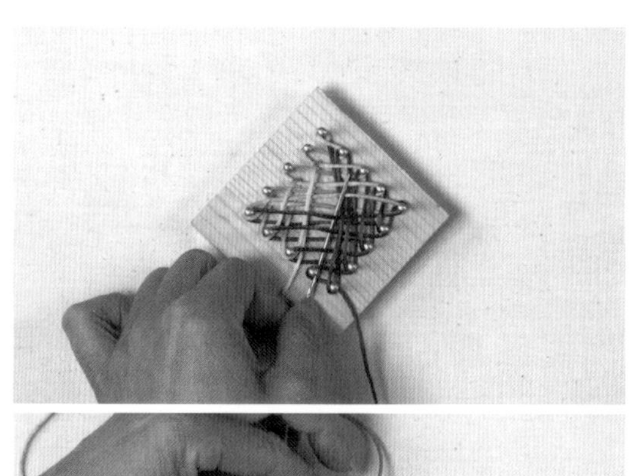
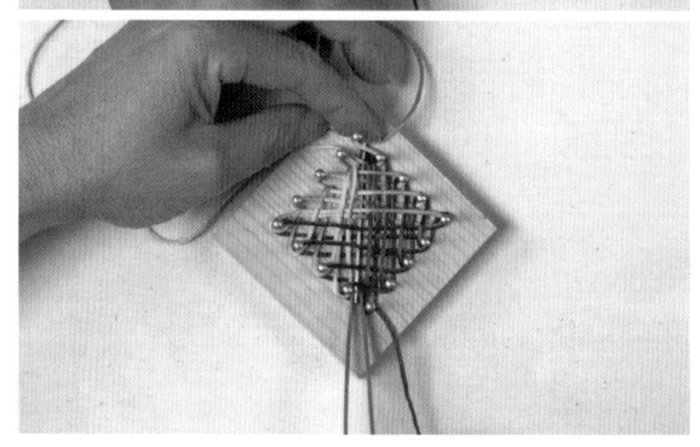

15-16 黄线进4套包4套。

17 取下结体，调整成形，完成四宝四套宝结。

69

绣球结

绣球结——五福临门，圆圆满满

1 打1个酢浆草结。

2 红线穿入酢浆草结的左耳翼内，做出第1个套。

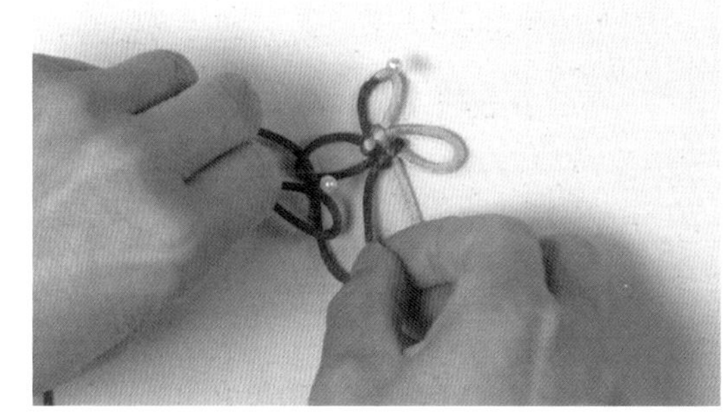

3 红线做出第2个套，将第2个套穿进第1个套中。

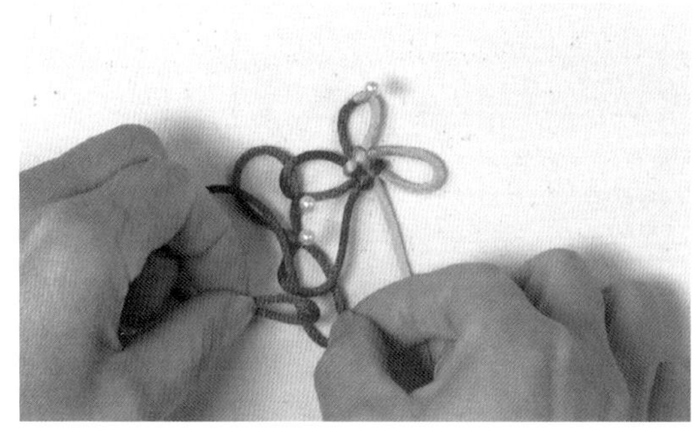

4 红线做出第3个套，将第3个套穿进第2个套中。

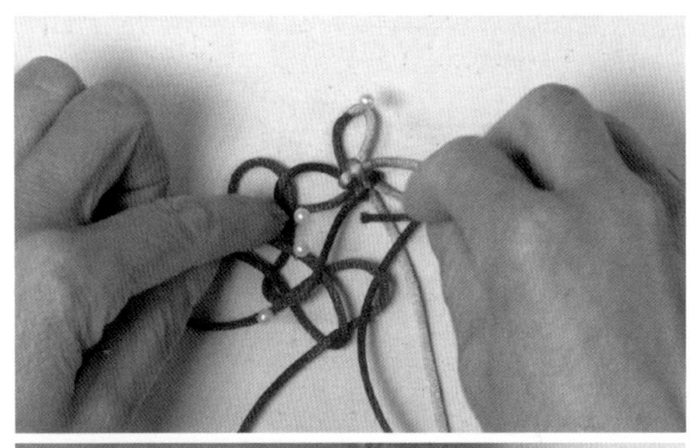

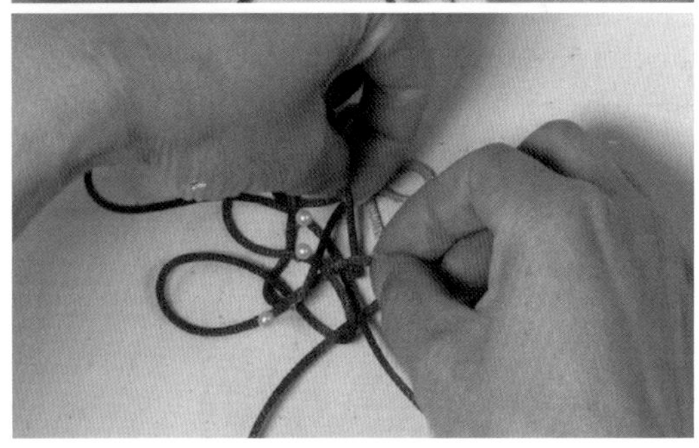

5-6 红线穿入第3个套，然后包住第1个套，再从第3个套中穿回。

7 把左边的酢浆草结收紧。

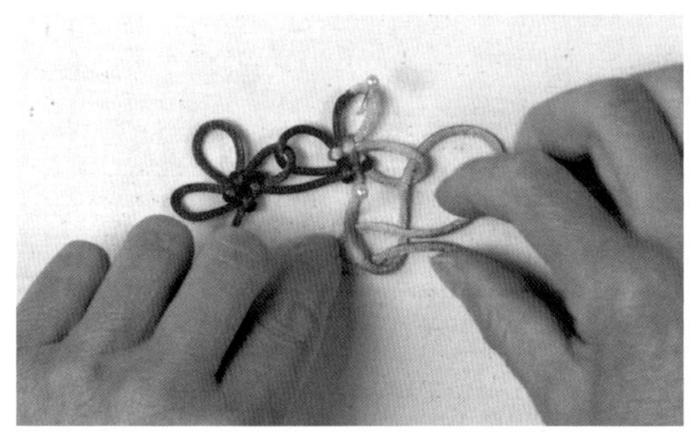

8 黄线仿照红线的做法，在右边打1个酢浆草结。

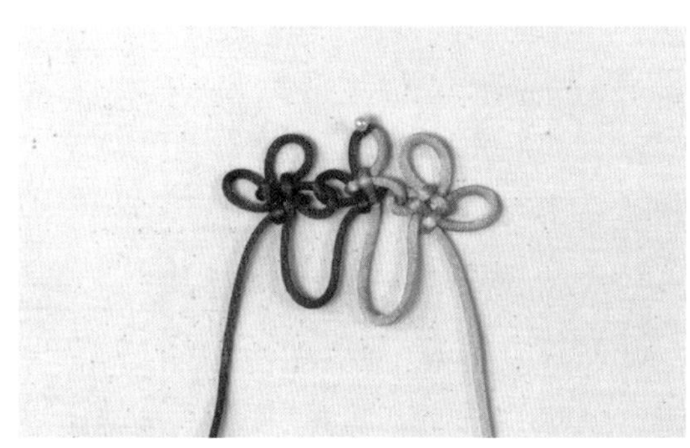

9 调整一下，整理出第4个套和第5个套。

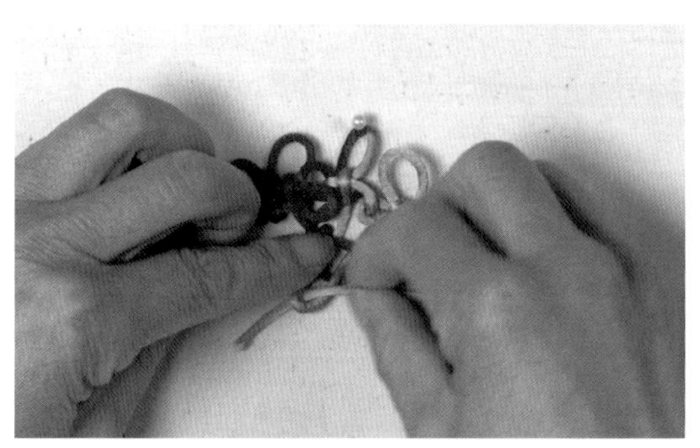

10 用红线做出第6个套，用第6个套包住第4个套。第5个套穿进第4个套中。黄线穿过第5个套。

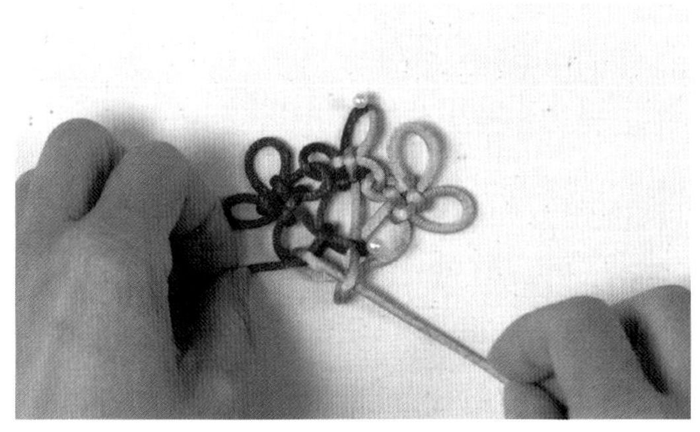

11 黄线包住第6个套。

12 再从第5个套中穿回，在中间完成1个酢浆草结。

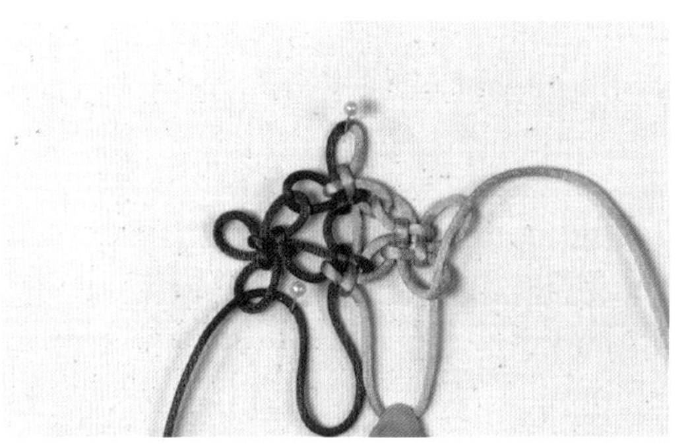

13 2条线分别从两边穿过酢浆草结下面的一个耳翼。

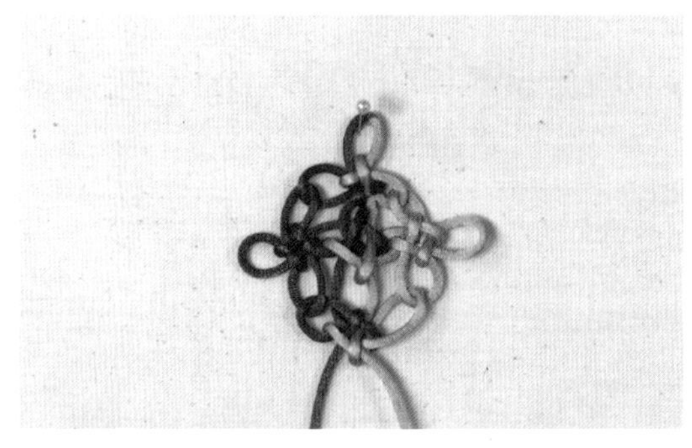

14 最后仿照酢浆草结的方法，在中间组合完成1个酢浆草结。完成绣球结。

70 流苏

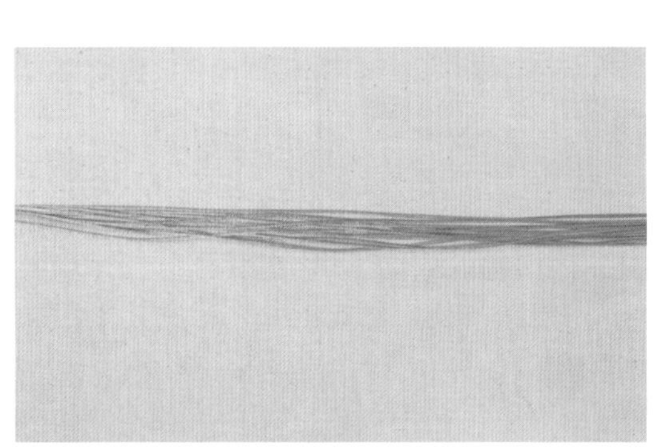

1 准备一束流苏线。

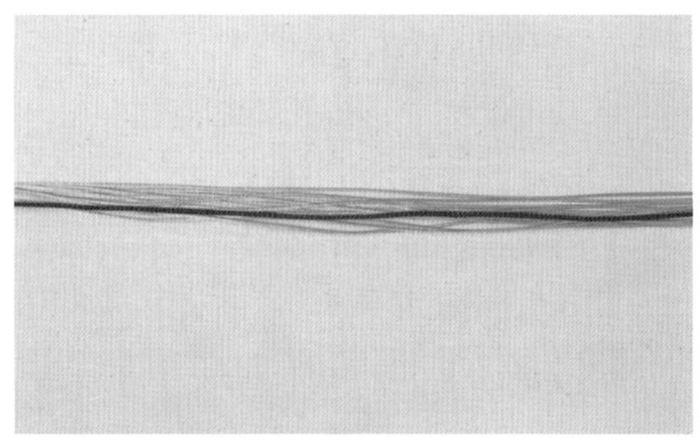

2 将1根红绳夹在流苏线中。

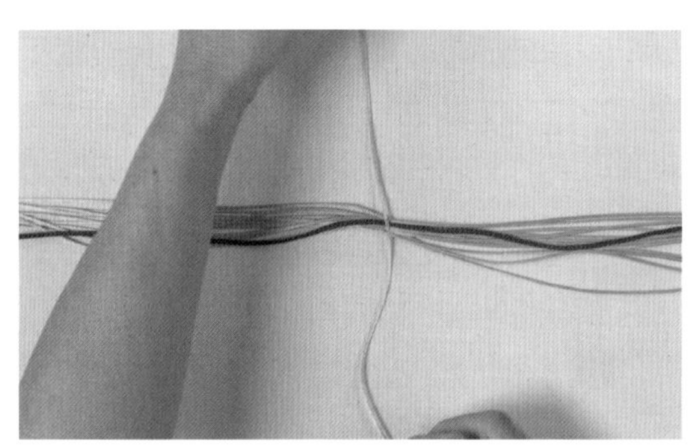

3 用1根细线在流苏线和绳线的中间位置打结。

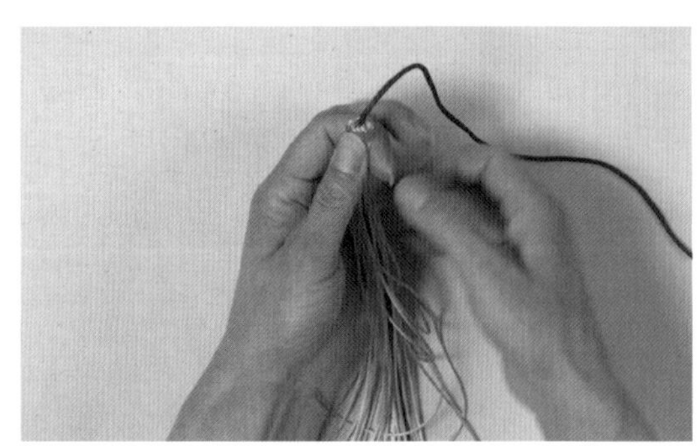

4 提起红绳的上端，让流苏线自然下垂。

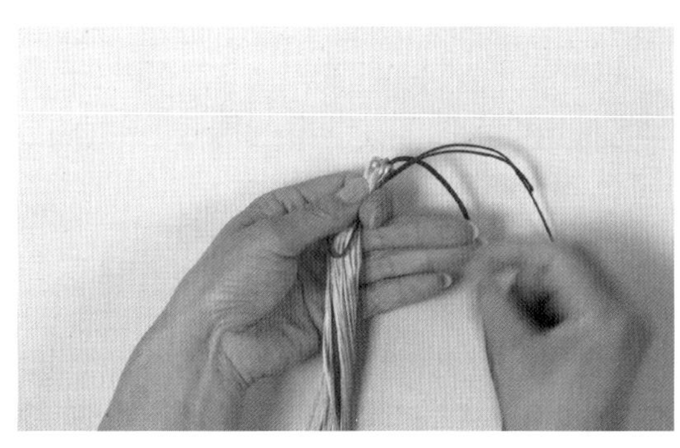

5 另外用1根线对折成一长一短两段，放在流苏线上端。

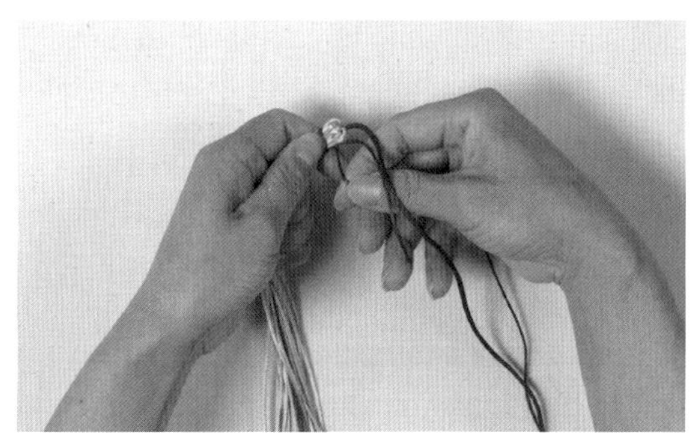

6 用较长的一段线在流苏线的上端绕圈。

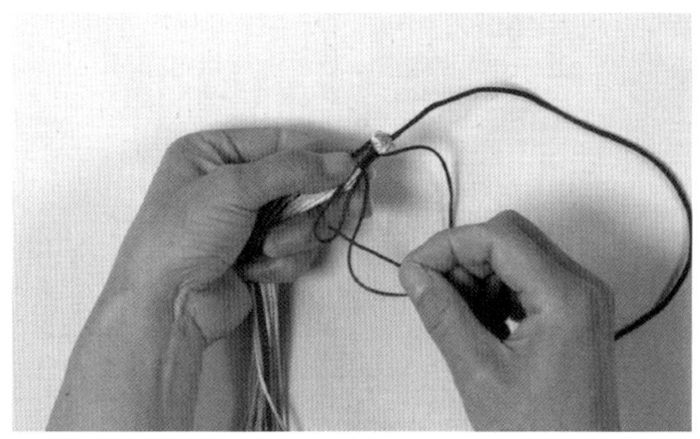

7 线缠绕到适当的长度后穿过下面的线圈。

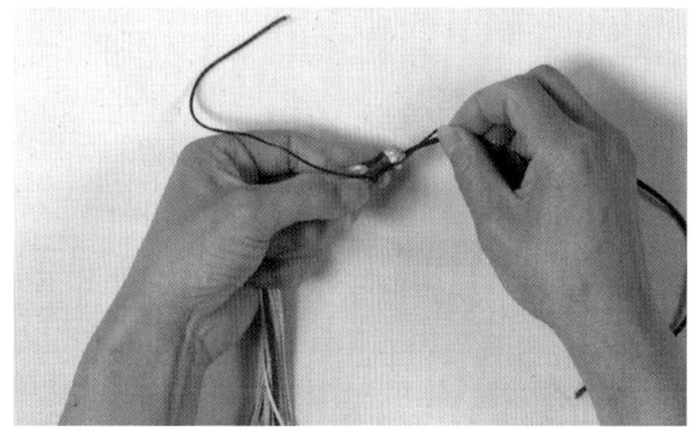

8 将较短的一段线向上拉紧。

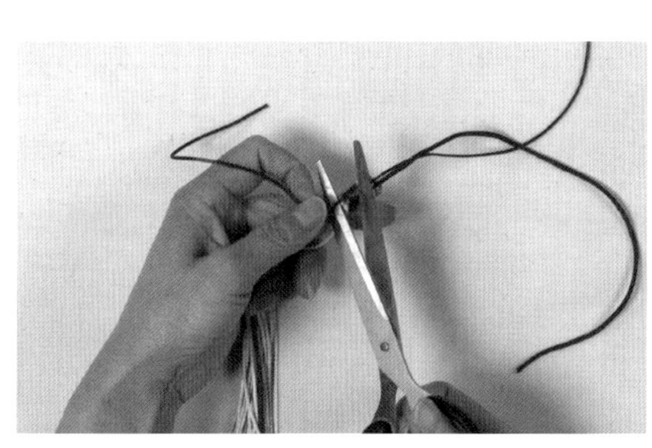

9 剪掉多余的线。

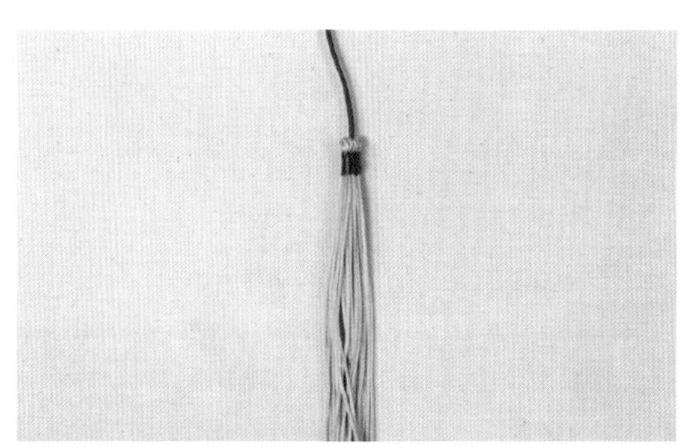

10 完成流苏。

71

吉祥穗

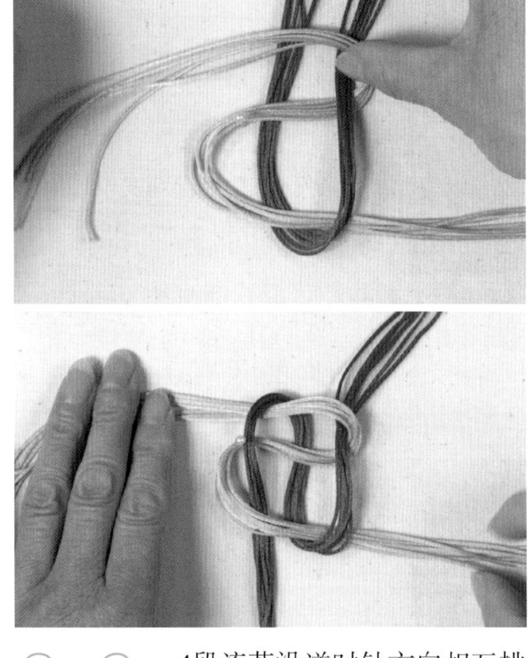

2-3 4段流苏沿逆时针方向相互挑压。

1 剪2束流苏，呈“十”字交叉叠放。

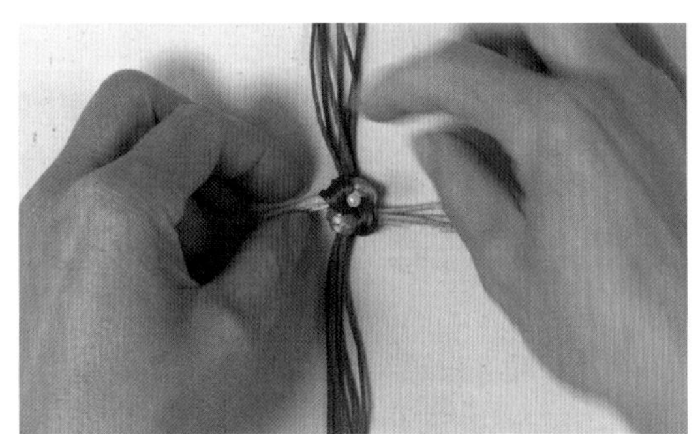

4 将流苏拉紧。

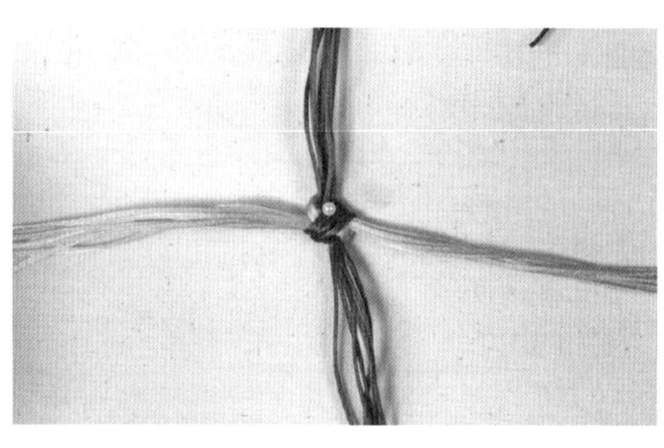

5 将结体整个面朝上翻过来。

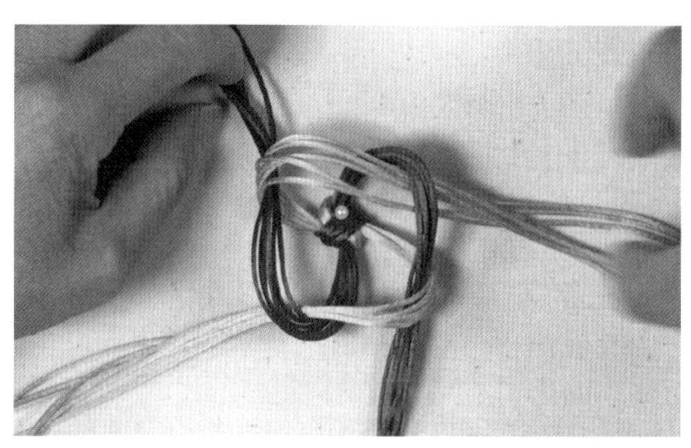

6 顺时针方向相互挑压。

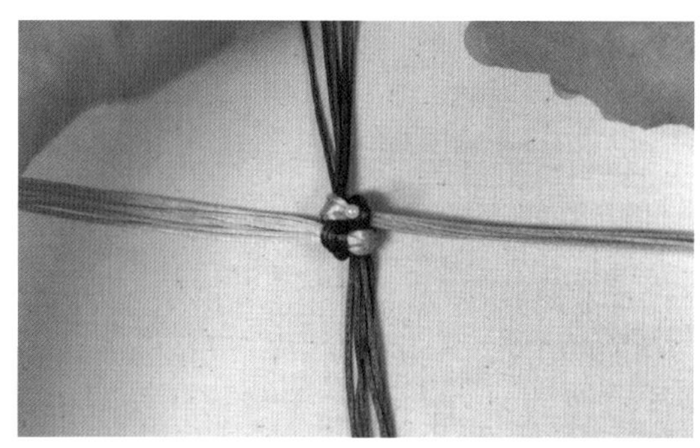

7 将结拉紧。

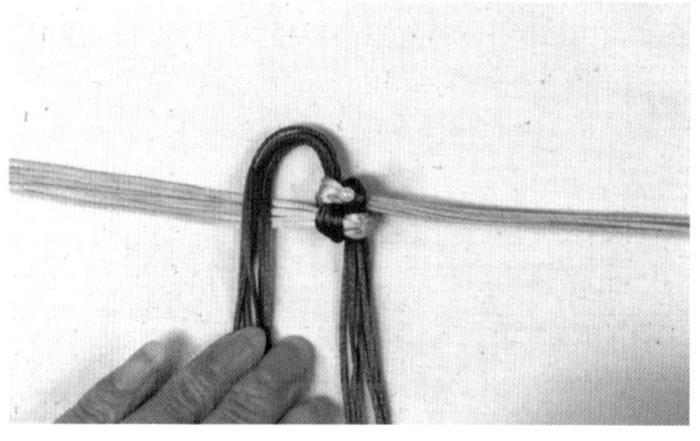

8 将4束线沿逆时针方向挑压。

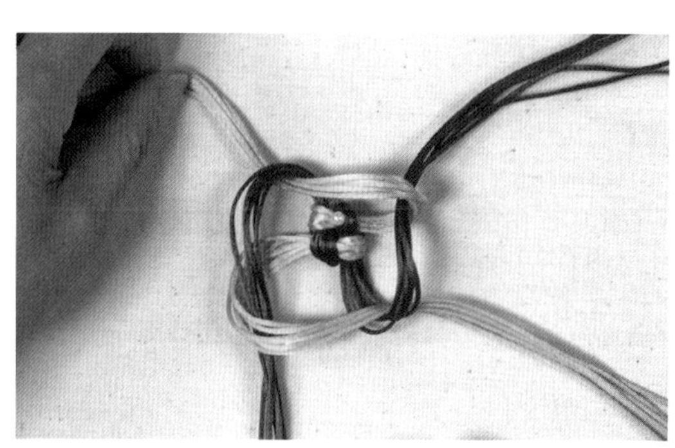

9 重复上述步骤编结。

10 完成吉祥穗。

72

法轮结

法轮结——生生不息，弃恶扬善

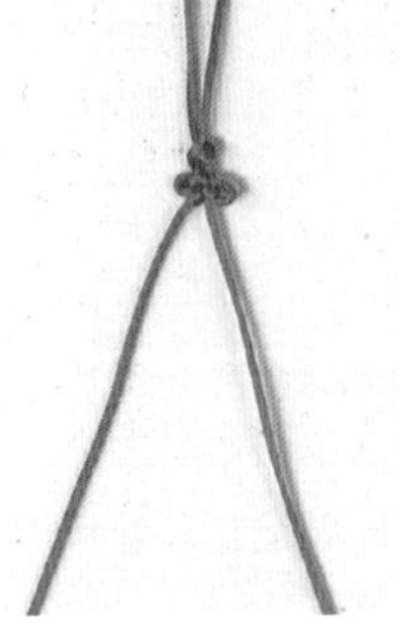

1 打1个双联结作为开头，然后在双联结下面打1个酢浆草结。

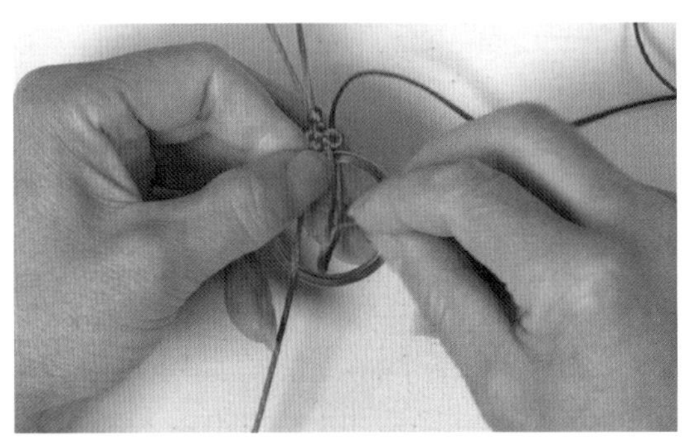

2 准备1个金属圈或塑料圈。红线在金属圈上打1个单结。

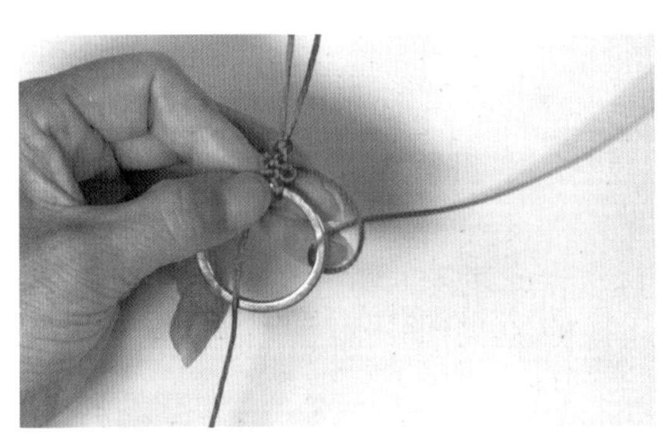

3 继续往右边连续打单结，也可以打雀头结。

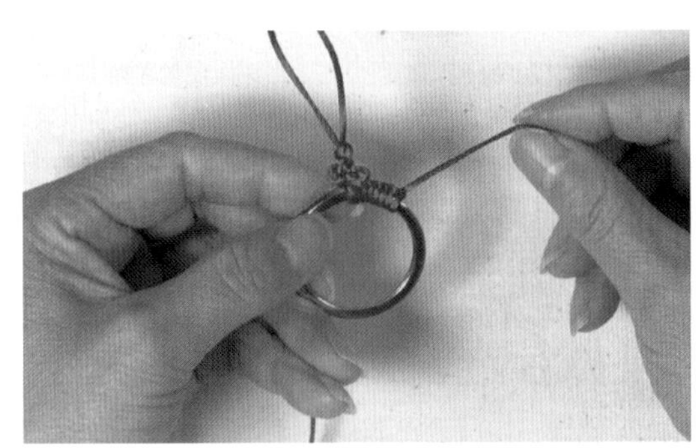

4 在编至金属圈1/8时暂停。

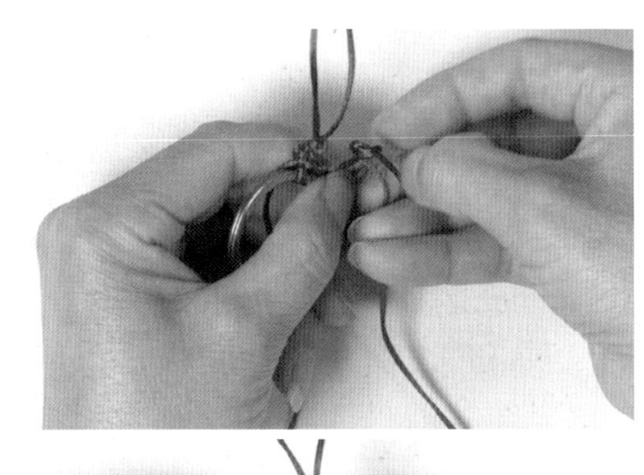

5-6 打1个酢浆草结。

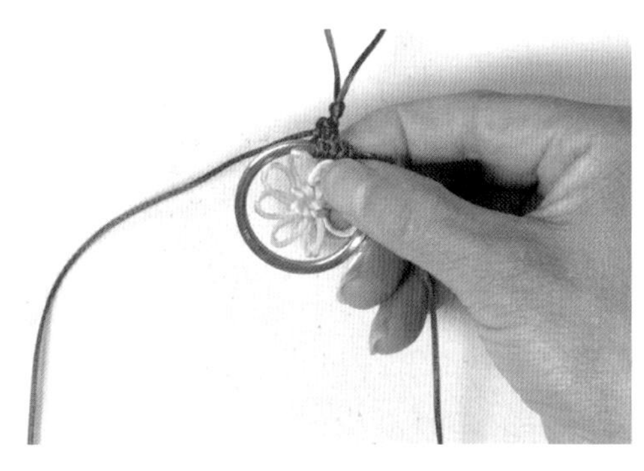

7 用黄线编1个八耳团锦结。

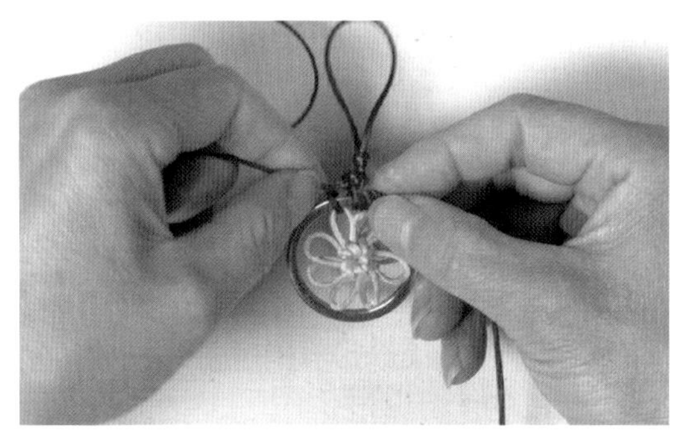

8 将起始端的红线穿过团锦结的1个耳翼固定。

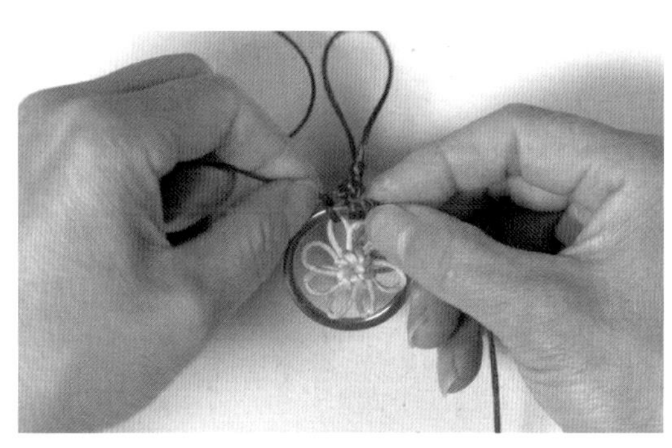

9 将另一端红线穿过团锦结的第2个耳翼固定。

10 红线继续打单结。编至金属圈第2个$^{1}/_{8}$时，再打1个酢浆草结。穿过团锦结的第3个耳翼固定。重复操作，完成法轮结。

CHAPTER

3

中国结作品赏析

01

恋蝶

02

心意

03 长长久久

04 多福多寿

05 好事连连

06 圆圆满满

07 好事成双

08　大福大贵

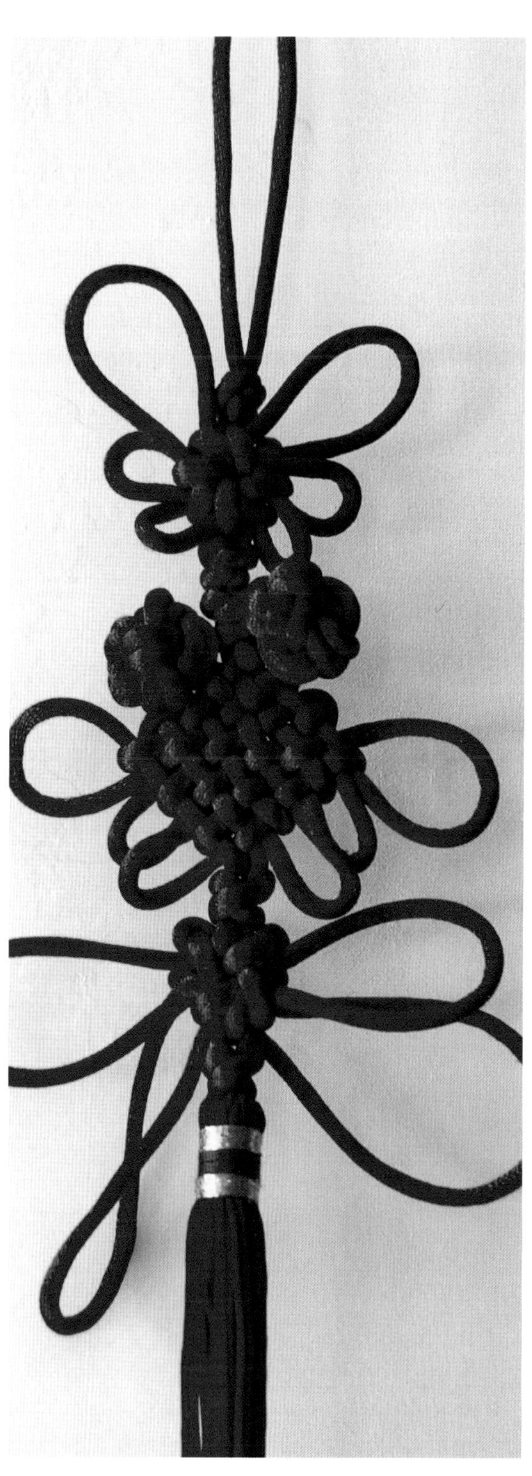

09　红蜻蜓

10　四季平安

11　大红灯笼

12 吉祥如意

13

年年有余

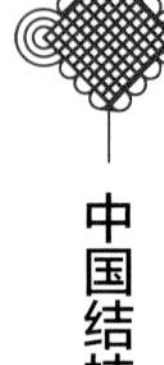

14

吉庆有余

15　花灯

16　绿映红

 17　十全十美

18　五谷丰登

19 彩蝶

20　大吉大利

21　财源滚滚

22 青花瓷

23 繁花

24 转金

25　仙桃

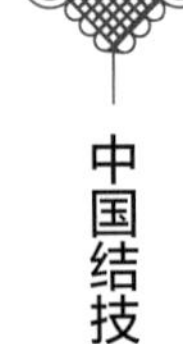